国家出版基金项目
NATIONAL PUBLICATION FOUNDATION

南方滨海
耐盐植物资源（三）

王文卿　史志远　王紫奕　邱广龙　编著

厦门大学出版社
XIAMEN UNIVERSITY PRESS
国家一级出版社
全国百佳图书出版单位

图书在版编目（CIP）数据

南方滨海耐盐植物资源. 三 / 王文卿等编著. --
厦门：厦门大学出版社，2024. 11. -- ISBN 978-7
-5615-9574-9

Ⅰ. Q948.113

中国国家版本馆 CIP 数据核字第 20241C4A75 号

策划编辑　陈进才

责任编辑　郑　丹　陈进才

责任校对　胡　佩

美术编辑　李夏凌

技术编辑　许克华

出版发行　厦门大学出版社

社　　址　厦门市软件园二期望海路 39 号

邮政编码　361008

总　　机　0592-2181111　0592-2181406(传真)

营销中心　0592-2184458　0592-2181365

网　　址　http://www.xmupress.com

邮　　箱　xmup@xmupress.com

印　　刷　厦门金凯龙包装科技有限公司

开　本　787 mm×1 092 mm　1/16

印　张　28

字　数　648 千字

版　次　2024 年 11 月第 1 版

印　次　2024 年 11 月第 1 次印刷

定　价　198.00 元

厦门大学出版社
微信二维码

厦门大学出版社
微博二维码

作者简介

王文卿，博士，厦门大学环境与生态学院教授。现任中国生态学学会红树林生态专业委员会主任、中国湿地保护协会红树林湿地保护专业委员会主任、中国自然资源学会海洋资源专业委员会副主任。主要研究方向为红树林湿地生态、滨海耐盐植物资源筛选与应用、海岸带与海岛植被修复及滨海湿地生态修复等。

史志远，植物分类学硕士，厦门大学生态学专业博士研究生。主要研究方向为滨海植物功能性状及种间相互作用。对苦苣苔科和番荔枝科有专门研究。

王紫奕，黑龙江大学农艺与种业专业硕士研究生。主要研究方向为海岸植物苗木繁育技术。

邱广龙，博士，广西海洋科学院（广西红树林研究中心）研究员。现任中国生态学学会红树林生态专业委员会副主任、红树林保护与恢复国家创新联盟副理事长、广西红树林保护与利用重点实验室主任、中国滨海蓝碳观测研究联盟管理委员会副理事长、北部湾滨海湿地生态系统野外科学观测研究站副站长。主要研究方向为滨海湿地保护与恢复。

内容简介

　　本书是《南方滨海耐盐植物资源》系列的第三册。本书以 20 多年的野外调查为基础，收录我国南方（浙江、福建、广东、广西、海南、香港和台湾等省区）野生及引种的 200 种滨海耐盐植物，在介绍其形态、分布、特点与用途、繁殖及野外资源现状等内容的同时，对各物种的野外自然生境和耐盐能力进行重点介绍，并对其耐土壤盐能力、耐盐雾能力、抗风和抗旱能力进行分级，每一物种都配有形态、生境、应用等方面的照片。为了响应我国海岸带与海岛生态修复的国家战略需求，本书在植物种类的选择方面，重点考虑海岸带与海岛生态修复植物种类。

　　本书适合农、林、生态、环境等学科的科研人员及高校师生阅读和参考，尤其适合从事滨海地区城市绿化、海岸带与海岛生态修复的人员参考。

前　言

2013 年和 2021 年，我们先后出版了《南方滨海耐盐植物资源（一）》《南方滨海耐盐植物资源（二）》，收录了我国浙江以南省区的滨海耐盐植物 400 种。这两本书出版后，引起了一些同行的关注，也对一些海岸带与海岛的生态修复工程和园林绿化工程起到了实实在在的指导作用。

本书旨在于进一步丰富和完善我国滨海耐盐植物数据库，提高海岸带与海岛生态修复水平和滨海地区城镇绿化水平，促进滨海耐盐植物资源的保护和开发利用。一些相关的背景知识如我国南方滨海地区盐渍化土壤的特点、植物盐害诊断技术和耐盐能力等级评价等内容，读者可参考《南方滨海耐盐植物资源（一）》。本书收录了 200 种滨海耐盐植物，在介绍其形态、分布、特点与用途、繁殖及野外资源现状等的同时，对各物种的野外自然生境和耐盐能力进行了重点介绍，并对其耐土壤盐能力、耐盐雾能力、抗风和抗旱能力进行了分级。每一物种都配有形态、生境、应用等方面的照片。为了节约篇幅，物种分布省区的描述仅限于浙江以南沿海省区，各物种生境的描述也仅限于滨海地区。按照惯例，物种分布描述时将香港和澳门合并为香港。蕨类植物按照秦仁昌系统排序，裸子植物按照郑万钧系统排序，被子植物按照恩格勒系统排序，科下的属名、种名按拉丁字母排序，每个类群的学名均遵从最新的命名法规。

本书编写过程中植物形态特征主要参考了 *Flora of China*，中文名主要参照中国植物物种信息库数据，在此表示感谢。为了响应国家对海洋生态修复的需求，本书在植物种类选择上，特别注重在滨海湿地、海岸带与海岛生态修复方面有应用价值的植物种类。本书植物的分布、生境与耐盐能力等内容由王文卿负责，形态及特点与用途由史志远和王紫奕负责，海草相关的内容由邱广龙和王文卿负责。除有特别说明，所有照片由王文卿拍摄。本书是我们野外调查的又一个阶段性总结。受专业知识的限制，本书难免有不足和错误。

中国科学院华南植物园任海研究员和简曙光研究员提供了考察南沙群岛植物的机会，自然资源部南海发展研究院黄华梅研究员提供了考察西沙群岛植物的机会。在野外考察过程中，得到了海南省林业科学研究院钟才荣和程成高级工程师、厦门大学张雅棉高级工程师、自然资源部海岛研究中心张琳婷高级工程师、海口蚕帾湿地研究所周志琴女士、浙江亚热带作物研究所陈秋夏研究员和王金旺研究员、广西海洋研究院何斌源研究员、广东湛江红树林国家级自然保护区林广旋高级工程师、广西红树林研究中心潘良浩副研究员、广西北海滨海国家湿地公园邓秋香高级工程师、海南师范大学白鹤博士、舟山赛莱特海洋科技有限公司郭健女士和朱雅靖女士、北京市企业家环保基金会王静女士、琼海市长坡镇海南滨海园林植物苗木场符兴椿和海南红树林农业开发有限公司吴华隆的支持和帮助。研究生罗柳青、邓益娟、王雨晞、刘超、曹舰艇、袁甜甜、陈洋芳、李芊芊、陈琼等参与了部分野外调查。部分图片通过PPBC（中国植物图像库）申请获得版权。本书得到国家重点研发计划"海洋环境安全保障与岛礁可持续发展"重点专题2022-700和2021-400、国家重点研发计划课题"海岸带关键脆弱区生态修复与服务功能提升技术集成与示范"（批准号：2016YFC0502904）、中国科学院战略性先导科技专项（A类）"南海环境变化"子课题（批准号：XDA13020503）、国家海洋局海洋公益性行业专项科研经费项目子任务（批准号：200905009-1）、国家林业科技支撑计划专题（批准号：2009BADB2B0605）资助。本书的出版也得到了国家出版基金项目的资助。在此一并致谢！

谨以此书献给一直在背后默默支持我的妻子王瑁女士和给我带来快乐和幸福的女儿王奕凡。

王文卿

2024 年 4 月 18 日于厦门

CONTENTS

目　录

鳞枇泽米

Zamia furfuracea L. f.

别名：鳞枇泽米铁、美叶凤尾铁、墨西哥苏铁、泽米苏铁

英文名：Cardboard Cycad, Cardboard Palm, Broad-Leaved Zamia, Mexican Cycad, Jamaican Sajo, Zamia Palm

泽米铁科常绿灌木，单干或罕有分枝，高 30～60 cm；大型羽状叶丛生于茎顶，长 60～120 cm，羽片 7～12 对；羽片长圆形至倒卵状长圆形，翠绿而光亮，硬革质，不对称，叶背具突起的平行脉；花雌雄异株，雌球花圆柱形，雄球花掌状，被淡褐色绒毛；种子卵形，成熟后红色。花期 6—7 月，果期 7 月至翌年 5 月。

分布：原产墨西哥东南部。我国浙江、福建、广东、广西、海南、香港和台湾作为观赏植物常见栽培，浙江温州以南可露地栽培。

生境与耐盐能力：海岸带特有植物，原产于墨西哥韦拉克鲁斯州东南部海岸，多见于海岸沙丘、海岸刺灌丛及临海悬崖（Nicolalde-Morejón et al., 2009；Favian-Vega et al., 2022）。目前还没有鳞枇泽米耐盐能力的研究，但一些文献都认为鳞枇泽米有较高的耐盐与耐盐雾能力。Bezona et al.（2009）、美国佛罗里达的莫奈花园（Giverny Garden）认为鳞枇泽米具有中等程度的耐盐与耐盐雾能力。

特点与用途：喜光稍耐阴、耐旱不耐水湿、耐瘠、稍耐寒；对土壤具有广泛的适应性。株形优美，形态奇特，终年翠绿。栽培容易，生长缓慢；除必要的修剪外，一旦种植成活就无需养护，是滨海地区极佳的绿化植物。

繁殖：播种与分株繁殖。种子后熟，发芽缓慢。

◎ 鳞枇泽米大孢子叶球

鳞枇泽米	耐盐	B+	耐盐雾	A-	抗旱	A-	抗风	A

◎ 鳞秕泽米植株

◎ 海岸沙地绿地中的鳞秕泽米（海南海口西海岸）

弗吉尼亚栎

Quercus virginiana Mill.

别名：美国栎、强生栎

英文名：Live Oak

壳斗科半常绿乔木，高可达 20 m；单叶互生，革质，叶形多变，倒卵形至倒披针形，长 2～15 cm，全缘或每侧具 1～3 个尖齿，正面绿色，背面灰绿色，密被绒毛；新叶黄绿渐转略带红色，老叶暗绿，春季新叶出现后老叶凋落；花序长 1～2 cm，有半球形或深杯状总苞 1～3 个；坚果卵球形。花期 4 月，果熟期 10 月。

分布：原产美国东南部。2000 年引入我国，浙江和江苏栽培较多，福建有少量栽培。

生境与耐盐能力：原产美国东南部弗吉尼亚低海拔沿海平原，从干旱的海岸沙地到湿润的海岸低地森林都有分布，被认为是具有高耐盐和耐盐雾能力的树种（Harms，1990）。在浙江温州，弗吉尼亚栎大苗（高 5 m，基径 10 cm）在土壤含盐量 3.7 g/kg 的填海区种植，无任何盐害症状，成活率 100%，且高生长和胸径生长均高于其他树种，与无柄小叶榕相当（刘志坚和陈坚，2016）。在浙江台州椒江土壤含盐量高达 6 g/kg 的新围垦区，不采取任何土壤改良或隔盐措施种植的弗吉尼亚栎幼苗成活率高达 100%（李晔等，2017）。50 mmol/L 的 NaCl 培养液浇灌可以促进弗吉尼亚栎扦插苗生长，150 mmol/L NaCl 培养液处理的幼苗与对照组生长无显著差异（王树凤等，2010）。在上海崇明岛新填海区，弗吉尼亚栎被归为"强耐盐树种"，可以在含盐量 5～10 g/kg 的土壤中正常生长（赵慧，2017）。

特点与用途：喜光不耐阴、耐瘠、耐短期海水浸淹、耐寒，对土壤适应性很强。树形高大，树冠广阔，枝叶茂密，根系发达，生长速度快（幼年生长慢），萌芽力较强，易造型，耐移植，耐粗放管理，广泛应用于城市绿化，更是中亚热带海岸填海区园林绿化以及沿海防护林建设中不可多得的优良常绿阔叶树种（刘志坚和陈坚，2016）。材质优良，可用于制作高档家具。

繁殖：播种与扦插繁殖。种子含水量高，不耐贮藏，宜随采随播。

◎ 弗吉尼亚栎花序（供图：陈又生）

弗吉尼亚栎	耐盐	B+	耐盐雾	A−	抗旱	B+	抗风	A

◎ 叶形多变的弗吉尼亚栎

◎ 弗吉尼亚栎果
（供图：徐永福）

◎ 用于海岛绿化
的弗吉尼亚栎（浙
江舟山）

天仙果

Ficus erecta Thunb.
别名：糙叶天仙果、矮小天仙果、牛乳榕、假枇杷果
英文名：Fairy Fig, Japanese Fig

桑科落叶灌木或小乔木，高1～8 m，全株具乳汁，小枝、叶柄、果柄和果实密被硬毛；单叶互生，厚纸质，倒卵状椭圆形，长7～20 cm，两面被毛，全缘；雌雄异株，隐头花序单生于叶腋，球形或近梨形，直径1.2～2 cm，幼时被毛，成熟时黄红至紫黑色；总花梗长0.5～2 cm；瘿花花柱短，柱头2裂。果熟期6—12月。

分布：浙江、福建、广东、广西、香港和台湾。常见。

生境与耐盐能力：海岸带和海岛常见植物，是中亚热带海岛植被破坏后次生演替的先锋树种，能适应海岛严酷的环境。在浙江平阳南麂岛，天仙果和单叶蔓荆生长于基岩海岸迎风面山坡石缝，部分植株可以生长于浪花飞溅区上缘。

◎ 天仙果果实

特点与用途：喜光稍耐阴、耐旱、耐瘠、耐寒；适应性强，生长速度快。树冠整齐，叶大荫浓，红果累累，观果期长，是良好的园林观赏植物，也是海岸山坡绿化的优良植物。果入药，具有润肠通便、解毒消肿功效，用于治疗便秘、痔疮肿痛；根及茎叶入药，具有益气健脾、活血通络、祛风除湿功效，用于治疗痛风、关节疼痛、消化不良、腹泻、疝气等，尤其在治疗痛风性关节炎中疗效显著。茎皮纤维可供造纸。果味甜可食。

繁殖：播种与扦插繁殖。

◎ 天仙果果枝

天仙果	耐盐	B	耐盐雾	A-	抗旱	B+	抗风	A-

◎ 生长于强盐雾基岩海岸迎风面山坡石缝的天仙果（浙江洞头胜利岙）

◎ 与盐生植物单叶蔓荆生长于低海拔基岩海岸石缝的天仙果（浙江平阳南麂岛）

构棘

Maclura cochinchinensis (Lour.) Corner
别名：穿破石、葨芝、柘树
英文名：Cochinchina Cudrania

桑科常绿攀缘或披散灌木，高2~4 m，枝具棘刺，无毛，有白色乳汁；单叶互生，革质，倒卵状椭圆形、椭圆形或长椭圆形，长3~8 cm，全缘，基部楔形，侧脉7~10对；头状花序腋生，具短柄；花单性，雌雄异株；聚花果不规则球形，肉质，熟时橙红色，直径3~5 cm；核卵球形，棕色。花期4—5月，果期6—7月。

分布：浙江、福建、广东、广西、海南、香港和台湾。常见。

生境与耐盐能力：海岸疏林、灌丛常见植物，多见于海岸林、鱼塘堤岸。在海南文昌头苑，构棘生长于高潮线上缘的海岸灌丛。在浙江舟山，构棘是基岩海岸迎风面山坡灌丛常见植物，有时可以生长在浪花飞溅区上缘。在台湾垦丁，构棘生长于高位珊瑚礁至近海处的灌丛中。

特点与用途：喜光亦耐阴、耐瘠；根系发达，穿透力强，石头都挡不了它的道，"穿破石"由此得名；对土壤要求不严，萌芽力强。耐修剪，结果量大，果形奇特，果色鲜艳，是滨海地区良好的绿篱植物、护坡植物和观果植物，也是很好的盆景植物。果味甜可食，也可用于酿酒；叶可饲蚕，木材煮汁可做黄色染料，茎皮可造纸或药用；根药用，根皮橙黄色，具有清热活血、舒筋活络、祛湿清肺的功效，民间常用于治疗跌打损伤。

繁殖：播种繁殖。

◎ 构棘果实发育过程

构棘	耐盐	B-	耐盐雾	A-	抗旱	A-	抗风	A

◎ 构棘枝叶

◎ 生长于海岸沙地的构棘（海南文昌建华山）

◎ 生长于强盐雾海岸低海拔灌丛中的构棘（浙江舟山南沙）

桑

Morus alba Linn.
别名：家桑、白桑、桑树
英文名：Taiwan Mulberry

◎ 桑雄花（上）、雌花（下）

　　桑科落叶乔木，高达 15 m，栽培植株常矮化为灌木状，枝叶具白色乳汁；单叶互生，宽卵形，长 5～15 cm，叶缘具粗锐齿，3～5 裂或不分裂，掌状脉 3～5；雌雄异株，柔荑花序；雄花序长 2～3 cm，密被白色柔毛；雌花序球形，雌蕊无花柱；聚花果卵状椭圆形，长 1～2.5 cm，熟时红色或暗紫色。花期 4 月，果期 4—5 月。

　　分布：我国各省区均有分布或人工栽培。常见。

　　生境与耐盐能力：赵大勇等（1997）的研究发现，当土壤含盐量超过 2 g/kg 时，桑树种子发芽率急剧下降。在天津光合谷湿地公园，生长于含盐量 3～6 g/kg 的土壤中的桑仅表现出轻度的盐害症状（蔚奴平，2020）。水培条件下，种子萌发率和幼苗生长均随培养液 NaCl 浓度的升高而下降，种子不能在 150 mmol/L NaCl 溶液中萌发（张国英等，2004）；相对而言，幼苗生长对盐胁迫的反应较不敏感，NaCl 浓度达 150 mmol/L 时，幼苗生长才明显受到抑制（张会慧等，2012）。水培条件下，水体含盐量 9 g/L 还可以存活，含盐量 6 g/L 未见明显盐害症状（张玲菊等，2008）。在质地黏重、排水能力差、含盐量达 3～4 g/kg 的黄河三角洲，桑不仅移植成活率高，且生长速度明显快于一般树种，表现出良好的适应性（李秀芬等，2013）。桑被盐生植物数据库 HALOPHYTE Database Vers. 2.0 收录（Menzel & Lieth, 2003）。

　　特点与用途：喜光不耐阴、耐旱亦耐水湿、耐瘠；对气候和土壤有广泛的适应性，寿命长。树冠广阔，枝叶繁茂，萌蘖力强，耐修剪，是滨海地区良好的庭院绿化树种和海岸防护林树种。叶供饲蚕，嫩叶和幼芽可做野菜；果营养丰富，可生食，也可供制果酱及酿酒；茎皮富含纤维，可用于造纸；木材材质优良，可供制家具。

◎ 桑果实

　　繁殖：扦插与播种繁殖。

桑	耐盐	B	耐盐雾	A−	抗旱	B+	抗风	B

◎ 生长于海岸鱼塘堤岸的桑（福建厦门杏林湾）

◎ 生长于强盐雾海岸坡地的桑
  （福建漳浦林进屿）

◎ 生长于强盐雾海岸坡地的桑
  （福建漳浦林进屿）

山柑藤

Cansjera rheedei J. F. Gmel.
别名：山柑
英文名：Rheed's False Olive

山柚子科根寄生常绿攀缘状灌木，枝条广展，有时具刺，小枝、花序均被淡黄色短绒毛；叶卵圆形或长圆状披针形，薄革质，全缘；花多朵排成密生的穗状花序，花序1～3个聚生于叶腋；花被管坛状，黄色；子房圆筒状；核果长椭圆状或椭圆状，成熟时橙红色，内果皮脆壳质。花期8月至翌年1月，果期1—4月。

分布：广东、广西、海南、香港和台湾。海南岛常见，其他省区少见。

◎ 山柑藤叶

生境与耐盐能力：多见于低海拔山地疏林或灌木林中，是海南岛海岸刺灌丛常见植物之一。在海南文昌，山柑藤是红树林与陆地植被交界处的常见植物，多攀缘于水黄皮、木榄、海莲等半红树植物和红树植物上，大潮时部分个体可被海水淹没。在广西防城港怪石滩，山柑藤与刺葵、许树、刺裸实、酒饼簕等组成最靠近海水的基岩海岸刺灌丛，部分个体可以在浪花飞溅区生长。山柑藤是根寄生植物，但具体寄生于什么树种，仅 Chen et al.（2020）根据生长在一起的植物推测可能寄生于台湾相思、香樟、朴树、野梧桐等植物。

特点与用途：喜光稍耐阴、耐旱不耐水湿、耐瘠。由于其野外资源不多，分布范围狭窄，目前没有与其应用相关的报道。果微酸涩，有小毒，不可食。

繁殖：播种繁殖。为顽拗型种子，种子采后不宜久藏。

◎ 山柑藤花

山柑藤	耐盐	B	耐盐雾	A-	抗旱	A-	抗风	—

◎ 山柑藤果

◎ 生长于基岩海岸迎风面山坡石缝的山柑藤（广西防城港怪石滩）

火炭母

Persicaria chinensis (Linn.) H. Gross

别名：翅地利、火炭星、火炭藤、白饭藤、信饭藤、火炭菜

英文名：Rice Saartweed, Southern Smartweed, Chinese Knotweed

蓼科多年生蔓生草本，近直立或平卧，高达 1 m，茎圆柱形，嫩枝紫红色；叶互生，卵状长椭圆形或卵状三角形，长 4～10 cm，宽 2～4 cm；头状花序组成腋生的圆锥或伞房花序，小花白色、淡红色或紫色，雄蕊 8；瘦果成熟时球形，黑色，具 3 棱，全部包藏于多汁、透明、白色或蓝色的宿存花被内。花果期几乎全年。

分布：浙江、福建、广东、广西、海南、香港和台湾。常见。

◎ 火炭母花

生境与耐盐能力：生境广泛。常见于海岸带与海岛迎风面山坡，对海岸环境表现出较强的适应能力。在福建漳浦火山地质公园，火炭母生长于强盐雾海岸迎风面山坡，从浪花飞溅区到海拔几十米的山坡均有分布。而在福建石狮无居民海岛白屿，土层极薄，植被稀疏，11月下旬东北季风吹拂下整个岛屿的灌木和草本植物一片枯黄，仅火炭母、番杏、木防己等少数植物还保留有绿色叶片。实验室水培条件下，在 NaCl 含量 3.3 g/L 的 1/2 霍格兰培养液中生长基本正常，NaCl 含量 8.3 g/L 时出现严重的盐害症状，NaCl 含量 16.6 g/L 时全部死亡（江惠敏，2017）。

特点与用途：喜光亦耐阴、耐旱亦耐水湿、耐瘠；分枝多，生长快，蔓延能力强，为优良的消落带绿化植物和垂直绿化材料，适合庭院、花径或建筑物周围栽植，颇有野趣。叶味酸，可食。全草入药，是民间常用中草药，具有清热利湿、凉血解毒、平肝明目、活血舒筋的功效，用于治疗痢疾、泄泻、咽喉肿痛、肺热咳嗽、肝炎等，也常作为凉茶的原料。

◎ 火炭母果

繁殖：播种与扦插繁殖。

火炭母	耐盐	B	耐盐雾	A−	抗旱	A	抗风	—

◎ 生长于基岩海岸低海拔坡地的火炭母（浙江平阳南麂岛）

◎ 生长于强盐雾海岸迎风面山坡的火炭母（福建漳浦林进屿）

萹蓄

Polygonum aviculare Linn.
别名：扁蓄、扁竹、竹叶草、扁蓄蓼、大蚂蚁草
英文名：Common Knotweed

蓼科一年生草本，茎自基部多分枝，匍匐或斜上升，高 10～40 cm，全株被白色粉霜；单叶互生，椭圆形或披针形，长 1～4 cm，全缘，似竹叶（竹叶草由此得名），叶柄基部具关节；花单生或数朵生于叶腋，绿色，边缘白色或淡黄色，雄蕊 8；瘦果卵形，黑褐色，密被由小点组成的细条纹。花期 4—8 月，果期 6—9 月。

分布：全国各地，但以北方居多。常见。

生境与耐盐能力：生境广泛，海岸带与海岛常见植物，多生长于海岸鱼

◎ 萹蓄花

塘堤岸。普遍认为，萹蓄是耐盐植物，更有不少人认为萹蓄是盐生植物（Khan & Qaiser, 2006；段代祥等，2007；王玉珍和刘永信，2009），被盐生植物数据库 HALOPHYTE Database Vers. 2.0 和 *Halophytes of Southwest Asia* 收录（Menzel & Lieth, 2003；Ghazanfar et al., 2014）。但萹蓄的耐盐能力一直没有被较好地评估。在松嫩平原，萹蓄可以在含盐量 5.9 g/kg、pH 8.9 的盐碱草地正常生长，有时成为优势种（张伟溪等，2010）。而在浙江乐清、舟山岛等地，萹蓄常与碱蓬、盐地碱蓬、碱菀及芦苇等盐生植物生长于含盐量高达 10 g/kg 的盐田、鱼塘的土质堤岸。因耐水淹能力较差，萹蓄多生长于水淹不到的堤岸顶部，而其他种类可以在被水淹及的低地生长（李根有等，1989）。

特点与用途：喜光稍耐阴、耐热、耐寒、耐瘠，可以在贫瘠、板结和轻度盐渍化的土壤上生长；适应性强，枝叶密集，生长快，是我国南北各地常见杂草。同时，由于耐修剪、耐践踏、病虫害少，养护容易，萹蓄也是构建低维护、节水生态型野生草坪的理想植物，适于大面积栽培及粗放管理。全草入药，具消炎、利尿、止痒和驱虫的功效，用于治疗膀胱热淋、小便短赤、淋沥涩痛、皮肤湿疹和阴痒带下等疾病。也可用作农药，用于毒杀蛆、菜青虫及椿象等。幼苗和嫩茎叶营养丰富，可作为野菜食用。但古代医家认为该品苦寒，多服泄精气，对机体会造成一定的损耗。萹蓄作为牧草对马和羊有毒，可引起皮炎和胃肠功能紊乱。猪极喜食。

繁殖：播种繁殖。

萹蓄	耐盐	B+	耐盐雾	A−	抗旱	A	抗风	A

◎ 生长于海岸后滨沙地的蔊蓄（山东海阳）

◎ 生长于海岸咸水鱼塘堤岸的蔊蓄（浙江乐清翁洋）

土荆芥

Chenopodium ambrosioides (Linn.) Mosyakin & Clemants
别名：鹅脚草、臭草、杀虫芥、香藜草、钩虫草
英文名：Mexican Tea, American Wormweed

　　藜科一年生或多年生草本，高 50~80 cm，茎直立，多分枝，全株有强烈香辛味；叶互生，矩圆状披针形至披针形，长 3~16 cm，边缘具稀疏不规则的大锯齿，背面具黄色腺点；花两性及雌性，绿色，通常 3~5 个团集，生于上部叶腋；胞果扁球形，完全包于花被内；种子横生或斜生，黑色或暗红色。花果期全年。

　　分布：原产热带美洲。1864 年首次在台北淡水发现，我国热带、亚热带地区广泛分布，个别省区作为药用植物人工栽培。

　　生境与耐盐能力：喜生于村旁、路边、河岸等处，既可以在含盐量很高的海岸沙荒地及低湿地生长，也可以在完全淡水的环境下生长，是海岸带常见植物。诸多文献将土荆芥归为盐生植物（段代祥等，2007；Ghazanfar et al., 2014；Yao et al., 2017；Rodrigues et al., 2023）。在福建平潭，海岸流动沙丘、半固定沙丘、固定沙丘、木麻黄林下都有土荆芥的分布（林鹏等，1984）。林鹏等（1984）、刘小芬等（2017）将其归为沙生植物。水培试验发现，土荆芥的生长存在低盐促进和高盐抑制现象，最适生长盐度为 50 mmol/L NaCl，部分植物可以在 250 mmol/L NaCl 培养液中存活，但长势很差（尹灿等，2010）。

　　特点与用途：喜光稍耐阴、耐旱亦耐水湿、耐瘠；适应性极强，繁殖能力强、扩散能力强，病虫害少，且具有很强的化感活性，被列入《中国第二批外来入侵物种名单》（2010）。土荆芥具强大的适应性、自我繁殖能力、重金属积累能力，可作为土壤修复植物（丁莹等，2017），也可以作为先锋植物应用于海岸带与海岛沙荒地绿化。全草入药，具有祛风除湿、杀虫止痒、通经、止痛和活血消肿的功效，用于治疗蛔虫病、钩虫病、蛲虫病等，外用治皮肤湿疹、瘙痒，并杀蛆虫。果实可以提取土荆芥油。土荆芥油具有驱虫、杀灭滴虫和钩虫、抑制皮肤致病真菌的功效，但具强烈刺激性，大剂量服用会中毒。

　　繁殖：播种繁殖。

◎ 土荆芥花与果（供图：朱鑫鑫）

土荆芥	耐盐	B	耐盐雾	A-	抗旱	A	抗风	A

◎ 土荆芥植株

◎ 生长于海岸沙地的土荆芥（海南儋州峨蔓）

喜旱莲子草

Alternanthera philoxeroides (Mart.) Griseb.
别名：空心莲子草、革命草、水花生
英文名：Alligator Weed

苋科多年生草本，茎基部匍匐，上部斜升，节处生根；水生型植株无根毛，挺水植物；陆生型植株有根毛，茎秆坚实；单叶对生，矩圆形至倒卵状披针形，长 2.5～5 cm，绿色；头状花序单生于叶腋，球状，有总花梗，花被片白色或略带粉红色，退化雄蕊舌状；胞果压扁，卵状至倒心形，边缘有刺或加厚。花期 5—10 月。

分布：原产巴西。20 世纪 30 年代末侵华日军引入上海作为战马饲料栽培，现黄河以南地区广泛分布。

生境与耐盐能力：多生长于池塘、水沟等湿地环境，也可以在干旱的海岸沙荒地甚至海岸沙地生长。水培试验发现，喜旱莲子草具有较强的耐旱和耐盐能力，280 mmol/L NaCl 和 24.18% 聚乙二醇（相当于 −14.40 mPa 的水势）胁迫处理 9 d，喜旱莲子草的根仍可以缓慢生长（刘艳红等，2010）。经 400 mmol/L NaCl 处理 40 d 的喜旱莲子草虽然生长减缓，但没有植株死亡，生长临界 NaCl 浓度为 265 mmol/L（刘爱荣等，2007）。在浙江舟山，喜旱莲子草可以在含盐量 5.6 g/L 的入海河道旺盛生长，也可以在盐度 10 g/L 的海水中正常生长，但长势较差（张力等，2012）。在福建云霄漳江口和福建泉州湾，喜旱莲子草可以在红树林内缘出现，涨潮时盐度 10 g/L 的海水可以直接浸淹。刘爱荣等（2007）认为喜旱莲子草是一种盐生植物。

◎ 喜旱莲子草花序

特点与用途：喜光亦耐阴、耐旱亦耐水湿、耐瘠；对环境具有广泛的适应性，生长速度快，繁殖能力强，竞争能力强，节节生根，清除困难，2003 年被列入《中国第一批外来入侵物种名单》。嫩茎叶可作为蔬菜食用，也是很好的牲畜饲料；农业上用于沤制基肥，是很好的生物钾肥资源；还可用于食用菌栽培。此外，喜旱莲子草对含盐富营养化水体、有机废水、生活污水等多种不同程度污染的水体均有一定的净化作用（张力等，2012）。全草药用，具有清热利尿和凉血解毒的功效。

繁殖：埋茎节繁殖。

喜旱莲子草	耐盐	B	耐盐雾	A−	抗旱	B+	抗风	—

◎ 在快速蔓延的喜旱莲子草

◎ 生长于红树林林缘的喜旱莲子草（福建云霄漳江口）

刺花莲子草

Alternanthera pungens H. B. K.
别名：地雷草
英文名：Khaki Weed, Spingflower Alternanthera, Creeping Chaffweed

苋科一年生匍匐草本，茎多分枝，密生伏贴白色硬毛；单叶对生，不等大，卵形至椭圆状倒卵形，长 1.5～4.5 cm；头状花序球形，无总花梗，1～3 个腋生；花被片白色，大小不等，2 枚外花被片披针形，花期后硬化成锐刺（刺花莲子草由此得名）；雄蕊 3～5，退化雄蕊小；胞果宽椭圆形，褐色，极扁平。花果期 2—12 月。

分布：原产南美洲。进入我国途径不详，1957 年在四川芦山首次记录，现福建、广东、广西、海南、香港和台湾都有分布，且分布范围正在迅速扩张。

◎ 生长于粗颗粒珊瑚砂上的刺花莲子草
（海南三亚小东海）

生境与耐盐能力：常成片生长于海岸沙荒地、鱼塘堤岸、新形成的裸地。在海南三亚，刺花莲子草与海马齿生长于高潮线上缘大颗粒碎珊瑚堆；在福建石狮祥芝，刺花莲子草成片生长于低海拔强盐雾海岸迎风面坡地；而在海南三亚、陵水和福建泉州、厦门等地，刺花莲子草生长于高潮线上缘海岸沙地。

特点与用途：喜光不耐阴、耐旱亦耐水湿、耐瘠；对海岸干旱贫瘠环境有很强的适应性，经常在干旱贫瘠的海岸沙荒地、裸地形成致密的单物种斑块，并排挤其他物种。扩散能力强，根系发达，地下肉质根可存活很久，对除草剂敏感性差，花具刺，是非常令人讨厌的杂草。虽然有人认为刺花莲子草的入侵能力较弱（王坤等，2010），但从其野外生长及扩散情况看，刺花莲子草入侵中国 60 多年后已经越过最初的适应期，并加速扩散，给海南岛的一些自然保护区带来较大威胁（秦卫华等，2008）。

繁殖：播种与切根段繁殖。

◎ 生长于大潮可淹及的海岸简易堤岸上的刺花莲子草（福建泉州后渚港）

刺花莲子草	耐盐	B+	耐盐雾	A	抗旱	A	抗风	A

◎ 刺花莲子草是最先侵入人工填海沙地的植物之一（海南陵水新村港）

◎ 生长于强盐雾海岸迎风面坡地的刺花莲子草（福建石狮祥芝）

莲子草

Alternanthera sessilis (Linn.) DC.
别名：满天星、白花仔、节节花、水牛膝、虾钳菜、水花生
英文名： Sessile Joyweed

苋科多年生草本，高 10～45 cm，茎上升或匍匐；圆柱形根粗壮，直径可达 3 mm；单叶对生，叶形多变，条状披针形、矩圆形、倒卵形、卵状矩圆形，长 1～8 cm；头状花序 1～4 个，腋生，无总花梗，初为球形，后变为圆柱形；花被片白色，大小相等；胞果倒心形，侧扁，包于宿存花被内。花期 5—7 月，果期 7—9 月。

分布：浙江、福建、广东、广西、海南、香港和台湾。常见。

◎ 莲子草叶与头状花序

生境与耐盐能力：生境广泛，常见于旷野路边、水边、田边、海岸水沟边潮湿处，被认为是湿地植物（高乐旋，2015）。对湿生和旱生环境具有双重适应性（Datta & Biswas, 1979）。我们的调查发现，莲子草也可以在水肥条件恶劣的海岸沙荒地生长，甚至可以出现在海岸沙地前沿。在海南海口塔市，莲子草可以生长于海岸沙地前沿，与老鼠芳、铺地黍及粗根茎莎草等组成海岸沙地稀疏的植被；而在福建莆田湄洲岛，莲子草既可以与厚藤、番杏、海边月见草等生长于强盐雾海岸沙地，也可以与中华结缕草、天蓝苜蓿、羊蹄等生长于低海拔强盐雾海岸沙荒地。

◎ 生长于海岸沙地前沿的莲子草（海南海口东寨港）

特点与用途：喜光亦耐阴、耐旱亦耐水湿、耐瘠、耐寒。全株入药，有散瘀消肿、清热利尿、解毒之功效，用于治疗牙痛、痢疾等。嫩茎叶可作为野菜食用，也是牲畜的良好饲料。农田常见杂草，除治困难，在很多地方成为令人讨厌的农田杂草。

繁殖：分茎段繁殖。

莲子草	耐盐	B+	耐盐雾	A-	抗旱	A-	抗风	—

◎ 生长于强盐雾海岸沙地的莲子草（福建平潭长江澳）

◎ 生长于海岸沙地前沿的莲子草（海南海口东寨港）

凹头苋

Amaranthus blitum Linn.
别名：野苋、紫苋、见光苋、野苋菜、野蕲
英文名：Livid Amaranth, Purple Amaranth

苋科一年生草本，高 10～60 cm，茎平卧而上升，从基部分枝；叶菱状卵形，长 1.5～4.5 cm，顶端凹缺（凹头苋由此得名）；花簇腋生，生在茎端和枝端者成直立穗状花序或圆锥花序；花被片 3，矩圆形或披针形，雄蕊 3；胞果扁卵形，不裂，微皱缩而近平滑；种子扁球形，黑色至黑褐色，边缘具环状边。花果期 7—11 月。

分布：浙江、福建、广东、广西、海南、香港和台湾有分布。常见，部分地区作为蔬菜栽培。

生境与耐盐能力：生境广泛，田野、路旁、村边、农地常见杂草，喜生于沙质土壤。种子发芽对 NaCl 胁迫具有较强的抵抗能力，虽然种子发芽率随培养液 NaCl 浓度的升高而下降，但 100 mmol/L NaCl 处理时的发芽率与对照组没有显著差异，只有当 NaCl 浓度超过 100 mmol/L 时发芽率才显著下降（Hao et al., 2017）。段代祥等（2007）将其归为盐生植物。因常见于海岸沙地，有人将其归为沙生植物（黄煜等，2022）。

◎ 凹头苋嫩枝

◎ 凹头苋花序及叶片

特点与用途：喜光稍耐阴、耐旱稍耐水湿、耐瘠、耐寒；对土壤、温度有广泛的适应性，茎叶质地柔软，营养丰富，可作为蔬菜食用，也是很好的牲畜饲料。

◎ 凹头苋花序

凹头苋分枝多，茎秆细弱，纤维素含量少，为多种畜禽所喜食。晒干后是鸡、兔、羊、猪的越冬饲草；青饲或调制干草，均为优质牧草。全草药用，具有清热利湿的功效，用于肠炎、痢疾、咽炎、乳腺炎、痔疮肿痛出血、毒蛇咬伤等的治疗。

繁殖：播种繁殖。

凹头苋	耐盐	A-	耐盐雾	A-	抗旱	A	抗风	A

◎ 生长于极端干旱沙地环境的凹头苋（海南乐东莺歌海）

◎ 生长于干旱海岸沙地的凹头苋（海南儋州木棠神冲）

刺苋

Amaranthus spinosus Linn.

别名：竻苋菜、勒苋菜、野刺苋、假苋菜、猪母刺、白刺苋

英文名：Spiny Amaranth, Spiny Pigweed, Prickly Amaranth, Thorny Amaranth

苋科一年生或二年生草本，高 30～100 cm，茎直立，多分枝，常呈紫红色；单叶互生，菱状卵形或长椭圆形，长 3～12 cm，叶柄基部具 2 长刺；花单性，圆锥花序顶生及腋生，苞片部分变成尖刺；花被片 5，绿色；雄蕊 5，柱头 3 或 2；苞果长圆形，盖裂；种子扁球形，黑色，有光泽。花果期 5—12 月。

分布：原产热带美洲。我国浙江、福建、广东、广西、海南、香港和台湾均有分布，已成为我国热带、亚热带和暖温带地区的常见杂草。

生境与耐盐能力：海岸带常见植物，在海岸村庄空地、道路、鱼塘堤岸、沙荒地、防护林空隙都有分布，在海水偶有浸淹的地方也可生长。在山东黄河三角洲，刺苋生长于以单叶蔓荆为优势的半流动沙丘，伴生的草本植物有翅碱蓬、猪毛菜、二色补血草、砂引草及珊瑚菜等盐生植物（刘峰等，2012）。在广东雷州半岛西海岸，刺苋是海岸沙荒地常见植物，多与黄细心等生长于高潮线上缘沙地。水培条件下，刺苋种子发芽的临界 NaCl 浓度是 73 mmol/L，在 150 mmol/L NaCl 培养液中种子发芽率仅为 2.7%（Chauhan & Johnson，2009）。另一项独立的研究也得出刺苋种子发芽的临界 NaCl 浓度是 73 mmol/L（Hao et al., 2017）。

特点与用途：喜光稍耐阴、耐旱稍耐水湿、耐瘠、耐寒；对土壤具有广泛的适应性，根系发达，病虫害少，生长速度快，植株高大，结果量大，种子寿命长，扩散途径多，清除困难，已经成为我国常见农田杂草，2010 年被列入《中国第二批外来入侵物种名单》，2022 年 12 月也被列入《国家重点管理外来入侵物种名录》。嫩茎叶营养丰富，尤其是钙含量很高，被称为"高钙菜"；肥大的根可用于煲汤，营养价值很高，滋补又去湿。全草药用，具清热利湿、解毒消肿和凉血止血功效，用于治疗痢疾、肠炎、胃及十二指肠溃疡出血、痔疮便血、胃出血、水肿、带下病、胆结石、瘰疬、咽喉痛等，外用治毒蛇咬伤、皮肤湿疹、疖肿脓疡等。

◎ 刺苋花序及叶柄基部长刺

繁殖：播种繁殖。刺苋种子发芽对埋土敏感，种子埋深 0.5 cm 即可使其发芽率降至 10% 以下（Chauhan & Johnson，2009）。

刺苋	耐盐	B+	耐盐雾	A−	抗旱		抗风	—

◎ 生长于海岸鱼塘堤岸的刺苋（海南澄迈花场湾）

◎ 刺苋花序

◎ 刺苋植株　　◎ 生长于特大潮可淹及的海岸沙荒地的刺苋（广东雷州企水）

青葙

Celosia argentea Linn.
别名：野鸡冠花、百日红、狗尾苋
英文名：Silver Cock's Comb, Celosia

苋科一年生直立草本，高 0.3~1 m，茎绿色或红色，具显明竖条纹；叶互生，矩圆披针形至披针状条形，长 5~8 cm；穗状花序顶生，塔状或圆柱状，花密生；苞片及小苞片披针形，白色，干膜质；花被片矩圆状披针形，干膜质，白色或粉红色；胞果卵形，盖裂；种子凸透镜状肾形。花期 5—8 月，果期 6—10 月。

分布：原产热带美洲和东南亚。我国大部分省区均有野生或栽培。

生境与耐盐能力：生境多样，农地、道路、果园、海岸沙荒地等均有分布。实验室水培条件下，盐度达 4.5 g/L 时种子萌发率为 41%，而盐度 2 g/L 以内对青葙种子发芽势、发芽指数、活力指数的影响不大（徐加涛等，2011）。

特点与用途：喜光不耐阴、耐旱不耐水湿；病虫害少，栽培简单。青葙株形、花序优美，生长条件要求低，花期较长，是具有较大开发潜力的草本花卉。种子中药名"青葙子"，有清热明目、保肝、抗肿瘤和免疫调控作用；种子炒熟后，可加工成各种糕点；花序宿存经久不凋，可供观赏；嫩茎叶浸去苦味后，可作为野菜食用；开花前茎叶肥嫩多汁，营养丰富，是很好的饲料。

繁殖：播种繁殖。

◎ 青葙正常花序

◎ 干旱海岸沙地环境下极度矮化的青葙植株（海南东方四必湾）

青葙	耐盐	B+	耐盐雾	A−	抗旱	A−	抗风	A−

◎ 青葙是海岸植被破坏后最先进入的植物之一（福建连江定海湾）

◎ 生长于海岸后滨沙地的青葙（海南东方昌化江口）

光果黄细心

Boerhavia glabrata Bl.
英文名：Tarvine

　　紫茉莉科多年生匍匐草本，茎纤细，高不超过20 cm，根膨大；单叶对生，肉质，不等大，披针形至长圆状卵形，长 1.5～3 cm，全缘或波状，背面灰白色；聚伞花序或顶生圆锥花序，花序梗 1～3 分枝，花紫色、浅紫色到白色；果倒卵形或椭圆形，先端圆形，5 棱，棱光滑，棱沟内密布腺毛。花果期几乎全年。

　　分布：Chen & Wu（2007）、王瑞江（2020）等认为光果黄细心在我国仅分布于台湾本岛，但我们在台湾澎湖、福建福鼎台山列岛、惠安崇武、泉州湾、厦门大嶝岛、漳浦林进屿，海南文昌和儋州等地均有发现。此外，熊先华等（2013）在浙江发现的匍匐黄细心（*B. repens*），我们认为也是光果黄细心。偶见。

　　生境与耐盐能力：海岸带与海岛特有植物，常见于基岩海岸迎风面山坡石缝、海岸半固定沙丘、高潮带上缘砾石滩等地，一些临近海岸的村庄路边也可见其分布。在台湾，光果黄细心从不远离海岸生长（Chen & Wu, 2007）。在台湾垦丁猫鼻头，光果黄细心粗大的根系深入临海珊瑚礁缝隙土壤，地上部分紧贴礁石生长。而在海南儋州光村，光果黄细心生长于大潮可淹及的海岸砾石滩。

　　特点与用途：喜光稍耐阴、耐旱不耐水湿、耐瘠，对海岸环境有很强的适应性，水分供应良好的情况下生长较快。因其植株矮小，野外数量不多，目前还没有关于其应用的报道。

　　繁殖：播种繁殖。

◎ 光果黄细心花果

◎ 光果黄细心叶正面

◎ 光果黄细心根

◎ 光果黄细心叶背面

光果黄细心	耐盐	A-	耐盐雾	A	抗旱	A	抗风	A

◎ 生长于强盐雾海岸高位珊瑚礁上的光果黄细心（台湾垦丁猫鼻头）

◎ 生长于大潮可淹及的海岸沙荒地的光果黄细心（海南儋州光村）

匍匐黄细心

Boerhavia repens Linn.
别名：匍匐猪草、红蜘蛛草、黄细心
英文名：Spreading Hogweed

紫茉莉科一年至多年生匍匐草本，高 50 cm，茎自基部分枝，上部枝条倾斜或直立，绿色带紫红色；植株大部分无腺体，被微柔毛；单叶对生，肉质，不等大，卵形、卵状披针形或椭圆形，长 1～2.5 cm，背面苍白色，全缘、波状或稍浅裂；聚伞花序腋生，具花序梗，有花 2～5 朵；花白色、粉色或淡紫色，长 1 mm；雄蕊 2；果棍棒状，具 5 棱，疏生微柔毛，有时具无柄腺体。花果期全年。

◎ 匍匐黄细心花

分布：广东雷州半岛、海南和台湾。海南岛常见，广东和台湾偶见。

生境与耐盐能力：海岸带与海岛特有植物。从海岸半流动沙丘到固定沙丘再到海岸林林缘空隙均有分布，也可以在基岩海岸迎风面山坡石缝生长，部分植株甚至可以在粗颗粒珊瑚碎屑堆或海岸砾石堆生长。就其生长位置而言，大部分匍匐黄细心生长于可以看到海水的地方，被认为是最接近海水的陆生植物之一。在海南岛西海岸，它不仅可以与厚藤等组成风暴

◎ 匍匐黄细心果

潮可淹没的海岸沙地最前沿稀疏草本植被，也可以生长于以单叶蔓荆、仙人掌等为优势种的海岸刺灌丛。

特点与用途：喜光不耐阴、耐旱不耐水湿、耐瘠、耐沙埋；对海岸沙地环境有很强的适应性。因生境特殊，且很少在海岸沙地形成大面积景观，目前还未引起关注。

繁殖：播种繁殖。

匍匐黄细心	耐盐	A	耐盐雾	A	抗旱	A	抗风	A

◎ 匍匐黄细心与白花马鞍藤组成的海岸沙地稀疏草丛（海南昌江棋子湾）

◎ 生长于海岸沙地最前沿的匍匐黄细心（海南昌江棋子湾）

冰叶日中花

Mesembryanthemum crystallinum Linn.
别名：冰花、冰菜、冰草、南极冰菜
英文名：Ice Plant, Common Ice Plant, Crystalline Ice Plant

番杏科一年生或二年生低矮草本，茎、叶、果实表面密布颗粒状透明的泡状细胞，形似冰珠子，看起来就像蔬菜刚从冰箱里拿出来（冰草由此得名）；单叶互生，肉质，卵形或长匙形，边缘波状；花后叶片由绿转红；花单生于叶腋，雏菊状，花瓣白色或浅玫瑰红色；蒴果5室，裂瓣脊有翅。花期5—8月，果期9—11月。

◎ 冰叶日中花花和果（供图：黄健）

分布：原产非洲南部，在澳大利亚西部、环地中海沿岸和加勒比海周边等地亦有分布。我国各地作为蔬菜零星栽培。

生境与耐盐能力：原产非洲低海拔的干旱或半干旱盐碱地，从大潮高潮线上缘到远离海岸的内陆地区都可以生长。在非洲西海岸加那利群岛的特内里费岛，冰叶日中花是最靠近大海的高等植物之一，可以在大潮线上缘及浪花飞溅区生长。实验室水培条件下，冰叶日中花可以在 500 mmol/L NaCl 溶液中生长（Kuznetsov et al., 2000）；其生长存在明显的低盐促进和高盐抑制现象，最适生长 NaCl 浓度为 100～200 mmol/L，800 mmol/L 时严重枯萎甚至死亡（李广鲁等，2015）。当培养液含盐量高达 16 g/L 时，与对照组相比，除生长减缓外，没有任何盐害症状（He et al., 2022）。有人认为冰叶日中花是一种兼性盐生植物（He et al., 2022），被列入盐生植物名录（Adams et al., 1998; Khan & Qaiser, 2006; Ghazanfar et al., 2014）。

◎ 冰叶日中花叶片表面的盐泡

特点与用途：喜光稍耐阴、耐旱不耐水湿、耐寒、耐瘠；茎叶表面的泡状细胞里含有大量的天然植物盐，吃起来有咸味。生长快，产量高，易栽培，病虫害少，口感清脆，风味独特，可生食，是一种广受欢迎的高营养价值蔬菜。叶形奇特，花色艳丽，花期长，果后叶片转红，具有较高观赏价值。在美洲和大洋洲被列入入侵物种名单。

◎ 作为蔬菜食用的冰叶日中花

繁殖：播种与扦插繁殖。

冰叶日中花	耐盐	A	耐盐雾	A	抗旱	A	抗风	A

◎ 生长于强盐雾海岸沙荒地的冰叶日中花（加那利群岛特内里费岛）（供图：黄健）

◎ 冰叶日中花是最靠近海水的高等植物之一（加那利群岛特内里费岛）（供图：黄健）

大花马齿苋

Portulaca grandiflora Hook.

别名：松叶牡丹、龙须牡丹、苔藓玫瑰、半支莲、洋马齿苋、太阳花、午时花、墨西哥玫瑰

英文名：Rose Moss, Bigflower Purslane

马齿苋科一年生肉质草本，高 10～30 cm，茎平卧或斜升，花下及叶腋疏生长柔毛；叶密集枝端，细圆柱形；花单生或数朵簇生枝端，日开夜闭，直径 2.5 cm 以上；花瓣 5 或重瓣，倒卵形，花色红、黄、紫、白等；柱头 5～9 裂，花丝紫色，基部合生；蒴果近椭圆形，盖裂；种子圆肾形。花期 3—12 月。

分布：原产南美洲。作为观赏植物在我国广泛栽培，栽培品种众多。浙江以南可露地越冬。

生境与耐盐能力：我国的园林绿化工作者普遍认为大花马齿苋是具有较高耐盐能力的观赏植物（汤巧香，2007；苏秦，2019）。水培试验发现，大花马齿苋的耐盐能力高于马齿苋，并表现出一定的盐生植物特点，其种子发芽及幼苗生长存在低盐促进和高盐抑制现象，种子发芽率和幼苗生长速度分别在 1.8 g/L 和 3.6 g/L 达到最大值，种子发芽和幼苗生长的临界海水盐度分别是 17.4 g/L 和 10.6 g/L（徐青等，2015）。盆栽土培试验结果表明，大花马齿苋具有较高的耐盐能力，200 mmol/L NaCl 溶液处理 5 周组与对照组生长没有显著差异，400 mmol/L NaCl 处理组茎长生长比对照组下降 12.2%，叶片长度及分枝数没有下降，鲜重仅比对照组下降 30%，且盐胁迫使开花数量显著增加（Borsai et al., 2020）。野外栽培也发现大花马齿苋具有较高的耐盐能力。在天津光合谷湿地公园，大花马齿苋可以在含盐量 3.4～5.2 g/kg 的土壤中正常生长（蔚奴平，2020）。在台湾岛南部垦丁，大花马齿苋可以在强盐雾海岸草地生长。在海南陵水新村港，种植于大潮高潮线上缘海岸沙地的大花马齿苋生长旺盛。

◎ 大花马齿苋各色花及果实

特点与用途：喜光不耐阴、耐旱不耐水湿、耐瘠、耐高温；适应性强，栽培简单，病虫害少，耐粗放管理。花色繁多，花期长，花量大，是滨海地区极佳的地被植物，尤其适用于海岸沙荒地绿化。全草药用，有散瘀止痛、清热、解毒消肿功效，用于治疗咽喉肿痛、烫伤、跌打损伤、疮疖肿毒。

繁殖：播种与扦插繁殖。种子小，易发芽，自播能力强。重瓣品种常用扦插繁殖。

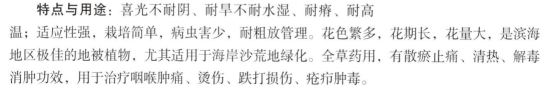

大花马齿苋	耐盐	A	耐盐雾	A+	抗旱	A	抗风	A

◎ 大花马齿苋花枝

◎ 种植于海岸沙地的大花马齿苋（海南陵水新村港）

四瓣马齿苋

Portulaca quadrifida Linn.
别名：四裂马齿苋、小马齿苋、地锦、海滨马齿苋
英文名：Chickenweed Purslane, Wild Purslane

马齿苋科一年生肉质匍匐草本，节上生根，叶腋和花基部有疏长柔毛；单叶对生，卵形、倒卵形或卵状椭圆形，长 4～8 mm，宽 2～5 mm，扁平；花单生枝顶，围以 4～5 轮叶片；花瓣 4，长圆形或宽椭圆形，长 3～6 mm，黄色；柱头 3～4 裂；雄蕊 8～10；蒴果球形，黄色，盖裂；种子近球形，黑色。花果期几乎全年。

分布：原产非洲和西亚热带地区。我国广东南部、海南、香港和台湾有分布。最近在广西涠洲岛也有发现（林建勇等，2023）。偶见。

生境与耐盐能力：生境多样，常见于空旷沙地，在河谷田边、山坡草地、路旁和水沟边也可见到其分布，海拔范围为 0～2 000 m（Dhande & Patil, 2020）。而在海南儋州，四瓣马齿苋与过江藤等生长于极度干旱的大潮线上缘大颗粒碎珊瑚堆中。在海南琼海长坡，四瓣马齿苋生长于大潮可以淹及的碎珊瑚堆中，常见的伴生植物有粗根茎莎草。在印度和巴基斯坦，四瓣马齿苋被认为是盐生植物（Singh, 2005；Khan & Qaiser, 2006；Kokab & Ahmad, 2010；Ghazanfar et al., 2014）。

特点与用途：喜光不耐阴、耐旱稍耐水湿、耐瘠；能适应多种土壤，但更喜欢生长于沙地或砂质土壤，水肥供应良好的情况下生长速度快，是滨海地区良好的地被植物。四瓣马齿苋与马齿苋具有相似的食用和药用价值（Voznesenskaya et al., 2010），在印度、刚果和卢旺达等国家常见栽培。嫩茎叶可作为蔬菜食用。全草药用，有清热利湿、凉血解毒、止痢杀菌的功效，用于治疗痢疾、肠炎、腹泻、湿热性黄疸、内痔出血、乳汁不足、小儿疳积、黄水疮、下肢慢性溃疡等。

繁殖：扦插繁殖为主，也可播种繁殖。

◎ 四瓣马齿苋花

◎ 四瓣马齿苋叶

◎ 四瓣马齿苋茎上的长柔毛

四瓣马齿苋	耐盐	A	耐盐雾	A	抗旱	A	抗风	—

◎ 生长于海岸沙荒地的四瓣马齿苋和九叶木蓝（海南儋州龙门激浪）

◎ 生长于海岸粗颗粒碎珊瑚沙地上的四瓣马齿苋（海南琼海长坡）

土人参

Talinum paniculatum (Jacq.) Gaertn.
别名：栌兰、绿蓝菜、假人参、紫人参、飞来参
英文名：Panicled Local Ginseng, Panicled Fameflower,
Java Ginseng, Jewels of Opar

马齿苋科一年生或多年生直立草本，高 30～100 cm，主根粗壮，圆锥形，分枝状如人参（土人参由此得名）；单叶互生或近对生，稍肉质，倒卵状或倒卵状长椭圆形，长 5～10 cm；圆锥花序顶生或侧生，多二叉状分枝；花萼紫红色，花瓣粉红色或淡紫红色；蒴果近球形，3 瓣裂；种子扁圆形，黑褐色。花期 5—10 月，果期 8—11 月。

分布：原产热带美洲。浙江以南省区作为蔬菜或药用植物常见栽培，偶见逸为野生。

生境与耐盐能力：海南沿海沙荒地及村边常见栽培或逸为野生。水培条件下，土人参表现出

◎ 土人参花

较好的耐盐能力，在 NaCl 含量 3.3 g/L 的 1/2 霍格兰培养液中生长基本正常，NaCl 含量 8.3 g/L 时出现一定的盐害症状，NaCl 含量 16.6 g/L 时勉强存活（江惠敏，2017）。盆栽土培试验结果表明，土人参具有较高的耐盐能力，在 300 mmol/L NaCl 处理下还可以继续生长，临界 NaCl 浓度是 156 mmol/L（Assaha et al., 2017）。进一步研究发现，低盐胁迫条件（NaCl 浓度 100 mmol/L）下，土人参主要通过限制 Na$^+$ 往地上部分运输来维持地上部分高 K$^+$/Na$^+$，而高盐条件下（NaCl 浓度 200～300 mmol/L），则通过限制 Na$^+$ 往地上部分运输、渗透调节、活性氧清除共同起作用（Assaha et al., 2017）。土人参被盐生植物数据库 HALOPHYTE Database Vers. 2.0 收录（Menzel & Lieth, 2003）。

特点与用途：喜光亦耐阴、耐旱不耐湿、耐瘠；适应性强，病虫害少，栽培简单。药蔬兼用，根、嫩茎叶均可食用，营养丰富，口感嫩滑，风味独特，在西非、拉美的许多地区，早已成为大众蔬菜；根药用，为滋补强壮药，多用于煲汤，具清热解毒功效，对气虚乏力、脾虚泄泻、肺燥咳嗽、神经衰弱等有一定疗效。

繁殖：播种、扦插与分株繁殖。

◎ 土人参果

土人参	耐盐	B+	耐盐雾	A−	抗旱	A−	抗风	—

◎ 土人参果

◎ 逸为野生的土人参（福建厦门）

树马齿苋

Portulacaria afra Jacq.
别名：金枝玉叶、马齿苋树、小银杏木、幸运树
英文名：Porkbush, Elephant's Food, Spekboom

　　刺戟木科多年生肉质亚灌木，株高 1～2 m，茎多分枝，红棕色；叶交互对生，倒卵状三角形，全缘，顶端有平缓凹陷，绿色有光泽，叶柄极短；花序顶生或腋生，花小，星形；花瓣白色、玫瑰红色或粉红色；果三角状椭圆形，粉红色，角上具半透明翅；种子肾形，具疣状突起。人工栽培很少开花结果。栽培品种众多。

　　分布：原产南非。我国南北各地作为观赏植物普遍栽培，福建以南地区常逸为野生。

　　生境与耐盐能力：南非东开普省干旱的亚热带山坡灌丛的优势种，在积盐的谷底未见生长，虽然生长随土壤含盐量的提高而减缓，但在高盐环境中具有一定的适应性（Becker，2013）。Ting & Hanscom（1977）发现树马齿苋可以在 20 g/L 的 NaCl 培养液中存活，但蒸腾作用和生长基本停止。在南非年降雨量低于 200 mm 的东开普省，利用 NaCl 含量 1.6 g/L 的微咸水长期浇灌盆栽的树马齿苋，土壤表面积了一层白色的盐斑，树马齿苋虽然生长不佳但没有死亡（Becker，2013）。在福建厦门土屿，树马齿苋盆栽在海拔 3～4 m 无遮挡的强盐雾区生长完全正常。被盐生植物数据库 HALOPHYTE Database Vers. 2.0 收录（Menzel & Lieth, 2003）。

◎ 树马齿苋枝叶

　　特点与用途：喜光稍耐阴、耐旱不耐水湿、耐瘠；树形低矮紧凑，叶密、厚、小、亮，枝条萌发力强，耐修剪，为很受欢迎的小型盆栽观叶植物和盆景植物。

　　随环境和叶片年龄的变化，树马齿苋光合作用碳同化途径在 C_3 和 CAM（景天酸代谢）之间转化，是研究植物光合作用的理想植物（Guralnick & Ting, 1988）。

　　繁殖：扦插繁殖。

树马齿苋	耐盐	A-	耐盐雾	A	抗旱	A	抗风	A

◎ 树马齿苋枝叶

◎ 人工栽培于海岛突出部的树马齿苋（福建厦门土屿）

落葵

Basella alba Linn.

别名：木耳菜、藤菜、豆腐菜、篱笆菜、胭脂豆、白落葵

英文名：Basella, Vine Spinach, Indian Spinach, Malabar Spinach

落葵科一年生肉质缠绕草本，茎绿色或略带紫红色；叶互生，卵形或近圆形，长 3～9 cm；叶柄长 1～3 cm；穗状花序腋生，长 3～20 cm；花无梗；花被片淡红色或淡紫色，花期不展开；浆果卵圆形，熟后深紫黑色，多汁；种子球形，紫红色。花期 5—11 月，果期 7—12 月。栽培品种常见的有红梗落葵、青梗落葵和大叶落葵。

◎ 落葵花及幼果

分布：原产亚洲热带地区。我国南北各地作为蔬菜栽培，浙江以南常逸为野生。

生境与耐盐能力：Menzel & Lieth（2003）和 Aronson（1989）均认为落葵是盐生植物，并将其收录入盐生植物数据库 HALOPHYTE Database Vers. 2.0。一些逸为野生的落葵也提供了其耐盐与耐盐雾能力的信息。在台湾垦丁猫鼻头，落葵生长于强盐雾海岸迎

◎ 落葵果实

风面隆起珊瑚缝隙，显示出极强的耐盐雾能力。落葵生长于红树林林缘、鱼塘堤岸、沟渠两侧等，也是海岸带与海岛废弃村庄的常见植物。

落葵通过提高叶片肉质化程度，增加 K^+、Ca^{2+} 和 Mg^{2+} 的主动吸收能力和提高体内抗氧化能力，展示较强的耐盐能力（Ning et al., 2015）。实验室土培试验结果表明：落葵为具有中等耐盐能力的植物，生长的临界水体盐度为 7～10 dS/m，临界土壤盐度为 5.6～8.9 dS/m（Azam et al., 2022）。水培条件下，落葵显示出较高的耐盐能力，200 mmol/L 的 NaCl 处理使得植株干重下降 56%。温室盆栽土培条件下，幼苗生长随土壤含盐量的提高而下降，临界土壤含盐量是 10.6 dS/m（Tarafder et al., 2023）。王玉珍和刘永信（2009）认为其是耐盐植物。

特点与用途：喜光稍耐阴，喜高温高湿环境，耐旱不耐水湿、耐瘠、不耐寒；病虫害少，栽培容易，叶和嫩芽营养丰富，味清香，清脆爽口，如木耳一般，别有风味，为常见蔬菜（孕妇忌食），经常食用能降压益肝、清热凉血、防止便秘，是一种保健蔬菜。叶碧绿、梗红、果紫，是滨海地区庭院立体绿化的好材料。全草药用，有清热、滑肠、凉血和解毒功效，用于治疗大便秘结、小便短涩、痢疾、便血、斑疹和疔疮等。

繁殖：播种与扦插繁殖。

落葵	耐盐	B+	耐盐雾	A−	抗旱	A	抗风	A

◎ 生长于强盐雾海岸坡地的落葵（台湾垦丁猫鼻头）

◎ 生长于海堤牡蛎壳堆上的落葵（福建福鼎前岐）

瞿麦

Dianthus superbus Linn.

别名：石竹、石柱花、剪绒花、野麦、石桂花、十竹子花、十样景花

英文名：Superb Pink, Large Pink

石竹科多年生直立草本，高 25～60 cm，茎丛生，上部二歧分枝，节膨大；叶对生，线状披针形，长 5～10 cm；花 1～2 朵，顶生或腋生；苞片 4～6 枚，倒卵形；花萼圆柱状，紫红色；花瓣淡红色或紫红色，稀白色，边缘裂至中部，丝状或流苏状；蒴果圆筒形，顶端 4 裂；种子扁圆形，黑色。花期 5—9 月，果期 8—10 月。

分布：浙江和福建海岸带与海岛常见。有些地方作为观赏植物或药用植物人工栽培。

生境与耐盐能力：分布范围广，生境广泛。在浙江和福建的海岸带与海岛，瞿麦常见于海岸草地或基岩海岸石缝。水培条件下，随着培养液 NaCl 浓度的升高，植物生长明显减缓，出现叶色发黄、叶尖和叶缘枯死症状，但在 NaCl 浓度 9 g/L 的培养液中可以生长且没有死亡，说明瞿麦有中等的耐盐能力（Ma et al., 2017）。

特点与用途：喜光不耐阴、耐旱不耐水湿、耐瘠、耐寒；适应性强，栽培简单，繁殖容易，耐修剪，病虫害少，生长迅速。花色淡雅，花具有长花萼管，能产生大量的花蜜和芳香气味，被广泛应用于观赏园艺和庭院绿化，也是滨海地区花坛、花镜的良好材料。瞿麦是传统的中药，全草入药，有清热利水、破血通经功效，用于治疗小便不通、小便涩痛、淋病尿血及经闭不通等。

繁殖：播种与分株繁殖。种子易发芽。

◎ 瞿麦花

瞿麦	耐盐	B	耐盐雾	A-	抗旱	A-	抗风	—

◎ 生长于基岩海岸石缝的瞿麦（浙江洞头）

◎ 生长于强盐雾基岩海岸迎风面山坡石缝的瞿麦（福建平潭坛南湾）

漆姑草

Sagina japonica (Sw.) Ohwi
别名：瓜槌草、珍珠草、星宿草、腺漆姑草、地毯草
英文名：Japanese Pearwort

石竹科一年生或二年生草本，茎丛生，稍铺散，高 5～20 cm，上部疏生短柔毛；叶对生，线形，长 5～20 mm；花小，单生于叶腋或顶生成聚伞花序，花梗疏生短柔毛；萼片 5，卵状椭圆形，被腺毛；花瓣 5，白色，稍短于萼片，花柱 5；蒴果卵圆形，种子圆肾形，褐色，表面具尖瘤状凸起。花期 3—10 月，果期 4—11 月。

分布：浙江、福建、广东、广西、香港和台湾。常见。

生境与耐盐能力：海岸带与海岛常见植物，生境多样，在大潮可以淹及的潮间带滩涂、鱼塘堤岸、水沟边、沙荒地、草地及岩缝均可见。在浙江杭州湾口，漆姑草是围垦区轻度和中度盐碱地常见植物；而在福建和浙江的一些岛屿，漆姑草常见于低海拔基岩海岸迎风面山坡石缝，最低可以在浪花飞溅区生长。在福建漳浦菜屿列岛、石狮祥芝、莆田湄洲岛等地，漆姑草与结缕草、铁包金、女娄菜等生长于强盐雾海岸沙荒地或稀疏草地。

特点与用途：喜光亦耐阴（营养生长期耐阴性强，繁殖阶段耐阴性差）、耐旱亦耐水湿、耐瘠、耐寒；对海岸环境有较强的适应性，不择土壤，植株低矮，能自播形成较为致密的草丛。全草药用，具有凉血解毒、杀虫止痒和退热功效，用于治疗漆疮、秃疮、痈肿、瘰疬、龋齿、小儿乳积、跌打内伤、无名肿毒、毒蛇咬伤等。

繁殖：播种繁殖。

◎ 漆姑草花

◎ 漆姑草花与果

漆姑草	耐盐	B+	耐盐雾	A	抗旱	A	抗风	—

◎ 生长于强盐雾基岩海岸迎风面石缝的漆姑草（福建石狮祥芝）

◎ 漆姑草是中亚热带围填海区先锋植物之一（浙江杭州湾南岸）

◎ 生长于低海拔基岩海岸坡地石缝的漆姑草与盐生植物脉耳草（福建福鼎西台山岛）

千金藤

Stephania japonica (Thunb.) Miers

别名：金线吊乌龟、公老鼠藤、野桃草、爆竹消、朝天药膏、合钹草、金丝荷叶、天膏药

英文名：Japanese Stephania

防己科常绿木质缠绕藤本，叶柄盾状着生；单叶互生，三角状近圆形，长 6～15 cm，宽与长近相等，背面粉白色，掌状脉 10～11 条；复伞形聚伞花序腋生，小聚伞花序近无梗，密集呈头状；花小，黄绿色；雄花萼片 6 或 8，两轮；雌花萼片和花瓣各 3～4 片；核果倒卵形，成熟时红色。花期 6—10 月，果期 7—11 月。

分布：浙江、福建、广东、广西、海南、香港和台湾。常见。

生境与耐盐能力：生境广泛多样，山坡林下、林缘、沟谷石堆、村边、路边、山坡草地都是千金藤生长的地方。千金藤也是福建平潭、晋江、漳浦等强盐雾海岸迎风面山坡草地、沙荒地、海岸林缘和海堤的常客。在福建惠安崇武，千金藤生长于海拔数米的强盐雾海岸迎风面沙荒地，与卤地菊组成稀疏的海岸沙荒地植被，显示出对海岸环境较强的适应性。在福建平潭君山，千金藤与结缕草、鸭嘴草属植物组成海岸迎风面山坡浪花飞溅区致密草丛，未见明显的盐雾危害症状，显示出极强的耐盐雾能力。

特点与用途：喜光亦耐阴、耐瘠；适应性强，病虫害少，栽培简单，生长快。叶色光亮，果色艳丽，是滨海地区绿化的理想树种。根药用，具有清热解毒、祛风止痛、利水消肿的功效，常用于治疗咽喉肿痛、痈肿疮疖、毒蛇咬伤、风湿痹痛、胃痛、脚气水肿。

繁殖：播种繁殖。

◎ 千金藤花序

◎ 千金藤熟果

◎ 千金藤植株

千金藤	耐盐	B+	耐盐雾	A	抗旱	A−	抗风	A

◎ 生长于强盐雾海岸迎风面护坡枸杞灌丛中的千金藤（福建平潭龙凤头）

◎ 生长于强盐雾海岸浪花飞溅区草丛中的千金藤（福建平潭山边）

蓟罂粟

Argemone mexicana Linn.
别名：罂粟、老鼠蓟、野鸦片
英文名：Mexican Poppy, Prickly Poppy

罂粟科一至二年生直立草本，高30～100 cm，茎被疏短刺，有黄色乳汁；基生叶密聚，宽倒披针形至椭圆形，羽状深裂，具尖刺；茎生叶互生，半抱茎，长5～20 cm；花单生于枝顶，黄色或橙黄色；花瓣6，宽倒卵形；花柱极短，3～6裂；蒴果卵圆形，瓣裂，疏生硬刺；种子球形，黑色。花果期3—10月。

分布：原产美洲。我国浙江、福建、广东、广西、海南、香港和台湾有栽培或逸为野生。偶见。

生境与耐盐能力：生境类型多样，既可以在海岸环境生长，也可以在内陆旱地生长。台湾南部及澎湖的海滨沙地有分布。在海南琼海潭门，蓟罂粟从大潮高潮线上缘到木麻黄防护林下空隙均有分布，是以滨豇豆和厚藤为优势种的大潮高潮线上缘海岸沙地的常客。

◎ 蓟罂粟花

◎ 蓟罂粟果

特点与用途：喜光稍耐阴、耐旱不耐水湿、耐寒、耐瘠。花大色艳，花期长，病虫害少，一旦种植成活就无需维护，可用于海岸绿化。因植株形态奇特，花色艳丽，在滨豇豆和厚藤草丛中极为醒目。全草药用，具有祛湿利胆、祛痰利湿的功效，用于治疗便秘、疝痛、牙痛和梅毒等。蓟罂粟也因适应性强，繁殖能力强，全身具刺，汁液有毒，在有些地方成为令人讨厌的杂草。

繁殖：播种繁殖。

蓟罂粟	耐盐	A-	耐盐雾	A	抗旱	A	抗风	A

◎ 生长在海岸沙地的蓟罂粟和滨豇豆（海南琼海潭门）

◎ 生长于海岸粗珊瑚碎砂地上的蓟罂粟和滨豇豆（海南琼海潭门）

钝叶鱼木

Crateva trifoliata (Roxb.) B. S. Sun
别名：赤果鱼木、鱼木
英文名：Obtuse-Leaved Crateva

山柑科半常绿乔木或灌木，高1.5～30 m，花期时树上无叶或仅有幼叶，枝叶干后红褐色；三出复叶互生；小叶椭圆形或卵圆形，长6～8 cm，顶端圆形或钝形，急尖；总状或伞房花序着生在茎顶端，花初期白色后转黄色，雄蕊16～18；果球形，表面光滑，成熟时或干后均呈红色，因此也称其为赤果鱼木；种子肾形，棕黑色。花期3—6月，果期6—10月。

分布：广东、广西、海南、香港和台湾。偶见。广东广州、深圳及香港等地作为观赏植物少量栽培。

◎ 钝叶鱼木花

生境与耐盐能力：海南岛及雷州半岛海岸带常见植物，多生长于木麻黄防护林、海岸坡地次生林、海岸刺灌丛、海岸沙地等环境，偶见于海堤及鱼塘堤岸。在海南三亚青梅港、小东海和昌江棋子湾等地，钝叶鱼木是基岩海岸常见植物，从浪花飞溅区上缘到海拔数十米的坡地均有分布；在海南三亚青梅港、三亚湾、崖州区等地，钝叶鱼木生长于海岸沙地木麻黄防护林或沙地刺灌丛；在海南儋州峨蔓，钝叶鱼木与仙人掌、刺茉莉等组成最靠近海水的海岸刺灌丛。

◎ 钝叶鱼木叶与果

特点与用途：喜光不耐阴、耐瘠；适应性强，病虫害少，栽植成活后无需维护。树形美观，花瓣叶状，紫红色的花丝细长，非常秀丽，盛花时节犹如群蝶纷飞，为滨海地区良好的行道树和庭院观赏树种，也可与木麻黄混交作为沿海防护林树种。木材可作为乐器和细工用材；树皮和果实有毒。

繁殖：播种繁殖。

钝叶鱼木	耐盐	B+	耐盐雾	A−	抗旱	A	抗风	A

◎ 生长于海岸沙地刺灌丛中的钝叶鱼木（海南三亚崖州区）

◎ 生长于海岸刺灌丛中的钝叶鱼木（海南儋州峨蔓）

臭荠

Lepidium didymum Linn.

别名：臭滨芥、臭独行菜、芸芥、臭芸芥、臭菜、臭蒿子、臭芥、肾果荠

英文名：Swine Wart Cress, Swine Cress, Lesser Swine-Cress

十字花科一年或二年生低矮草本，全株有臭味；茎多分枝，有细毛；基生叶具长柄，一回或二回羽状全裂，茎生叶具短柄，边缘有锯齿或全缘；总状花序腋生，花极小，白色；花瓣长圆形，或无花瓣；短角果肾形，表面粗糙，成熟时分离成2瓣，但不开裂；种子肾形，红棕色。在福建以南地区，几乎全年可以见到花果。

分布：原产南美洲。我国浙江、福建、台湾、广东、广西、海南、香港和台湾。常见，为农田、果园和绿地常见杂草。

生境与耐盐能力：目前还没有臭荠耐盐能力的相关研究，但臭荠是我国南方各省区海岸带与海岛沙荒地的常见植物，这

◎ 臭荠花果

说明其具有较高的耐盐和耐盐雾能力。在浙江定海大猫山岛，臭荠作为伴生植物生长于海堤，组成以砂引草为优势的滨海盐生草甸（陈征海等，1996）。在强盐雾海岸福建龙海烟墩山，臭荠与番杏等生长于海岸迎风面鱼塘堤岸、坡地等环境，一些个体可以生长于浪花飞溅区，未见明显的盐害症状。在福建厦门环岛路等地，臭荠与海边月见草等植物生长于海岸沙地。

◎ 臭荠植株

特点与用途：喜光稍耐阴、耐旱、耐瘠、耐寒；适应性强，种子传播媒介多样，传播速度快，生长速度快，能形成致密的覆盖层，气味难闻，草食动物拒食，这些特性使得臭荠成为难以清除的杂草。臭荠被列入中国142种外来入侵植物名录（万方浩等，2012）。全草入药，有清热明目、利尿的功效。

繁殖：播种繁殖。

臭荠	耐盐	B+	耐盐雾	A-	抗旱	A-	抗风	—

◎ 臭荠可在水分条件稍好的海岸沙地形成致密的覆盖层（福建厦门环岛路）

◎ 强盐雾海岸浪花飞溅区沙荒地同番杏和苦苣菜生长在一起的臭荠（福建龙海烟墩山）

落地生根

Bryophyllum pinnatum (Lam.) Oken

别名：灯笼花、叶生根、斩千刀、不死鸟

英文名：Air Plant, Mexican Love Plant, Live Plant, Resurrection Plant

景天科多年生直立草本，高达 1.5 m；单叶或羽状复叶对生，小叶长圆形至椭圆形，先端钝，边缘具圆齿，成熟叶长不定芽，落地后长成新植株；圆锥花序顶生，具多花，筒状花下垂倒吊；花萼钟形，花冠高脚碟形，初期绿色，后转为淡红色或紫红色；蓇葖果包被在花萼及花冠内；种子小，有条纹。花果期 1—5 月。

分布：原产非洲。我国福建、广东、广西、海南、香港和台湾常见栽培或逸为野生。

生境与耐盐能力：对海岸环境具有很强的适应性，喜生海边沙地、河口堤坝、木麻黄林下等。在海南儋州光村至峨蔓的海岸带，落地生根是海岸刺灌丛常见植物。它不仅可以生长于以刺篱木、露兜树、仙人掌、刺茉莉等为优势种的海岸沙地刺灌丛，也可以生长于基岩海岸迎风面山坡石缝，部分植株可以生长于浪花飞溅区。

特点与用途：喜光稍耐阴、耐旱不耐水湿、耐瘠；病虫害少，栽培容易，花色艳丽，花形奇特，花期长，是滨海地区极佳的盆栽观赏植物。全草药用，具有消肿、活血止痛、拔毒生肌的功效，用于治疗痈肿疮毒、乳痈、丹毒、中耳炎、疟腮、外伤出血、跌打损伤、骨折、烧烫伤等（Biswas et al., 2011）。

繁殖：叶片扦插、不定芽与播种繁殖。

◎ 落地生根植株

◎ 落地生根花

落地生根	耐盐	A-	耐盐雾	A	抗旱	A	抗风	A

◎ 生长于强盐雾海岸浪花飞溅区上缘的落地生根（海南琼海龙湾港）

◎ 生长于海岸刺灌丛中的落地生根（海南儋州峨蔓盐丁）

棒叶落地生根

Kalanchoe delagoensis Eckl. & Zeyh.
别名：洋吊钟、棒叶景天、窄叶落地生根、棒叶不死鸟
英文名：Mother of Millions, Chandelier Plant, Finger Plant, Lizard Plant

景天科多年生肉质草本，茎直立，无分枝，有绿色或紫褐色斑点，高 0.2～1 m；叶细长圆棒状，对生、互生或三片轮生，无柄，上表面具沟槽，红绿色到灰绿色，有红褐色斑点，末端有 2～9 个小齿，齿上有珠芽；聚伞花序顶生，小花肉红色至深红色，倒垂，下半部包围在萼筒内。花期 12 月至翌年 3 月。

分布：原产非洲马达加斯加岛。我国浙江南部、福建、广东、广西、海南、香港和台湾常见栽培或逸为野生。

◎ 棒叶落地生根花序

生境与耐盐能力：在原产地马达加斯加岛，棒叶落地生根多生长于土壤贫瘠的岩石缝隙。在我国福建以南的海岸带与海岛，棒叶落地生根多见于民居瓦屋顶、村边废弃荒地等。在澳大利亚昆士兰州黄金海岸，棒叶落地生根生长于强盐雾海岸岩石缝隙；而在我国台湾垦丁，棒叶落地生根生长于强盐雾海岸珊瑚礁缝隙，叶片极度缩短；在我国福建厦门环岛路，棒叶落地生根可生长于基岩海岸浪花飞溅区石缝。这些案例说明棒叶落地生根具有很强的耐旱与耐盐雾能力。水培试验发现，4 g/L 的 NaCl 就会明显抑制棒叶落地生根的生长，但在 NaCl 含量 10 g/L 培养液中可以长期存活（琚雪薇等，2019）。棒叶落地生根充分利用了生长环境盐分含量的时间异质性，在雨季低盐环境保持正常生长，但在高盐环境及强盐雾环境停止生长，通过其肉质叶片贮存的水分维持个体活力。

◎ 棒叶落地生根植株俯视图

特点与用途：喜光稍耐阴、耐旱不耐水湿、耐瘠；适应性强，栽培容易，一旦种植成活就几乎不需要维护。植株形态奇特，花叶俱美，花期长，是滨海缺水环境构建低维护绿地的极佳植物，属于"给点阳光就灿烂"的植物。全株对人畜有毒，澳大利亚昆士兰常发生牛误食致死的情况。叶入药，对皮肤烫伤、溃疡、皮肤病及肺热咳嗽有不错的效果。因其具有极强的适应能力、强大的种子扩散能力，在南非及澳大利亚被认定为入侵植物。

繁殖：不定芽、叶插与枝插繁殖。

棒叶落地生根	耐盐	B+	耐盐雾	A	抗旱	A	抗风	A

◎ 生长于强盐雾海岸珊瑚礁石缝的棒叶落地生根（台湾垦丁风吹沙）

◎ 生长于人工海岸石缝的棒叶落地生根（澳大利亚黄金海岸）

匙叶伽蓝菜

Kalanchoe integra (Medikus) Kuntze

别名：倒吊莲、台东伽蓝菜、不死草、生川莲、白背子草、篦叶灯笼草

英文名：Spoonleaf Kalanchoe

景天科多年生直立肉质草本，高 40～120 cm；叶对生，肥厚，匙状长圆形，长 5～7 cm，先端钝圆，基部渐狭，抱茎，边缘浅裂；聚伞花序顶生；萼片 4，线状卵形；花冠黄色，高脚碟形；雄蕊 8，2 轮；心皮 4 枚，分离；蓇葖果有种子多数，种子长椭圆形，具 8～15 纵脉纹。花期 5 月至翌年 3 月，果期 7 月至翌年 4 月。

分布：福建、广东、广西、海南、香港和台湾。野外少见。全国各地作为观赏植物常见栽培，福建以南可露地栽培。

生境与耐盐能力：Bezona et al.（2009）认为匙叶伽蓝菜属植物中度耐盐和耐盐雾，不能在无遮挡的强盐雾海岸种植。我们近些年对福建南部一些海岛的调查发现，匙叶伽蓝菜对海岛环境有很强的适应性。在福建漳浦林进屿、龙海镇海角等地，匙叶伽蓝菜生长于强盐雾海岸迎风面山坡石缝灌草丛，部分植株可以在浪花飞溅区生长。它们多呈丛生状，高不及 30 cm，秋冬季正常开花结果，未见任何盐雾危害症状，而与之生长在一起

◎ 匙叶伽蓝菜花

的植物地上部全部枯死，表明匙叶伽蓝菜具有极强的耐盐雾能力。在台湾垦丁，匙叶伽蓝菜是海岸沙地单叶蔓荆灌丛和珊瑚礁海岸露兜树灌丛组成之一。

特点与用途：喜光不耐阴、耐瘠；适应性强，栽培容易，一旦种植成活就无需维护。

◎ 匙叶伽蓝菜花序

花色艳丽，花期长，是极佳的滨海沙荒地绿化植物。全草药用，具有清凉解毒的功效，用于治疗痈疮脓毒、眼热赤痛、中耳炎、烧伤、烫伤等。此外，药理研究发现，匙叶伽蓝菜中具有多种活性物质，可用于驱虫、免疫抑制、伤口愈合、保肝抗炎、抗菌、镇痛、抗惊厥等（Asiedu-Gyekye et al., 2014）。

繁殖：扦插繁殖为主，也可播种与分株繁殖。

匙叶伽蓝菜	耐盐	B+	耐盐雾	A	抗旱	A	抗风	—

◎ 生长于强盐雾海岸迎风面坡地的匙叶伽蓝菜（福建漳浦镇海角）

◎ 生长于强盐雾海岸迎风面坡地的匙叶伽蓝菜（福建漳浦镇海角）

费菜

Phedimus aizoon (Linn.)'t Hart
别名：景天三七、养心草、土三七
英文名：Orpin Aizoon

景天科多年生肉质直立草本，高 20～50 cm，无毛，块根粗壮；单叶互生，广卵形至狭倒披针形，长 3.5～8 cm，边缘有不整齐的锯齿，无叶柄；聚伞花序顶生，分枝平展，花密生，无梗，苞片叶状；萼片 5，不等长；花瓣 5，黄色；雄蕊 10；心皮 5；蓇葖果五角星状，种子长圆形，黑色。花期 4—9 月，果期 5—9 月。

分布：浙江、福建、广东、广西、香港和台湾。常见。形态变化大，栽培品种多。

◎ 费菜花

生境与耐盐能力：野外调查及室内盐度梯度培养试验都发现费菜具有较高的耐盐能力，幼苗生长和种子萌发存在低盐促进和高盐抑制现象。水培条件下，费菜最适生长 NaCl 浓度为 50 mmol/L，NaCl 浓度 100 mmol/La 时与对照差异不显著，NaCl 浓度 400 mmol/L 时植株死亡（田晓艳等，2009）。低盐（2～4 g/L）对费菜种子萌发和幼苗生长有一定的促进作用，种子萌发的临界盐度为 9.2 g/L（苏彦宾等，2017）。土培试验表明，费菜最适生长盐度为 4 g/kg，含盐量 12 g/kg 时植株死亡（黄雅丽等，2021）。土培条件下，土壤含盐量不高于 5 g/kg 时对费菜生长影响不大，土壤含盐量 11 g/kg 时虽然植株矮小，但仍能生长且无明显盐害症状，生长的临界含盐量为 7 g/kg（张国新等，2015）。王一鸣等（2017）发现费菜根长和根系活力、叶绿素含量及与光合作用相关的叶绿素荧光参数均在土壤含盐量 8 g/kg 时达到最大。费菜可以在含盐量 24 g/L 的海水浇灌下存活，含盐量 12 g/L 的海水浇灌对其观赏价值基本没影响（王璟，2012）；王秀萍等（2010）发现费菜最高可耐 12 g/kg 咸水浇灌。在江苏启东含盐量 2～9 g/kg 的填海区，费菜生长正常（贾晓东等，2010）。

特点与用途：喜光稍耐阴、耐旱不耐水湿、耐瘠、耐寒；对土壤有广泛适应性，病虫害少，耐粗放管理。株丛矮小紧凑，枝翠叶绿，花序密集，花色金黄，花期长，是中亚热带滨海地区构建低维护绿地的优良地被植物。费菜是药食两用的保健型蔬菜，嫩茎叶营养丰富，可作为蔬菜。全株入药，有活血、止血、宁心、利湿、消肿、解毒的功效，用于治疗跌打损伤、咯血、吐血、便血、心悸、痈肿等。

繁殖：播种、分根繁殖与扦插繁殖均可，以扦插繁殖为主。

费菜	耐盐	A−	耐盐雾	A−	抗旱	A	抗风	A

◎ 费菜花序

◎ 费菜果

◎ 地栽的费菜

东南景天

***Sedum alfredii* Hance**

别名：石板菜、变叶景天、石台景天
英文名：Alfred Stonecrop

◎ 东南景天花

景天科多年生肉质草本，茎丛生，斜上，高 10～20 cm，无毛；单叶互生，常聚生枝顶，线状楔形、匙形至匙状倒卵形，长 1.2～3 cm，基部有距；聚伞花序顶生，苞片似叶而小；花黄色，花瓣 5，披针形至披针状长圆形；雄蕊 10 枚，心皮 5 枚；蓇葖果 4～5 个，呈星芒状排列；种子褐色。花期 3—6 月，果期 6—8 月。

分布：浙江、福建、广东、广西、香港和台湾。常见。部分地区作为屋顶绿化植物和重金属污染土壤治理植物有少量栽培。

生境与耐盐能力：*Flora of China* 认为东南景天生长于海拔 1 400 m 以下山坡林下阴湿石上。因此，并没有人关注东南景天的耐盐能力。野外调查发现，在浙江和福建的一些海岛，东南景天是低海拔基岩海岸迎风面山坡常见植物，常见的伴生植物有光叶蔷薇、刺裸实、野菊、假还阳参、滨海前胡、绵枣儿、山菅兰等。在福建平潭岛及周边岛屿，东南景天是强盐雾低海拔基岩海岸迎风面坡地常见植物（张嘉灵等，2019；陈玉珍等，2020）。而在福建福鼎东台山岛，东南景天是强盐雾海岸迎风面山坡的优势种，也是最接近海水的植物之一，部分个体可以生长于浪花飞溅区。

特点与用途：既可以在全日照环境下生长，也可以在半阴条件下正常生长，耐旱亦耐水湿、耐瘠；适应性强，繁殖容易，易栽培。花期长，绿叶期长，基岩海岸的东南景天秋冬季呈现非常迷人的红褐色，有很高的观赏价值，是极佳的海岸带与海岛基岩海岸地被植物、岩石绿化植物和屋顶绿化植物。研究发现，东南景天不仅对土壤中过量的锌、镉、铅具有强忍耐能力和超积累特性（叶海波等，2003；胡杨勇等，2014），还具有多年生、无性繁殖、生物量较大及适于刈割的特点，是实施植物修复与生态绿化的优良植物（张庆费和郑思俊，2010）。全草药用，具有清热凉血、消肿拔毒的功效，用于治疗痢疾、外伤出血。

繁殖：播种、扦插与分株繁殖，种子发芽率不高。

◎ 生长于基岩海岸石缝的东南景天（福建福鼎西台山岛）

东南景天	耐盐	A-	耐盐雾	A	抗旱	A	抗风	A

◎ 生长于强盐雾海岸迎风面山坡草地的
　东南景天（福建平潭山边）

◎ 生长于基岩海岸迎风面山坡的东南景天（福建福鼎西台山岛）

圆叶景天

Sedum makinoi Maxim.
别名：丸叶万年草
英文名：Japanese Sedum

景天科多年生匍匐草本，高 15～25 cm，茎下部节上生根，上部直立，无毛；叶对生，倒卵形至倒卵状匙形，长 17～20 mm，基部有短距；聚伞状花序，花枝二歧分枝；花无梗，萼片 5，线状匙形；花瓣 5，黄色，披针形，雄蕊 10；蓇葖果斜展，种子细小，卵形，有乳头状突起。花期 6—7 月，果期 7—8 月。

分布：浙江、福建和台湾。偶见。南方各省区作为盆栽、地被和屋顶绿化植物有少量栽培。

生境与耐盐能力：包括 _Flora of China_ 在内的多数文献认为圆叶景天生长于阴湿环境（金孝锋等，2010）。但我们的调查发现，圆叶景天在浙江温州海岛基岩海岸是常见植物。在浙江温州洞头岛、平阳南麂岛及玉环的一些岛屿，圆叶景天是低海拔迎风面基岩海岸山坡灌草丛常见植物，多生长于土层瘠薄的裸露岩石缝隙或凹处，部分可以生长于浪花飞溅区，与野菊、东南景天、普陀狗娃花等有较高耐盐能力的植物生长在一起。

特点与用途：喜光稍耐阴、耐旱不耐水湿、耐瘠、耐高温、耐寒；适应性强，无病虫害，耐粗放管理。叶片小巧玲珑，颜色翠绿，全光照条件下秋季变红，极具观赏价值，是海岸带极佳的地被植物和屋顶绿化植物。全草入药，有清热解毒、凉血、利湿的功效，可治疗痈肿疔疮、带状疱疹、瘰疬、多种出血、痢疾、淋病、黄疸、崩漏带下等症。幼苗、嫩茎叶可食。

繁殖：扦插繁殖为主。

◎ 圆叶景天花

◎ 圆叶景天枝叶

圆叶景天	耐盐	B+	耐盐雾	A	抗旱	A	抗风	A

◎ 生长于基岩海岸迎风面山坡的圆叶景天（浙江洞头）

◎ 水分供应良好情况下的圆叶景天

圆叶小石积

Osteomeles subrotunda K. Koch
别名：小石积
英文名：Hawaiian Rose, Hawaiian Hawthorn

蔷薇科常绿灌木，高 1～3 m，海边生长者高不过 0.5 m；茎、叶、花序和花均被白色长柔毛，后脱落；奇数羽状复叶互生，具小叶 5～9 对；小叶倒卵状长圆形，长 4～6 mm，革质，叶缘反卷；伞房花序顶生，有花 3～7 朵；白色，花瓣椭圆形；梨果椭圆形，成熟后紫黑色，萼片宿存。花期 3—5 月，果期 7—9 月。

分布：*Flora of China* 认为圆叶小石积仅分布于广东丹霞山，而小石积（*O. anthyllidifolia*）分布于台湾红头屿及日本南部的一些岛屿。二者的主要区别是叶片数量、叶片大小、叶形和毛被，但这些正是植物对干旱环境响应的主要方式。我们认为分布于我国浙江和台湾沿海岛屿的应该为圆叶小石积。浙江宁波象山（北渔山岛、东矶列岛）、临海（大竹山屿、头门岛、雀儿岙岛、东矶岛）和台湾（红头屿、兰屿）有天然分布。野外种群数量稀少，是浙江省重点保护植物。台北植物园有引种。

生境与耐盐能力：常分布于海岛和亚热带山坡灌木丛及常绿阔叶林林缘向阳地段。在浙江和台湾的一些海岛，圆叶小石积生长于强盐雾基岩海岸迎风面山坡石缝，

◎ 圆叶小石积花（供图：周建军）

◎ 圆叶小石积果（供图：阳亿）

紧贴海岸礁石生长，高度不超过 10 cm，与脉耳草、裂叶假还阳参等组成极为稀疏的基岩海岸植被。部分个体可以生长于浪花飞溅区，是中亚热带基岩海岸最靠近海水的灌木之一。在美国夏威夷群岛，圆叶小石积是基岩海岸迎风面坡地及海岸灌草丛常见植物。

特点与用途：喜光不耐阴、耐瘠。枝叶密集，树干虬曲，叶小，耐修剪，生长缓慢，病虫害少，一旦种植成活就无需维护，是滨海地区极佳的绿篱植物，也是非常优秀的盆景植物。成熟果实可食，木材坚硬，材质细腻，常用于制作农具手柄或工艺品。

繁殖：播种繁殖，也可扦插繁殖。

圆叶小石积	耐盐	B+	耐盐雾	A	抗旱	A	抗风	A

◎ 生长于强盐雾基岩海岸浪花飞溅区的圆叶小石积（浙江南渔山岛）（供图：阳亿）

◎ 贴着石壁生长的圆叶小石积（浙江南渔山岛）（供图：阳亿）

翻白草

Potentilla discolor Bunge
别名：野花生、鸡腿根、天藕、翻白萎陵菜、叶下白、鸡爪参
英文名：Discolor Cinquefoil

蔷薇科多年生草本，根膨大呈纺锤形，茎上升或微铺散，高 10～45 cm，全株密被白色绵毛；基生叶为羽状复叶，有小叶 2～4 对，无柄；小叶长圆形或长圆披针形，长 1～5 cm，边缘具圆钝锯齿；聚伞花序有花数朵至多朵，疏散，花黄色，花柱近顶生；瘦果近肾形，光滑。南方省区 2—11 月可见花，果期 6—12 月。

分布：浙江、福建、广东、广西、香港和台湾。常见。

生境与耐盐能力：生境广泛多样，多见于荒地、山谷、沟边、山坡草地、草甸及疏林下。翻白草是海岸带与海岛常见植物，多见于荒坡草地、海岸沙荒地。裔传顺等（2014）在筛选江苏耐盐地被观赏植物时将翻白草收录，但没有说明其具体耐盐能力。迄今为止，未见翻白草耐盐能力的专门研究，但一些野外分布情况说明其具有较高的耐盐或耐盐雾能力。在山东黄河三角洲，翻白草生长于以耐盐植物黄荆（*Virex negundo*）为优势的高潮线上缘的贝沙岛灌丛（刘峰等，2012）。翻白草也是福建海岸带与海岛灌丛、草

◎ 翻白草花

坡常见植物。在福建龙海烟墩山，翻白草生长于低海拔强盐雾海岸迎风面山坡草地及沙荒地，枝叶紧贴地面生长，未见任何盐雾危害症状。

特点与用途：喜光稍耐阴、耐旱不耐水湿、耐瘠、耐寒；适应性强。植株形态奇特，花色艳丽，花期长，作为海岸带与海岛地被观赏植物及水土保持植物有一定价值。全草入药，具有清热解毒、软坚散结、止痢止血的功效，用于治疗痢疾、疟疾、肺痈、咯血、吐血、下血、崩漏、痈肿、疮癣、瘰疬结核等。此外，临床及药理研究发现，翻白草具有明显的降血糖功能（徐杏等，2016）。块根含丰富淀粉，可生食；嫩苗可作为蔬菜食用。

◎ 翻白草植株

繁殖：播种与分株繁殖。

翻白草	耐盐	B	耐盐雾	A	抗旱	B+	抗风	A−

◎ 翻白草植株

◎ 翻白草基生叶正、反面

◎ 强盐雾海岸迎风面沙
荒地上的翻白草与丁葵
草（福建龙海烟墩山）

毛柱郁李

Prunus pogonostyla (Maxim.) Yü & Li

别名：毛柱樱

英文名：Hairystyle Cherry

蔷薇科落叶灌木或小乔木，高0.5～1.5 m；单叶互生，倒卵状椭圆形，中部以上最宽；腋芽3个并生，中间为叶芽，两侧为花芽；花单生于叶腋，花叶同开；花瓣粉红色，也有白色，倒卵形或椭圆形；花柱比雄蕊长，基部有稀疏柔毛（毛柱郁李由此得名）；核果椭圆形或近球形，成熟后紫红色；种子表面光滑。花期3月，果期5月。

分布：浙江、福建、广东和台湾。偶见。

生境与耐盐能力：毛柱郁李既可以在远离海岸的山地如福建武夷山地区山坡林下生长，也可以在海岸带与海岛环境生长。在浙江舟山到福建平潭的一些小型岛屿，毛柱郁李是基岩海岸石缝及低海拔海岸迎风面灌草丛的常见植物。在福建平潭岛，生长于强盐雾海岸低海拔迎风面坡地的毛柱郁李在秋冬季表现出明显的盐雾危害症状，但症状轻于生长在相同位置的台湾相思和黑松。在浙江苍南霞关，毛柱郁李可以在强盐雾基岩海岸石缝生长，部分植株可在浪花飞溅区生长。

特点与用途：喜光稍耐阴、耐旱不耐水湿、耐热、耐瘠、耐寒；适应性强，根系发达，对土壤要求不严，一旦种植成活就无需维护。花色艳丽，花量大，成熟果实鲜红色，是观花观果的两用植物，也是构建低维护海岸绿地的植物之一，在海岸带与海岛植被修复中具有潜在应用价值。

繁殖：扦插、播种与分根蘖繁殖。

◎ 毛柱郁李花

◎ 毛柱郁李叶

◎ 毛柱郁李果

毛柱郁李	耐盐	B	耐盐雾	A−	抗旱	A−	抗风	A

◎ 生长于强盐雾海岸迎风面山坡灌丛的毛柱郁李（福建平潭山边村）

◎ 生长于基岩海岸石缝的毛柱郁李（浙江苍南霞关）

大叶相思

Acacia auriculiformis A. Cunn. ex Benth.
别名：耳叶相思、耳果相思、耳荚相思
英文名：Auri, Earpod Wattle, Earleaf Acacia, Common Acacia

豆科常绿大乔木，可高达 30 m；小枝有棱，下垂，幼苗具二回羽状复叶；叶状柄镰状长圆形，长 10～20 cm，宽 1.5～6 cm，脉 3～7 条；穗状花序长 3.5～8 cm，一至数枝簇生于叶腋或枝顶，花橙黄色；荚果成熟时扭曲成圆环状，果瓣木质，有种子约 12 粒；种子黑色。花期 6—7 月，果期 9—10 月。

分布：原产澳大利亚、巴布亚新几内亚和印度尼西亚。我国 1961 年引进，现在福建、广东、广西、海南、香港和台湾常见栽培，有时逸为野生。

生境与耐盐能力：大叶相思不但可以适应内陆干旱的环境，也能较好地适应海岸环境。在云南造林极端困难的干热河谷，大叶相思能稳定生长并表现出较强的生态适应性（李昆等，2011；马焕成等，

◎ 大叶相思花序

2020）。引种到阿拉伯海海岸及印度古吉拉特邦西北盐渍沙漠地区，土壤含盐量 4～6 g/kg，表现良好，被认为是盐碱地造林的重要树种（Patel et al., 2010）。在海南、广东、福建的一些海岸沙地，大叶相思与木麻黄混交或单一树种成片造林，均表现良好。温室土培条件下，大叶相思种子在含盐量高达 14.1‰ 的土壤中萌发率达 41%（对照组为 86%）；随土壤含盐量的提高，生长减缓，但在含盐量 14.1‰ 的土壤中幼苗高度、生物量分别为对照组的 63.1%、34.0%（Patel et al., 2010）。土培条件下，用 400 mmol/L NaCl 培养液浇灌的大叶相思只有个别植株死亡，老叶叶尖和叶缘有轻微的枯焦症状（Marcar et al., 1991）。有人认为大叶相思是盐生植物，其具有较高耐盐能力是离子选择性吸收、有机渗透调节物质积累及组织耐受性多方面协同的结果（Rahman et al., 2017）。

◎ 大叶相思果实

特点与用途：喜光不耐阴、耐旱不耐水湿、耐瘠；适应性强，生长迅速，萌生力极强，病虫害少，固氮能力强，土壤改良效果好，用途广泛，是海岸带与海岛造林绿化、水土保持和土壤改良的极佳树种。羊喜食其叶片，是热带地区重要的木本饲料之一。花期长，花量大，是极好的蜜源植物。材质优良，燃烧值高，是优良的薪炭材树种。此外，木材也可以用于造纸。

繁殖：播种繁殖。

大叶相思	耐盐	B+	耐盐雾	B+	抗旱	A−	抗风	A−

◎ 正常生长于木麻黄后缘沙地的大叶相思（海南乐东板桥）

◎ 种植于木麻黄前缘沙地遭受一定程度盐雾危害的大叶相思（海南东方感城）

合萌

Aeschynomene indica Linn.

别名：田皂角、水松柏、水槐子、水通草、梗通草

英文名：Budda Pea, Sensitive Joint Vetch

豆科一年生亚灌木状草本，高 0.3～1 m，多分枝，小枝绿色；偶数羽状复叶互生，具小叶 20～30 对；小叶线形，长 5～10 mm，有叶脉 1 条，托叶极小；总状花序腋生，具 2～4 花；花梗长约 1 mm，苞片膜质，宿存；花冠蝶形，黄带紫红色；荚果线形而扁，荚节 4～10 个；种子肾形，黑褐色。花期 7—9 月，果期 10—11 月。

◎ 合萌花

分布： 除草原和荒漠外，全国各地均有分布。

生境与耐盐能力： 常见于田埂、路边及空旷地，也可以在池塘和低位沼泽周边生长。在山东崂山，合萌可以在含盐量 4.7 g/kg 的土壤中正常生长（张振鹏，2020）。而在福建、广东等地，合萌常见于红树林林缘，部分植株可以在大潮高潮线附近生长。盆栽试验发现，合萌幼苗高生长随土壤 NaCl 含量升高而减缓，3 g/kg 的 NaCl 对其没有影响，6 g/kg 的 NaCl 使其生长减缓 75%，NaCl 含量达 12 g/kg 时植株死亡，最高生长临界 NaCl 含量为 6.7 g/kg（张振鹏，2020）。Becker & Ladha

◎ 合萌荚果

（1996）发现合萌在盐碱土壤（ECe 6 dS/m）中仍能生长并进行氮固定。有人将合萌归为盐生药用植物（赵宝泉等，2015），合萌也被 *Halophytes of Southwest Asia* 收录（Ghazanfar et al., 2014）。

特点与用途： 喜光稍耐阴、耐旱亦耐水湿、喜肥但也可以在贫瘠的海岸旷地生长；产量高，生长快，固氮能力强，是优良的绿肥植物，在盐碱地土壤改良中有很大的应用潜力。营养丰富，适口性好，是牛羊最喜食的牧草之一。种子有毒，不可食用。

繁殖： 播种繁殖。

合萌	耐盐	B+	耐盐雾	A−	抗旱	B	抗风	—

◎ 生长于红树林林缘的合萌（广东湛江东海岛）

◎ 生长于红树林林缘大潮可淹及处的合萌（广东徐闻迈陈）

紫穗槐

Amorpha fruticosa Linn.
别名：紫槐、棉槐、棉条、椒条
英文名：Desert False Indigo, Indigo Bush

豆科落叶灌木，高 1~4 m；奇数羽状复叶互生，长 10~15 cm，具小叶 11~25 片；小叶卵形或椭圆形，下面有白色柔毛和黑色腺点，托叶针刺状；穗状花序一至数个顶生或枝端腋生，长 7~15 cm；花有短梗，旗瓣心形，紫色，无翼瓣和龙骨瓣，花药黄色；荚果长圆形，棕褐色，表面有凸起的疣状腺点。花、果期 5—12 月。

分布：原产美国东北部和东南部。我国各地常见栽培，主产区在东北和华北，有时逸为野生。浙江也有少量栽培。

生境与耐盐能力：北方海岸带常见植物，鱼塘堤岸、海堤、沙滩等地均可见其分布。在河北海兴，紫穗槐作为护岸林与榆树一起正常生长于河边阶地含盐量 4.6 g/kg 的盐化潮土上，在河北黄骅人工堆积的含盐量高达 8.1 g/kg 的重盐碱土上生长不良（赵大昌等，1996）。在浙江杭州湾围垦区，紫穗槐在含盐量 5.2 g/kg、pH 8.1 的盐碱地上生长良好（黄胜利等，2012）。温室沙培条件下，10 g/L 的 NaCl 浇灌虽然显著减缓了紫穗槐幼苗的生长，但植株生长旺盛，未见任何盐害症状；灌溉水 NaCl 浓度达 15 g/L 时植株盐害症状明显，超过 50% 的个体死亡（孙宇等，2013）。紫穗槐被列入盐生植物数据库 HALOPHYTE Database Vers. 2.0（Menzel & Lieth, 2003）。

特点与用途：喜光不耐阴、耐旱亦耐水湿、耐瘠、耐寒；适应性强，根系发达，枝叶茂密，生长速度快，能固氮，是滨海地区土壤改良、水土保持和防风固沙的理想植物，也是构建生态海堤的理想植物。花期长，花量大，是蜜源植物；枝叶营养丰富，可作为家畜饲料；茎皮可提取栲胶，枝条编制篓筐；果实含芳香油，种子含油率 10%，可作油漆、甘油和润滑油原料。

繁殖：播种繁殖。

◎ 紫穗槐花序

◎ 紫穗槐花

◎ 紫穗槐荚果

紫穗槐	耐盐	B+	耐盐雾	A−	抗旱	B+	抗风	A

◎ 紫穗槐植株

◎ 用于海岸道路绿化的紫穗槐（浙江苍南霞关）

木豆

Cajanus cajan (Linn.) Millsp.
别名：树豆、柳豆、花豆、米豆、三叶豆
英文名：Pigeon Pea

豆科常绿小灌木，也可作为一年生作物栽培，高1～3 m，全株灰绿色；三出复叶互生，小叶披针形至椭圆形，长5～10 cm，先端渐尖，两面被丝状白毛；伞房形总状花序，着生3～10朵花，花冠黄色；荚果线状长圆形，被黄褐色短柔毛，种子间有斜凹槽；种子3～9粒，卵圆形。花期9—10月，种子12月成熟。

分布：原产印度。我国浙江、福建、广东、广西、海南、香港和台湾作为边坡植物栽培或逸为野生，栽培品种众多。常见。

生境与耐盐能力：木豆耐盐与否，存在较大争议。普遍认为，木豆耐盐能力一般（郑菲艳等，2016），但也有人认为木豆耐盐性较好（黎晓峰等，2005）。造成此现象的主要原因是木豆的耐盐能力存在明显的种内变异（Ashraf，1994；李拴林等，2021；盛伟等，2022）。梁佳勇等（2003）发现水培条件下，有的品种在9 g/L盐溶液中种子发芽率可达60%，而有的品种在6 g/L盐溶液中种子几乎不发芽。Ashraf（1994）也发现供试的

◎ 木豆花

3个品种的种子在100 mmol/L NaCl培养液中发芽率最低87.5%，最高可达97.5%，植株生长临界NaCl浓度为100～120 mmol/L。

◎ 木豆枝叶

特点与用途：喜光不耐阴、耐旱不耐水湿、耐瘠；适应性强，繁殖容易，根系固氮能力强，生长速度快，根系发达，管理简便，是极佳的水土保持植物和土壤改良植物，广泛应用于边坡植被修复（郑菲艳等，2016），也是海岸沙荒地或海区植被修复的先锋植物。木豆耐盐能力存在较大的种内变异，滨海地区使用应注意选择耐盐品种。枝叶营养丰富，可作为牲畜饲料；嫩豆荚和成熟种子均可作为蔬菜食用。

繁殖：播种繁殖。

木豆	耐盐	B	耐盐雾	A-	抗旱	A	抗风	B

◎ 木豆荚果

◎ 木豆枝叶

含羞草山扁豆

Chamaecrista mimosoides Standl.

别名： 还瞳子、黄瓜香、梦草、山扁豆、含羞草决明、鹅銮鼻决明

英文名： Mimosa-Leaf Cassia

豆科一年生或多年生亚灌木状草本，高 30～60 cm；偶数羽状复叶互生，长 4～8 cm，具小叶 20～50 对；小叶线状镰形，两侧不对称，长 3～4 mm；叶柄上端最下一对小叶的下方有圆盘状腺体 1 枚，无柄；总状花序一至数朵，腋生；花亮黄色，雄蕊 10 枚；荚果镰形，扁平，微弯，有种子 10～20 粒。花期 3—7 月，果期 5—9 月。

分布： 浙江、福建、广东、广西、海南、香港和台湾。偶见。

生境与耐盐能力： 低海拔海岸沙荒地和草地的常见植物，对强盐雾海岸干旱环境有非常强的适应能力。在海南文昌木兰湾，含羞草山扁豆生长于海拔数十米的强盐雾海岸人工草地；在海南昌江棋子湾，生长于强盐雾海岸沙荒地；在海南东方昌化江口，是海岸流动沙丘常见植物，与绢毛飘拂草、蛇婆子等组成海岸沙地覆盖度不到 5% 的稀疏草丛。而在强盐雾海岸福建平潭君山，含羞草山扁豆与乳豆、短绒野大豆等稀疏点缀于以结缕草为优势种的低海拔草地，周边人工种植的木麻黄、夹竹桃盐雾危害症状明显。

特点与用途： 喜光不耐阴、耐旱不耐水湿、耐瘠；对低海拔海岸草地及沙荒地具有很强的适应能力，生长缓慢，有根瘤可固氮，可作为环境极端恶劣的海岸带与海岛绿化的先锋植物。嫩茎叶可以代茶叶。根药用，可治疗痢疾。

繁殖： 播种繁殖。

◎ 含羞草山扁豆花

◎ 含羞草山扁豆果

◎ 含羞草山扁豆植株

含羞草山扁豆	耐盐	A−	耐盐雾	A	抗旱	A	抗风	A

◎ 生长于强盐雾海岸迎风面山坡草丛的含羞草山扁豆（福建平潭君山）

◎ 生长于强盐雾海岸迎风面山坡草丛的含羞草山扁豆（福建东山苏峰山）

◎ 生长于海岸后滨沙地的含羞草山扁豆（海南东方昌化江口）

长管蝙蝠草

Christia constricta (Schindl.) T. C. Chen

别名：蝴蝶草、半边月

豆科平卧亚灌木，茎基部分枝；羽状三出复叶或仅具单小叶，小叶革质，顶生小叶倒卵状菱形，长与宽几相等，侧生小叶近方形或椭圆形，小于顶生小叶；总状花序顶生或腋生，花小；花萼密被钩状毛，果时增至 8 mm，萼筒长度为萼裂片的 3～4 倍；荚果 4～5 节，藏于萼筒内。花期 8—12 月，果期 11 月至翌年 2 月。

分布：广东南部和海南。稀少。

生境与耐盐能力：典型海岸沙地植物，多见于植被稀疏的海岸沙荒地，从海岸木麻黄林前缘的流动沙地到木麻黄林林隙都有分布。在海南三亚青梅港，长管蝙蝠草与绢毛飘拂草、羽芒菊、单叶蔓荆等组成海岸沙地稀疏的植被。

特点与用途：喜光不耐阴、耐瘠。由于分布区域狭窄，野外资源量少，目前没有关于其应用的报道。

繁殖：播种繁殖。

◎ 长管蝙蝠草花

◎ 长管蝙蝠草叶（正、反面）

长管蝙蝠草	耐盐	B+	耐盐雾	A-	抗旱	A	抗风	—

◎ 生长于海岸沙地的长管蝙蝠草（海南乐东莺歌海）

◎ 生长于海岸沙地的长管蝙蝠草（海南三亚三亚湾）

铺地蝙蝠草

Christia obcordata (Poir.) Bakh. f.
别名：三叶草、罗藟草、三脚虎、马蹄金、蝴蝶草、半边钱、马蹄香、品字草
英文名：Butterfly Plant, Swallow Tail

豆科多年生平卧草本，茎纤细，长 15～60 cm，被灰色短柔毛；三出复叶互生，小叶膜质，顶生小叶肾形至倒卵形，长 5～15 mm，宽稍过于长；总状花序顶生，花小，花萼半透明，裂片与萼筒等长，花冠蓝紫色或玫瑰红色；荚果有彼此重叠荚节 4～5，藏于萼内，每节有种子 1 粒。花期 5—12 月，果期 9 月至翌年 2 月。

◎ 铺地蝙蝠草花

分布：浙江、福建、广东、广西、海南、香港和台湾有分布，其中浙江少见，其他省区常见。

生境与耐盐能力：海岸带与海岛常见植物，多生长于空旷海岸向阳草地、荒坡及丛林，也是南方草坪常见杂草。在海南文昌铜鼓岭小澳湾，铺地蝙蝠草散生于以沟叶结缕草为优势的强盐雾海岸迎风面山坡草地，在强劲的海风吹拂下，即使是草海桐和露兜树也贴地生长，并有一定的盐雾危害症状，铺地蝙蝠生长基本正常。在其他强盐雾海岸如福建平潭龙凤头、石狮祥芝等地，铺地蝙蝠草也是海岸草地、沙荒地、灌丛间隙的常见植物。尤其值得一提的是，在世界三大风口之一的台湾澎湖，铺地蝙蝠草虽然秋冬季部分叶片枯黄，但开花结果正常，春末东北季风结束后叶片转绿。

◎ 铺地蝙蝠草萼筒

特点与用途：喜光稍耐阴、耐旱不耐水湿、耐瘠；适应性强，植株低矮，能固氮，一旦定植就可以自我繁殖，生境条件稍好的地方可以形成致密的草坪，是滨海地区构建低维护多草种混生草坪的理想植物。因植株低矮，生物量低，虽然牛羊喜食，作为饲用植物的价值有限。全草可药用，具利水通淋、散瘀和解毒功效，用于治疗小便不通、膀胱炎、尿道炎、肾炎等，外用治疗疥癣、跌打损伤、毒蛇咬伤等。

◎ 铺地蝙蝠草枝叶

繁殖：播种繁殖。

铺地蝙蝠草	耐盐	A-	耐盐雾	A	抗旱	A	抗风	—

◎ 生长于强盐雾海岸浪花飞溅区上缘的铺地蝙蝠草（海南澄迈雷公岛）

◎ 强盐雾海岸草丛的铺地蝙蝠草秋冬季生长情况（台湾澎湖）

◎ 在缺乏管理的结缕草草坪上形成致密覆盖层的铺地蝙蝠草（福建厦门某地）

蝶豆

Clitoria ternatea Linn.

别名：蝴蝶花豆、蓝蝴蝶、蓝花豆、兰花豆

英文名：Butterfly Pea, Asian Pigeonwing, Blue Pea, Blue Bellvine, Darwin-pea

豆科一年生或多年生草质缠绕藤本，全株被脱落性贴伏短柔毛；奇数羽状复叶互生，小叶 5～7，宽椭圆形或近卵形，薄纸质或近膜质；花单生于叶腋，旗瓣长 5.5 cm，宽倒卵形，蓝色、粉红色、紫色或白色；花萼膜质，裂片披针形，长不及萼管的 1/2；荚果扁平，有种子 6～10 粒；种子长圆形，黑色。海南岛花果期全年。

分布：原产地不明。我国浙江、福建、广东、广西、海南、香港和台湾有栽培或逸为野生。

生境与耐盐能力：Keating et al.（1986）认为蝶豆具中等耐盐能力，盆栽土培条件下，生长速度下降 50% 对应的土壤 ECe 值是 6.4 dS/m。实验室水培条件下，蝶豆幼苗经 130 mmol/L NaCl 溶液处理 25 天后生长速度比对照组下降了 64%，盐害症状严重；但经 γ 射线辐射诱变的蝶豆幼苗，较耐盐的品系 CR1 经 130 mmol/L NaCl 溶液处理 25 天后生长及生理指标与对照组无差异，耐盐能力较差的品系 CR2 干重比对照组下降了 24%，只有轻微的盐害症状（Talukdar, 2011）。研究表明，水培条件下，蝶豆表现出盐生植物的特点，分枝数、叶片数、高度及鲜重等生长指标随培养液 NaCl 浓度的升高而提高，最大值出现于 200 mmol/L 处（Nasim & Páee, 2021）。造成上述现象的原因可能是不同种源的蝶豆耐盐能力不同。在台湾澎湖，蝶豆生长于强盐雾海岸草地，而在海南三亚小东海，蝶豆攀缘于中等盐雾海岸刺灌丛。

◎ 蝶豆各色花

特点与用途：喜光稍耐阴、耐旱不耐水湿；对土壤适应性强，根系发达，可在 pH 5.5～8.9 的土壤中正常生长，生长速度快，固氮能力强。栽培简单，病虫害少，种植成活后无需维护。花形奇特，花色艳丽，犹如蓝紫色蝴蝶翩翩起舞，是滨海地区极佳的藤蔓观赏植物，也是很好的绿肥、饲料和沙荒地绿化植物（Gomez & Kalamani, 2003）。蝶豆被认为是最有潜力与农作物套种的豆科牧草之一（Reddy et al., 2002）。因适应性强、繁殖快，蝶豆在澳大利亚的西澳、北领地等被认为是入侵植物。嫩叶、嫩荚味美可食。花泡水后会呈现梦幻般的蓝色，常用于调制点心和饮料。根、成熟种子有毒，常作为驱虫剂、泻药等。

◎ 蝶豆荚果

繁殖：播种与扦插繁殖。

蝶豆	耐盐	B+	耐盐雾	A−	抗旱	A−	抗风	A

◎ 生长于强盐雾海岸草地的蝶豆（台湾澎湖南寮）

◎ 旺盛生长于新填海沙地的蝶豆（海南三沙）

三点金

Grona triflora (Linn.) H. Ohashi & K. Ohashi

别名：蝇翅草、三点金草、品字草、三脚虎、还魂草、三点梅、三叶仔

英文名：Triangular Horse Bush, Threeflower Ticktrefoil

豆科多年生匍匐草本，茎纤细，节上生根，枝、叶柄、花梗等被开展柔毛；羽状三出复叶互生，纸质，顶生小叶倒心形至倒卵形，长 2.5～10 mm，先端宽截平而微凹入；花单生或 2～3 朵簇生叶腋，花梗长 3～8 mm；花冠紫红色，雄蕊二体；荚果扁平，有近方形荚节 3～5，长 5～12 mm，被钩状短毛。花果期全年。

分布：浙江、福建、广东、广西、海南、香港和台湾。常见。

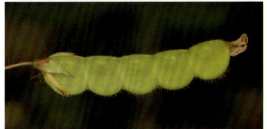

生境与耐盐能力：喜生于海边沙地、堤坝、路边、旷野草地、疏林下等环境，尤其是一些高频度刈割的草地上，也是常见草坪杂草。在海南一些新填海地，三点金是极度干旱、贫瘠的沙荒地上首先出现的植物之一。在海南文昌石头公园，三点金是强盐雾海岸沙荒地低矮草坪优势种。

特点与用途：喜光稍耐阴、耐旱不耐水湿、耐瘠、耐寒；对土壤有广泛的适应性，繁殖能力强，人工拔除困难，被认为是草坪中为害极重的恶性杂草。三点金植株矮小，终年浓绿，枝叶致密，再生能力强，固氮能力强，可快速形成高度密集的覆盖层；耐践踏，且一旦成坪就几乎无需维护，对杂草有较强的抑制作用，能单独成片生长，也可以与其他草坪草混合生长，是海岸沙荒地优良的地被植物或草坪植物，更是海岸带与海岛构建低维护生态型草坪的理想植物。全株入药，有解表消食、行气止痛、温经散寒等功效，用于治疗中暑、关节痛和月经不调等。

繁殖：播种与切根茎繁殖。

◎ 三点金花、荚果、叶（正反面）与植株

三点金	耐盐	B	耐盐雾	A−	抗旱	A−	抗风	—

◎ 在结缕草草坪上形成细密覆盖层的三点金（福建厦门环岛路）

◎ 三点金是海岸填海地最先进入的植物之一（海南三沙）

疏花木蓝

Indigofera colutea (Burm. f.) Merr.

别名：陈氏木蓝

英文名：Sticky Indigo, Rusty Indigo

豆科亚灌木状草本，茎平卧或直立，全株密被灰白色腺毛；奇数羽状复叶互生，长 2.5～4 cm，具对生小叶 3～5 对；小叶椭圆形，长 5～7 mm；总状花序腋生，长 2～3 cm，有 5～10 朵疏离的花；花梗极短，花冠红色；花药球形，顶端具凸尖；荚果狭圆柱形，顶端有凸尖，具种子 9～12 粒；种子方形。花果期全年。

分布：广东、广西和海南。海南南部（棋子湾、三亚湾）、西南部和西沙群岛的海岸沙荒地常见，近年来在广西（涠洲岛）也有发现（张若鹏等，2017）。我们在广东湛江硇洲岛有发现。

生境与耐盐能力：典型海岸沙地植物，从高潮线上缘到离海岸线几千米的海岸沙地灌丛间隙及空旷沙地，甚至海岸鱼塘堤岸均可见其分布。尤其是一些植被覆盖度很低的海岸沙荒地，疏花木蓝与羽芒菊、链荚豆等组成稀疏的海岸沙地草丛。在广东湛江硇洲岛，疏花木蓝生长于以厚藤、小刀豆、狗牙根为优势种的强盐雾海岸草地；在广东徐闻流沙湾，疏花木蓝生长于大潮可淹及的海岸沙地；而在海南儋州峨蔓，疏花木蓝可以在海岸刺灌丛中生长。

特点与用途：喜光不耐阴、耐旱不耐水湿、耐瘠；对海岸沙荒地有很强的适应性，根系能固氮，水肥条件良好情况下生长快并可形成致密的覆盖层，可用作热带岛屿海岸沙荒地的水土保持植物和饲用植物。

繁殖：播种繁殖。

◎ 疏花木蓝枝叶

◎ 疏花木蓝花

◎ 疏花木蓝荚果

疏花木蓝	耐盐	B+	耐盐雾	A−	抗旱	A	抗风	A

◎ 在水分条件稍好的海岸沙荒地形成较致密草层的疏花木蓝（广东徐闻西连）

◎ 生长于强盐雾海岸草地的厚藤、疏花木蓝、海刀豆等（广东湛江硇洲岛）

穗序木蓝

Indigofera hendecaphylla Jacq.

别名：铺地木蓝、十一叶木蓝、橙穗木蓝、爬地木蓝、铁箭岩陀

英文名：Creeping Indigo, Trailing Indigo

豆科一至多年生草本，茎单一或基部多分枝，高 15～40 cm；奇数羽状复叶互生，长 2.5～7.5 cm；小叶 5～11 片，互生，倒卵形至倒披针形；总状花序约与复叶等长；总花梗长约 1 cm；花冠青紫色，长约 5～6 mm；荚果线状圆柱形，有 4 棱，长 10～25 mm，有种子 8～10 粒；种子短圆柱形，灰褐或黄色，种皮坚硬。花果期 4—11 月。

分布：原产印度、斯里兰卡、越南、泰国以及热带非洲西部。我国福建、广东、广西、海南、香港和台湾作为观赏植物、绿肥植物及水土保持植物常见栽培，有时逸为野生。

◎ 穗序木蓝及花序

生境与耐盐能力：海岸带与海岛常见植物，也可以在极度干旱的金沙江干热河谷生长。在福建厦门和晋江，人工播种的穗序木蓝可以在稀疏的海岸沙荒地草本植被中形成致密的覆盖层（张大鹏，1990）。在台湾垦丁，穗序木蓝是强盐雾海岸草地、沙荒地的常见植物，未见明显的盐害症状。在海南一些人工岛，穗序木蓝不仅是新填海区的先锋植物，也可以在以羽芒菊、黑果飘拂草等为优势种的草地中形成致密的覆盖层。水培试验发现，穗序木蓝具有较

◎ 穗序木蓝荚果

高的耐盐能力，在含盐量 9.5 dS/m 时生长量可达对照组的 50%（Keating et al., 1986）。

特点与用途：喜光亦耐阴、耐旱也耐水湿、耐瘠；对土壤要求不严，根系发达，栽培容易，生长速度快，能固氮，病虫害少，茎叶可做肥料。终年常绿，能形成整齐厚密的覆盖层，是海岸带与海岛极佳的护坡植物、土壤改良植物和植被修复的先锋植物，也可作为地被观赏植物和果园覆盖植物。全草药用，用于避孕和绝育。

繁殖：播种繁殖。

穗序木蓝	耐盐	B+	耐盐雾	A−	抗旱	A−	抗风	A

◎ 穗序木蓝地被

◎ 在新填海沙地上形成致密覆盖层的穗序木蓝（海南三沙）

◎ 正常生长于强盐雾海岸迎风面山坡草地的穗序木蓝（台湾垦丁香蕉湾）

硬毛木蓝

Indigofera hirsuta Linn.

别名：刚毛木蓝、粗毛木蓝、毛木蓝、毛槐蓝
英文名：Hairy Indigo, Sweet Indigo, Roughhairy Indigo

豆科平卧或直立一年生亚灌木，高 30～100 cm，茎多分枝，红褐色；枝、叶柄、花序和荚果均被开展的长硬毛；羽状复叶互生，长 2.5～10 cm，具小叶 3～5 对；小叶纸质，倒卵形或长圆形；总状花序长 10～25 cm，花小而密集；苞片线形，花冠红色；荚果线状圆柱形，排列紧密，有种子 6～8 粒。花果期几乎全年。

分布：浙江、福建、广东、广西、海南、香港和台湾。常见。热带地区广泛栽培或逸为野生。

◎ 硬毛木蓝花序与荚果

生境与耐盐能力：常见于低海拔的山坡旷野、路旁、河边草地及海岸沙荒地。目前没有硬毛木蓝耐盐能力的报道，但其野外分布表明其对海岸环境具有较高的适应能力。在海南的一些人工岛屿，硬毛木蓝可见于大潮淹及的填海沙荒地上，且生长旺盛。在福建漳浦古雷，硬毛木蓝贴地生长于强盐雾海岸沙荒地，未见明显的盐害症状。

特点与用途：喜光稍耐阴、耐旱不耐水湿、耐瘠；对土壤具有广泛的适应能力，生长快，覆盖能力强，根系发达，固氮能力强（Heuzé et al., 2021），病虫害少，栽培简单，可自播，对干旱的砂质土壤有很强的适应能力，是滨海地区沙荒地极佳的水土保持植物、土壤改良植物和初期绿化植物，也是果园、茶园和橡胶园的覆盖植物。正因为其强大的环境适应能力和自我繁殖能力，一些地方将其列入入侵植物名单。叶片营养丰富，蛋白质含量高达 26.1%，是很好的饲料植物（Sabiiti, 1980）。枝叶入药，性凉味苦、微涩，具有解毒消肿的功效，用于治疗疮疖。

◎ 硬毛木蓝种子

繁殖：播种繁殖。

硬毛木蓝	耐盐	B+	耐盐雾	A−	抗旱	A−	抗风	A

◎ 生长于强盐雾海岸砾石堆的硬毛木蓝（福建漳浦古雷半岛）

◎ 在新填海沙地上形成致密覆盖层的硬毛木蓝（海南三沙）

刺荚木蓝

Indigofera nummulariifolia (Linn.) Livera ex Alston
别名：刺果木蓝
英文名：Burr Grass, Coinwort Indigo, Oneleaf Clover

豆科多年生匍匐草本，茎基部分枝，高 15~30 cm；单叶互生，倒卵形或近圆形，长 1~2 cm，宽 0.8~1.4 cm，边缘有密毛；总状花序腋生，长 1.5~3 cm，有花 5~10 朵；花冠深红色，旗瓣密生丁字毛；荚果镰形，背缝弯拱处有数行钩刺，有种子 1~2 粒；种子肾状长圆形，亮褐色。花期 1—10 月，果期 10 月至翌年 1 月。

分布：海南和台湾。仅在海南文昌、陵水和三亚有少量分布，野外资源非常稀少。

生境与耐盐能力：生长于海岸沙荒地和海滨沙土或稍干燥的旷野中。在海南文昌铜鼓岭，刺荚木蓝与蛇婆子等生长于强盐雾海岸海拔 3~4 m 的沙荒地，植株贴地生长，高仅 2~5 cm。

特点与用途：喜光不耐阴、耐旱不耐水湿、耐瘠。刺荚木蓝是非洲传统药材，具有解毒、镇痛等功效，常用于治疗创伤、毒蛇咬伤、痢疾等。牛羊可食，但过多食用易引起腹泻。有报道认为刺荚木蓝具有较强的杀灭线虫能力（Morris & Walker, 2002）。

繁殖：播种繁殖。

◎ 刺荚木蓝花（供图：徐克学）

刺荚木蓝	耐盐	B	耐盐雾	A−	抗旱	A	抗风	—

◎ 刺荚木蓝枝叶

◎ 生长于强盐雾海岸沙荒地的刺荚木蓝和蛇婆子（海南文昌石头公园）

大翼豆

Macroptilium lathyroides (Linn.) Urb.
别名：长序菜豆、宽翼豆、红花大翼豆
英文名：Phasey Bean, Cow Pea

豆科一年生或二年生直立草本，高 0.6～1.5 m；羽状复叶互生，小叶 3，狭椭圆形至卵状披针形，上面无毛，下面密被柔毛；花成对稀疏生于花序轴的上部，花冠红色；荚果线形，密被短柔毛，内含种子 18～30 粒；种子斜长圆形，棕色。花期 7 月，果期 9—11 月。国内早期文献说的大翼豆多指紫花大翼豆（*M. atropurpureum*），紫花大翼豆是蔓生草本，花深紫色，易于区分。

分布：原产热带美洲。我国福建、广东、广西、海南、香港和台湾有栽培或逸为野生。

◎ 大翼豆花

生境与耐盐能力：在海南、福建等地，大翼豆可以在海堤、鱼塘堤岸、木麻黄防护林下等地生长。在海南东方感城镇扶室村，大翼豆生长于海边虾池堤岸，部分根系直接接触养殖水体。一系列的实验室栽培试验结果表明，大翼豆具有较高的耐盐能力。盆栽土培试验发现，土壤含盐量 9.9 dS/m 时生长减缓 50%（Keating et al., 1986）。水培条件下，发芽率下降为对照组的 50% 的培养液 NaCl 浓度为 149 mmol/L（Chauhan & Ma, 2014）。同样是实验室水培试验，Silva et al.（2020）发现大翼豆种子发芽率下降至对照组 50% 的培养液 NaCl 临界浓度是 12.8 dS/m，且在含盐量高达 14.7 dS/m 的培养液中仍有超过 10% 的种子发芽。

◎ 大翼豆种子

特点与用途：喜光稍耐阴、耐旱亦耐水湿、耐瘠（Kawamoto et al., 1991; Nagashiro et al., 1992）；适应性强，繁殖容易，产量高，适口性好且营养丰富，是热带地区海岸沙荒地极佳的水土保持植物、土壤改良植物和牧草，也可作为果园的覆盖作物。由于其强大的适应能力、速生性和繁殖能力，大翼豆在一些国家和地区被列为入侵物种（闫小玲等，2014）。

繁殖：播种繁殖。

大翼豆	耐盐	A-	耐盐雾	A-	抗旱	A-	抗风	—

◎ 在新填海地形成致密覆盖层的大翼豆（海南三沙）

◎ 生长于咸水鱼塘堤岸的大翼豆（海南东方感城）

天蓝苜蓿

Medicago lupulina Linn.
别名：黄三叶草、黑荚苜蓿
英文名：Black Medick, Hop Clover, Nonesuch Clover, Yellow Trefoil

豆科一年生或短命多年生草本，茎平卧或上升，高 10～60 cm，全株被柔毛或腺毛；羽状三出复叶互生，小叶倒卵形至倒心形，纸质；花序小头状，有花 10～20 朵；总花梗比叶长，苞片刺毛状，花冠黄色；荚果肾形，熟时黑色，有种子 1 粒；种子卵形，褐色。南方省区花期 12 月至翌年 4 月，果期 4—6 月，夏季枯死。

分布：我国南北各地常见。

生境与耐盐能力：海岸带与海岛常见植物，多生长于海岸山坡草地、沙荒地，有时可以在沙地生长。在福建平潭大福湾和东庠岛等地，天蓝苜蓿不仅可以与海边月见草、卤地菊等生长于强盐雾海岸沙地，也可以在强盐雾海岸低海拔迎风面山坡沟叶结缕草草地正常生长。而在厦门环岛路海滩，天蓝苜蓿在细叶结缕草草坪生长，若不采取除草措施，大有取代细叶结缕草的趋势。我国天蓝苜蓿分布范围广，不同种源的野生天蓝苜蓿耐盐能力分化大，但所有种源的天蓝苜蓿均可以在 300 mmol/L NaCl 培养液中旺盛生长并开花结果，一些较为耐盐的种源在 500 mmol/L NaCl 培养液中仅有轻微盐害（冯毓琴等，2007）。天蓝苜蓿被盐生植物数据库 HALOPHYTE Database Vers. 2.0 收录。

特点与用途：喜光稍耐阴、耐瘠、耐寒；对土壤和气候有广泛的适应性，病虫害少，匍匐生长，地表侵占能力强，能固氮，盖度大，无需刈割，一旦成活就几乎无需维护，受干扰后自我恢复能力强，在滨海沙荒地可作为草坪观赏植物。天蓝苜蓿虽然产量不高，但营养丰富，适口性好，是各种牲畜均喜食的优质牧草，被誉为"牧草之王"。全草药用，具有清热利湿、凉血止血、舒筋活络的功效，用于治疗白血病、黄疸型肝炎、便血、痔疮出血、坐骨神经痛、风湿骨痛、腰肌劳损等。

繁殖：播种繁殖。

◎ 天蓝苜蓿枝叶

◎ 天蓝苜蓿花序

◎ 天蓝苜蓿果

天蓝苜蓿	耐盐	A	耐盐雾	A	抗旱	A	抗风	—

◎ 生长于强盐雾海岸沙地的天蓝苜蓿与海边月见草（福建平潭大福湾）

◎ 生长于强盐雾海岸沙地的天蓝苜蓿（福建莆田湄洲岛）

◎ 生长于强盐雾海岸结缕草草坪上的天蓝苜蓿（福建平潭龙凤头）

紫苜蓿

Medicago sativa Linn.
别名：紫花苜蓿、三叶草、草头、苜蓿、幸运草
英文名：Alfalfa

豆科多年生草本，根粗壮，茎多分枝，高 30～100 cm，全株有疏柔毛；叶互生，具 3 小叶，小叶倒卵形或倒披针形，先端圆，上部叶缘有锯齿；总状花序头状，腋生，长 1～2.5 cm；总花梗比叶长，花冠紫色，长于花萼；荚果螺旋形，中央无孔或近无孔，有种子数粒；种子肾形，黄褐色。花期 5—7 月，果期 6—8 月。

分布：原产于土耳其、亚美尼亚、伊朗、阿塞拜疆等地。世界各国广泛栽培，栽培品种众多。据传，紫苜蓿是汉朝使者张骞从中亚带回，现全国各地都有栽培或逸为野生。福建以南地区因温度高而长势不佳。

生境与耐盐能力：虽然不同紫苜蓿品种间耐盐能力差异很大（余如刚等，2022），多个独立的水培试验均发现紫苜蓿有较高的耐盐能力。紫苜蓿种子萌发存在低盐促进现象，2 g/L 的 NaCl 或 60 mmol/L NaCl 溶液可促进种子萌发（程贝等，2019；王晓春等，2019），当培养液含盐量不超过 6 g/L 时，盐胁迫对种子发芽影响不显著（王晓春等，2019）。陈小芳等（2019）发现，低盐胁迫对紫苜蓿生长影响不显著，300 mmol/L NaCl 时中苜 3 号和 WL-SALT 紫苜蓿仅比对照组下降 10% 和 19%。100 mmol/L NaCl 培养液中的紫苜蓿发芽率与对照组没有差异，在 300 mmol/L NaCl 培养液中种子发芽率可达 41.7%，临界 NaCl 浓度为 170 mmol/L（杨迎月等，2022）。季玉涵等（2018）发现紫苜蓿种子发芽率临界 NaCl 浓度为 100 mmol/L。于浩然等（2019）也发现轻度盐碱土上的紫苜蓿产量高于非盐碱土。

特点与用途：喜光不耐阴、耐瘠、耐碱、耐寒；适应性强，枝繁叶茂，根系发达，根系固氮能力强，耐粗放管理，是非常优秀的土壤改良植物和水土保持植物，更是极佳的海堤堤岸护坡绿化植物。茎叶粗蛋白质含量高、氨基酸种类齐全，适口性好，再生能力较强，被称为"牧草之王"，是全球种植面积最大的耐盐牧草。嫩苗或嫩茎叶可食，种子能酿酒。近年来研究发现，紫苜蓿中含有的多种有效成分，可以降低胆固醇和血脂含量，减小动脉粥样硬化斑块，在保健品开发方面具有潜在应用价值。

◎ 紫苜蓿叶

繁殖：播种繁殖。

紫苜蓿	耐盐	B+	耐盐雾	B+	抗旱	A-	抗风	—

◎ 紫苜蓿花

◎ 生长于强盐雾海岸迎风面沙荒地的紫苜蓿（浙江苍南霞关）

光荚含羞草

Mimosa bimucronata (DC.) Kuntze

别名：簕仔树

英文名：Thorny Mimosa, Giant Sensitive Plant

豆科半落叶灌木或小乔木，高 3~6 m；茎圆柱状，小枝无刺，密被黄色茸毛；二回羽状复叶互生，羽片 6~7 对，叶轴无刺，小叶 12~16 对，线形，革质，先端具小尖头；多数头状花序组合呈总状花序，有小花 20 多朵，花白色；荚果带状，无刺毛，褐色，荚节 5~7 个。花期 6—10 月，果期 10 月至翌年 1 月。

◎ 光荚含羞草枝叶

分布：原产热带美洲。我国福建、广东、广西、海南、香港和台湾广泛分布，并已经成为一种难以清除的入侵树种。

生境与耐盐能力：生境广泛，果园、路边、荒坡、鱼塘堤岸、海堤及低洼地都可以见其分布。在海南、广东和广西，光荚含羞草常见于大潮可淹及的红树林林缘及排水沟两侧，在一些围填红树林形成的低湿地也常形成大面积的灌丛。光荚含羞草也可以生长在水肥条件稍好的海岸沙地。实验室水培试验发现，光荚含羞草具有较高的抗盐能力，50 mmol/L NaCl 对种子发芽及幼苗生长没有显著影响，超过 100 mmol/L 则有明显抑制作用，部分

◎ 光荚含羞草花

种子可以在 250 mmol/L 的 NaCl 培养液中萌发；种子发芽率及幼苗生长的临界含盐量为 156 mmol/L（李叶等，2010）。

特点与用途：喜光稍耐阴、耐旱亦耐水湿、耐瘠；适应性强，根系发达，固氮能力强，生长速度快，萌蘖能力强，是海岸带优良的薪炭林树种和各类果园、经济作物园中的绿篱树种，更是海岸带与海岛优良的土壤改良树种、护坡和护岸树种（蓝来娇等，2019）。也正是由于强大的适应能力和繁殖能力，光荚含羞草在引入我国后表现出很强的竞争优势，清除困难，于 2016 年被列入《中国自然生态系统外来入侵物种名单（第四批）》，使用时应注意。花量大，花期长，为优良的蜜源植物。

繁殖：播种繁殖。

光荚含羞草	耐盐	A-	耐盐雾	A-	抗旱	A-	抗风	B+

◎ 光荚含羞草花序

◎ 光荚含羞草荚果

◎ 生长于滨海湿地的光荚含
　羞草（海南海口桂林洋）
　（供图：刘建东）

牛蹄豆

Pithecellobium dulce (Roxb.) Benth.

别名：金龟树、围涎树、羊公豆、洋酸角、马尼拉罗望子、马德拉斯刺

英文名：Madras Thorn, Manila Tamarind, Quamachil

◎ 牛蹄豆皮刺

豆科常绿乔木，小枝下垂，有针状刺；二回羽状复叶互生，羽片1对，每一羽片有小叶1对；小叶坚纸质，长倒卵形或椭圆形，基部略偏斜；每对小叶形似牛蹄（牛蹄豆由此得名）；头状花序小，于叶腋或枝顶排列成狭圆锥花序；花白色或淡黄；荚果线形，膨胀，旋卷，成熟后暗红色；种子黑色。花期3—5月，果期5—8月。

分布：原产中美洲，热带干旱地区常见栽培。我国福建、广东、广西、海南、香港和台湾偶见栽培，台湾台南市作为行道树栽培较多。

◎ 牛蹄豆叶

生境与耐盐能力：在印度，牛蹄豆被认为是耐盐能力最高的植物之一，可以在ECe值25～35 dS/m的盐碱地旺盛生长（Dagar & Singh, 2007）。另一项在印度西部半干旱地区实施的盐碱地改良试验也发现牛蹄豆具有较高的耐盐能力，可以在ECe值25 dS/m的盐碱地旺盛生长，并在4年内使土壤的ECe值降至1 dS/m（Edrisi et al., 2021）。在海南澄迈，牛蹄豆与海漆、黄槿等盐生植物正常生长于红树林林缘咸水沟边。

◎ 牛蹄豆果实

特点与用途：喜光不耐阴、耐旱不耐水湿、耐瘠；适应性强，能固氮，枝叶浓密，耐修剪，易移植，寿命长，一旦种植成活就无需维护，是滨海地区园林绿化及荒山造林的优良树种，也可用作沿海防护林树种。栽培品种花叶牛蹄豆幼叶粉红色或白色，成熟叶白绿相间，再老些的叶子逐渐变成全绿色，是极佳的彩叶植物。嫩枝叶营养丰富，易消化，是热带地区重要的饲料树种；树皮含单宁30%，可用于制革；荚果假种皮可生食。牛蹄豆还是热带地区重要药用植物，用于止疼及治疗糖尿病、麻风、结核病等。

◎ 牛蹄豆花

繁殖：播种与扦插繁殖。

牛蹄豆	耐盐	A	耐盐雾	A−	抗旱	A−	抗风	A−

◎ 色彩缤纷的花叶牛蹄豆叶

◎ 生长于红树林林缘的牛蹄豆(海南澄迈花场湾)

牧豆树

Prosopis juliflora (Sw.) DC.
别名：墨西哥合欢、柔黄花牧豆
英文名：Mesquite, Ironwood, Cashaw

豆科常绿灌木或小乔木，高 4～5 m；托叶刺状，成对，长约 1 cm；二回羽状复叶常簇生于短枝上或生于延长的枝条上，羽片 1～3 对，羽片着生处有腺体；小叶 10～20 对，长圆形，先端圆钝，基部偏斜；总状花序腋生，花黄绿色，雄蕊 10 枚，分离；荚果线形，淡黄色；种子长圆形，10～18 枚。果期 6 月。

分布：原产热带美洲。我国广东、广西、海南、台湾有引种。国内少见。

生境与耐盐能力：在干旱和半干旱地区，包括一些沙漠，牧豆树具有很好的适应性，可以在海岸沙丘及红树林林缘堤岸生长（van der Maesen & Oyen, 1997）。在印度，牧豆树被认为是兼性盐生植物（Dagar & Singh, 2007），且其耐盐能力高于木麻黄，可以在 pH 高达 10 甚至更高、

◎ 牧豆树果

ECe 值 25～35 dS/m 的盐碱地旺盛生长（Hussain et al., 1994; Sharma et al., 2014）。用含盐量 13.8 dS/m 的咸水浇灌牧豆树，只要供水量高出植物正常需求的 15% 作为淋盐的需要，哪怕土壤 ECe 值高达 38.3 dS/m，牧豆树仍可以正常生长（Hussain et al., 1994）。土培试验表明，牧豆树树高下降 50% 对应的土壤 ECe 值为 38.2 dS/m（Hussain & Alshammary, 2008）。栽培试验表明，牧豆树属植物普遍具有较高的耐盐能力（陈进等，2009）。

特点与用途：喜光不耐阴、耐旱亦耐水湿、耐瘠；对土壤和气候有广泛的适应能力，根系发达，能固氮，生长快，是海岸沙荒地绿化的极佳树种，也是盐碱地改良的先锋树种。此外，牧豆树是一种多用途树种，叶片和豆荚可作为饲料，豆荚和种子营养丰富，可

食用，木材材质优良，更是干旱半干旱地区重要的薪柴（陈进等，2009）。牧豆树也因适应能力强、繁殖快、扩散能力强，且缺乏合适的控制手段而在一些国家被认为是入侵植物。

繁殖：播种繁殖。牧豆树种子种皮坚硬，常规播种不易发芽，生产上常采用机械破皮和硫酸或热水浸泡的方式提高发芽率和缩短发芽时间。

◎ 牧豆树花

牧豆树	耐盐	A	耐盐雾	A−	抗旱	A	抗风	A

◎ 生长于海岸沙荒地的牧豆树（海南东方昌化江口）

◎ 生长于填海区人工草地上的牧豆树（海南三沙）

刺槐

Robinia pseudoacacia Linn.
别名：洋槐、德国槐
英文名：Black Locust

◎ 刺槐花

豆科落叶乔木，高 10～25 m；小枝、轴和花梗被贴伏柔毛；托叶刺状，长 2 cm；羽状复叶长 10～40 cm，具小叶 2～12 对；小叶椭圆形、长椭圆形或卵形；总状花序腋生，下垂，花多数，芳香；花冠白色，旗瓣内部具黄色斑点；荚果线状长圆形，褐色，平滑；种子近肾形，褐色至黑褐色。花期 4—6 月，果期 8—9 月。

分布：原产美国东部。19 世纪末引入我国青岛，现全国各地尤其是华北平原作为绿化树种广泛栽培，浙江杭州、湖州地区作为观赏植物和行道树常见栽培。

生境与耐盐能力：虽然刺槐被盐生植物数据库 HALOPHYTE Database Vers. 2.0（Menzel & Lieth, 2003）收录，也有人将其归为盐生药用植物（赵宝泉等，2015），但在我国，多数研究发现刺槐只有中低程度的耐盐能力。在河北黄骅市中度盐碱地（含盐量 3～5 g/kg，pH 8.5～9.0）造林，刺槐表现良好，5 年生刺槐平均高 5.1 m、胸径 6.8 cm（于雷，2001）。在质地黏重、含盐量达 3～4 g/kg 的黄河三角洲，刺槐生长速度明显快于一般树种，表现出良好的适应性（李秀芬等，2013）。在浙江杭州湾围垦区，刺槐在含盐量 4 g/kg、pH 8.7 的盐碱地上生长一般（黄胜利等，2012）。土培条件下，盐度 5 g/kg 时种子发芽率为对照组的 30%，幼苗少量叶片变黄、萎蔫、脱落；土壤含盐量 8 g/kg 时，种子不能萌发，幼苗大部分叶片变黄、萎蔫、脱落（王乐和李亚光，2015）。水培条件下，刺槐幼苗在 100 mmol/L NaCl 培养液中生长受到轻微的抑制，当 NaCl 浓度超过 200 mmol/L 时，生长受到严重抑制（李明亮等，1995）。土培条件下，刺槐幼苗生长临界 NaCl 浓度是 5 g/kg（莫海波等，2011）；水培条件下，幼苗生长临界 NaCl 浓度是 6.5 g/L（崔竣岭，2013）。

特点与用途：喜光不耐阴、耐旱但不耐水湿、耐寒；对土壤有广泛的适应性，根系浅而发达，有根瘤。栽培容易，病虫害少，寿命长，生长迅速，萌芽力强，树冠高大，树姿优美，花朵芳香，材质优良，是优良的行道树、庭荫树、园景树，也是优良的防风固沙树种、速生用材树种、薪炭林树种、工矿区绿化及荒山荒地绿化的先锋树种。花量大，花期长，是优良的蜜源植物。花可食用，叶是优良畜禽饲料。刺槐因其强适应性、速生性和用途多样性而被广泛引种，与杨树、桉树一起被称为世界上引种最成功的三大树种。

繁殖：播种与根插繁殖。

刺槐	耐盐	B+	耐盐雾	B+	抗旱	B+	抗风	B

◎ 刺槐叶、皮刺及成熟荚果

◎ 刺槐林

落地豆

Rothia indica (Linn.) Druce
英文名：Indian Rothia

豆科一年生匍匐或披散草本，茎多分枝，被毛；掌状 3 小叶互生，小叶倒卵形，两面被绢毛，托叶倒披针形；总状花序与叶对生，具花 1～3 朵；花序梗短；花萼管状钟形；花冠粉红、紫或黄色；荚果线形，长 3.5～5 cm，被绢毛，有种子 10～20 粒，种子间无隔膜；种子近肾形。花期 10 月至翌年 1 月，果期 2—4 月。

◎ 落地豆花

分布：广东南部和海南。偶见。

生境与耐盐能力：海岸带与海岛特有植物，多生长于海岸沙荒地、海堤、鱼塘堤岸及路边（Boatwright et al., 2008）。在海南儋州、临高等地，落地豆多生长于海岸沙地木麻黄林缘、海岸刺灌丛等环境。而在海南临高金牌港，落地豆生长于以厚藤为优势种的大潮高潮线上缘海岸沙地，伴生植物有龙爪茅、假马鞭等。

◎ 落地豆果

特点与用途：喜光稍耐阴、耐旱不耐水湿、耐瘠，对海岸沙荒地环境有很强的适应性。植株贴地生长，叶色浓绿，能固氮，可作为海岸沙荒地的水土保持植物、固沙植物和绿肥。在印度泰米尔纳德邦 Point Calimere 野生动物和鸟类保护区，落地豆被当地居民认为是最好的绿肥植物（Subramanian et al., 2020）。在我国，由于分布范围狭窄、野外数量少等，落地豆尚未引起应有的关注。

◎ 落地豆种子

繁殖：播种繁殖。

落地豆	耐盐	B	耐盐雾	A−	抗旱	A	抗风	—

◎ 紧贴地表生长的落地豆

◎ 生长于海岸迎风面坡地的落地豆与厚藤（海南临高金牌港）

灰毛豆

Tephrosia purpurea (Linn.) Pers.
别名：红花灰叶、假蓝靛、灰叶、草藤
英文名：Purple Tephrosia, Wild Indigo

豆科灌木状草本，高达 1.5 m；羽状复叶互生，小叶 4～10 对，椭圆状长圆形至椭圆状倒披针形；总状花序顶生、与叶对生或生于上部叶腋，长 10～15 cm；花每节 2～4 朵，疏散；花小，长不足 1 cm，花冠淡紫色；荚果线形，长 2～5 cm，宽 5 mm，被稀疏平伏柔毛，有种子 6 粒；种子椭圆形。花期 3—10 月。由于该种分布范围较广，叶形、大小、花序长短和被毛程度变异较大。

分布：福建、广东、广西、海南、香港和台湾。常见。

生境与耐盐能力：全世界热带和南亚热带地区广泛分布，生境多样，是海岸鱼塘堤岸和海岸沙荒地常见植物，从植被覆盖度较高的海岸固定沙地到木麻黄林林隙都有分布，海岸迎风面山坡草地、鱼塘堤岸等地均可见其分布，偶见于红树林林缘和低海拔基岩海岸迎风面山坡。灰毛豆是海岸植被破坏后首先生长的植物之一。被盐生植物数据库 HALOPHYTE Database Vers. 2.0（Menzel & Lieth, 2003）和 *Halophytes of Southwest Asia*（Ghazanfar et al., 2014）收录。

特点与用途：喜光不耐阴、耐旱不耐水湿、耐瘠；对海岸沙荒地环境具有非常好的适应性，可以形成连片的草丛，生长速度快，结果量大，根可固氮，为海岸带良好的防风固沙和水土保持植物，也是海岸带与海岛荒山造林先锋植物。全草或根药用，具有健脾燥湿、行气止痛的功效，用于风热感冒、消化不良、腹胀腹痛、慢性胃炎；外用治湿疹，皮炎等。枝叶提取物具有较强的杀虫活性，在白蚁防治方面具有潜在应用价值（李冠华等，2013）。此外，豆籽提取物应用于化妆品、护肤品等。

繁殖：播种繁殖。

◎ 灰毛豆花序

◎ 灰毛豆花

◎ 灰毛豆果

灰毛豆	耐盐	B+	耐盐雾	A−	抗旱	A	抗风	A−

◎ 填海沙地自然生长的灰毛豆（海南三沙）

◎ 在海岸沙地形成致密草层的灰毛豆（海南临高金牌港）

金合欢

Vachellia farnesiana (Linn.) Wight & Arn.
别名：鸭皂树、牛角花、消息花、刺球花
英文名：Sweet Acacia, Popinac, West Indian Blackthorn, Sponge Tree

豆科落叶灌木或小乔木，高 2～4 m，小枝"之"字形，枝上有一对由托叶特化成的刺；二回羽状复叶互生，长 2～7 cm；羽片 4～8 对，长 1.5～3.5 cm；小叶 10～20 对，线状长圆形；头状花序 1～3，腋生，花黄色，绒毛状，极香；荚果近圆筒状，暗褐色，不开裂；种子褐色，略扁，歪水滴形。花期 3—6 月，果期 7—10 月。

分布：原产热带美洲。我国浙江、福建、广东、广西、海南、香港和台湾有栽培或逸为野生。金合欢为澳大利亚国花。

生境与耐盐能力：美洲热带干旱、半干旱地区常绿多刺灌丛常见植物。金合欢偶见于广东和福建的海岸鱼塘堤岸。在福建厦门鳄鱼屿，金合欢可以生长于大潮高潮线上缘。Bezona et al.（2009）认为金合欢具有中等程度的耐盐能力和耐盐雾能力，可以在强盐雾海岸遮挡物之后种植。水培试验发现，金合欢种子具有较高的耐盐能力，种子发芽临界 NaCl 浓度为 150 mmol/L（Chauhan et al., 2021）。

特点与用途：喜光不耐阴，耐旱不耐水湿、耐瘠；栽培容易，病虫害少，生长快，萌发力强，耐修剪，树姿典雅，羽叶纤细，花量大，芳香宜人，孤植或丛植均具有良好的观赏效果，为滨海地区优良的园林绿化树种。枝干具刺，可作为绿篱；木材坚硬，可制贵重器具用品；根和果荚可作为黑色染料；花可提取炼芳香油作为高级香水及化妆品的原料。但在澳大利亚的一些地区，金合欢是一种令人讨厌的植物（Chauhan et al., 2021）。叶片含有毒的丹宁酸，牲畜食后可导致死亡。

繁殖：播种和扦插繁殖。

◎ 金合欢花

◎ 金合欢枝叶

◎ 金合欢荚果

金合欢	耐盐	A-	耐盐雾	A	抗旱	A	抗风	A

◎ 生长于海岸鱼塘堤岸的金合欢（广东惠州范和港）

◎ 生长于海岸沙荒地的金合欢（海南东方昌化江口）

大花蒺藜

Tribulus cistoides Linn.
别名：三脚虎、三脚丁
英文名：Puncture Vine, Jamaican Feverplant

蒺藜科多年生草本，茎匍匐或斜升，全株密被柔毛；偶数羽状复叶对生，不等大，具小叶 4～7 对；小叶长圆形或倒卵状长圆形，长 6～15 mm，顶端近圆形而急尖，基部偏斜；花单生于叶腋，直径约 3 cm，花梗与叶近等长或更长；萼片 5，披针形；花瓣 5，倒卵状矩圆形；分果直径约 1 cm，有小瘤体和锐刺。花果期全年。

分布：海南和台湾。华南植物园有引种。少见。

生境与耐盐能力：阳光充足和干燥是大花蒺藜对环境的基本要求，从高潮线上缘的流动沙丘到海岸疏林地均有分布，偶尔也可以在海堤及鱼塘堤岸见到。大花蒺藜在云南的干热河谷地区也有分布。在海南三亚海棠湾，大花蒺藜与厚藤等组成海岸沙地前沿植被。而在海南三沙石岛土层瘠薄的粗砂砾质沙荒地，大花蒺藜与草海桐、圆叶黄花稔、海马齿、粗根茎莎草等盐生植物组成稀疏的低海拔海岸迎风面山坡植被。在加拉帕戈斯群岛，大花蒺藜和仙人掌科植物加岛刺梨仙人掌（*Opuntia echios*）生长于极度干旱的裸露熔岩石缝。大花蒺藜被列入巴基斯坦盐生植物名录（Khan & Qaiser, 2006）和盐生植物数据库HALOPHYTE Database Vers. 2.0（Menzel & Lieth, 2003）。

◎ 大花蒺藜花与果

特点与用途：喜光不耐阴、耐热、耐旱不耐水湿、耐瘠。性强健，耐粗放管理，花期极长，地被覆盖力强，适合海岸沙荒地绿化。果实中药名"刺蒺藜"，具有平肝疏肝和祛风明目的功效，治肝阳上亢所致目赤肿痛、巅顶头痛、皮肤疮疖痈肿、红肿热痛等。大花蒺藜果实的刺穿透力强，对人畜危害大，应谨慎种植。

繁殖：播种与扦插繁殖。

大花蒺藜	耐盐	B+	耐盐雾	A−	抗旱	A	抗风	—

◎ 生长于强盐雾海岸沙荒地的大花蒺藜（海南西沙）

◎ 生长于海岸沙地厚藤草丛中的大花蒺藜（海南三亚海棠湾）

九里香

Murraya exotica (Linn.) Jack
别名：月橘、七里香、千里香
英文名：Orange Jessamine

芸香科常绿灌木或小乔木，高达 8 m；奇数羽状复叶，具小叶 3～7 片；小叶倒卵形或倒卵状椭圆形，长 1～6 cm，中部以上最宽，顶端圆或钝；圆锥状聚伞花序顶生或近顶生，花白色，芳香；萼片 5，卵形；花瓣 5，长椭圆形，长 10～15 mm；花柱较子房长；浆果阔卵形，橙红色；种子被棉毛。花果期几乎全年。

分布：浙江南部、福建、广东、广西、海南、香港和台湾。福建以南作为观赏植物常见栽培。

生境与耐盐能力：常见于离海岸不远的平地、缓坡、小丘的灌木丛中。九里香的耐盐能力至今没有详细的研究，但不少学者认为其具有一定的耐盐能力并应用于海岸绿化（林文洪等，2009；何志芳等，2011；唐春艳等，2016）。陈兴龙等（1999）将九里香归为海岸带耐盐经济植物。柯文彬（2019）认为九里香具有抗风、耐盐的特点，并将其推荐为广东汕头地区海岸带园林绿化首选灌木树种。

特点与用途：喜光稍耐阴、耐旱不耐水湿、耐瘠；对土壤要求不严，只要是酸性土壤，各种质地类型的土壤都可以满足其要求。树姿优雅，枝干苍劲，花色洁白，花香浓郁，果色鲜红，耐修剪，寿命长，生长缓慢，是滨海地区城镇绿化的极佳树种。根、叶入药，具有行气活血、散瘀止痛、解毒消肿的功效，主治跌打肿痛、风湿骨痛、胃痛、牙痛、破伤风、流行性乙型脑炎及虫蛇咬伤。材质细致而坚硬，是制作工艺品的良材。

繁殖：播种繁殖。

◎ 九里香花序和花

九里香	耐盐	B	耐盐雾	A−	抗旱	B+	抗风	A

◎ 九里香果

◎ 用于海岸绿化的九里香（福建厦门环岛路）

瓜子金

Polygala japonica Houtt.
别名：神砂草、金锁匙、瓜子草、挂米草、高脚瓜子草、产后草
英文名：Japanese Milkwort Herb

远志科多年生丛生草本，高10~20 cm，海岸沙荒地枝条多贴地生长；单叶互生，近革质，卵形或卵状披针形，长1~3 cm；总状花序与叶对生或腋外生，花白色至紫色，花瓣3，中间1片较大，龙骨状，先端有流苏状附属物；蒴果广卵形，边缘有宽翅，具宿萼；种子卵形，密被白色柔毛。花期3—5月，果期5—8月。

◎ 瓜子金花

分布：浙江、福建、广东、广西、海南、香港和台湾。常见，有少量人工栽培。

生境与耐盐能力：目前没有瓜子金耐盐能力的报道。但从其野外生长环境看，瓜子金是海岸带与海岛常见植物，对海岸环境具有很强的适应能力。在福建漳州至平潭一带，瓜子金是海岸带与海岛低海拔山坡草地、灌丛林隙、石缝和沙荒地的常客。在福建平潭君山、中横岛及东甲岛等地，瓜子金是强盐雾海岸迎风面以结缕草、蜈蚣草等为优势种的草坡常见植物，个别植株可以生长于浪花飞溅区草丛，开花结果正常，也未见明显的盐雾危害症状，而附近的黑松、滨柃则呈现明显的矮化和偏冠现象。

特点与用途：喜光不耐阴、耐旱不耐水湿、耐瘠。全草药用，具有活血散瘀、祛痰镇咳、解毒止痛的功效，用于治疗咽炎、扁桃体炎、口腔炎、咳嗽、小儿肺炎、小儿疳积、结石等，外用治毒蛇咬伤、疔疮疖肿等。

繁殖：播种与根状茎繁殖。

◎ 瓜子金枝叶

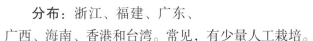

瓜子金	耐盐	B+	耐盐雾	A	抗旱	A	抗风	A

◎ 强盐雾海岸迎风面山坡岸沙荒地紧贴地表生长的瓜子金（福建龙海烟墩山）

◎ 生长于强盐雾海岸迎风面山坡草地的瓜子金（福建平潭中横岛）

火殃勒

Euphorbia antiquorum Linn.
别名：火殃簕、三角霸王鞭、龙骨柱
英文名：Triangular Spurge, Antique Spurge

大戟科肉质常绿灌木或小乔木，高 3～8 m，全株具白色乳汁；茎三棱状，上部多分枝，老茎呈柱状；棱脊 3 条，边缘具三角状齿；叶互生，常聚生于枝顶，倒卵形或倒卵状长圆形，长 2～5 cm，早落；杯状聚伞花序生于棱脊，具 5 枚黄色的腺体；蒴果三裂，压扁；种子近球形，黄褐色，无种阜。花果期全年。

分布：原产印度。我国南北各地都有栽培，浙江以南省区常见露地栽培，有时逸为野生。

生境与耐盐能力：原产地为印度南部德干半岛干旱山地，多生长于石缝中。目前还没有看到火殃勒耐盐或耐盐雾能力的专门研究，但从火殃勒在海岸带与海岛绿化应用效果看，其对海岸环境有较好的适应性。在福建漳浦古雷半岛，以填客土方式种植于强盐雾海岸沙地的火殃勒生长正常，未见盐雾危害症状。而在福建南安围头湾，火殃勒种植于海岸迎风面沙荒地，在完全没有养护的情况下仅少部分植株枝条发黄，大部分植株生长正常。

特点与用途：喜光稍耐阴、耐旱不耐水湿、耐瘠；适应性强，病虫害少，栽培简单，一旦种植成活就无需管护，枝叶浓密，是海岸带城镇绿化的极佳植物。茎入药，具有拔毒消肿、清血、通便、杀虫、截疟的功效，用于治疗急性胃肠炎、腹胀、痈疮疔癣、无名肿毒等。乳汁有毒，接触皮肤会引起皮炎，入眼可能会导致失明，误食会引起剧烈下泻、呕吐、头晕等。

繁殖：扦插繁殖。

◎ 火殃勒枝

◎ 火殃勒花

◎ 火殃勒果实

火殃勒	耐盐	B+	耐盐雾	A-	抗旱	A	抗风	A-

◎ 用于强盐雾海岸沙地绿化的火殃勒（福建漳浦古雷）

◎ 摆放于海岸沙地的盆栽火殃勒（福建厦门环岛路）

金刚纂

Euphorbia neriifolia Linn.
别名：玉麒麟、霸王鞭、五棱大戟、五棱金刚
英文名：Indian Spurge Tree, Hedge Euphorbia, Milk Hedge, Ancients Euphorbia

大戟科肉质常绿灌木或小乔木，高 3～8 m，全株具白色乳汁；茎圆柱形，具 5 条不明显隆起且螺旋状扭转的脊，在脊的凸起处有一对托叶刺；叶簇生枝顶，倒卵形、倒卵状长圆形至匙形，长 4.5～12 cm；杯状聚伞花序生于近顶生聚伞花序中，雄花多枚，雌花 1 枚；蒴果球形，分果爿稍压扁。花期 6—9 月。

分布：原产印度东部。我国福建、广东、广西、海南、香港和台湾常见栽培，有时逸为野生。

生境与耐盐能力：原产地是印度东部德干半岛干旱、炎热、阳光充足的环境，多生长于石漠化山地和岩石缝隙。目前没有金刚纂耐盐能力的报道，但其原生地环境及若干海岸带绿化应用情况说明其对海岸环境有较强的适应能力，可以在海岸沙荒地环境正常生长。

特点与用途：喜光稍耐阴、耐旱不耐水湿、耐瘠；水肥供应良好条件下生长速度快，病虫害少，作为观赏植物在海岸沙荒地种植时应施足基肥，否则枝叶发黄且生长缓慢。常植为篱垣或单株作为绿化美化用。民间视为吉祥、辟邪之物。茎药用，捣烂外敷，治疗痈疮、疥癞等（有毒，慎用）（Chaudhary et al., 2023）。茎、叶及白色乳汁有毒，误食可造成严重中毒，乳汁溅入眼中可致失明。

繁殖：扦插繁殖。

◎ 金刚纂花

◎ 金刚纂花

金刚纂	耐盐	B+	耐盐雾	A	抗旱	A	抗风	A

◎ 金刚纂枝叶

◎ 金刚纂植株

台西地锦草

Euphorbia taihsiensis (Chaw & Koutnik) Oudejans
别名：台西大戟、小叶地锦

大戟科多年生匍匐草本，全株无毛，茎及叶柄浅红色；单叶对生，纸质，椭圆形至倒卵形，长 2.5～6 mm，基部偏斜，边缘具齿；杯状聚伞花序单生于节间，总苞钟状；腺体4，绿色至红色，椭圆形至长圆形；雄花 3～10，花药红色；雌花 1，光滑无毛；蒴果；种子卵状四棱形，灰色或淡褐色，无种阜。花果期 4—10 月。

分布：*Flora of China* 认为台西地锦草特产于台湾西部沿海和澎湖列岛。我们在福建平潭到东山的海岸带均有发现，此外，广西南宁也有发现（蔡毅等，2020）。

生境与耐盐能力：海岸带与海岛特有植物，常见于排水良好的海岸沙荒地及珊瑚礁缝隙等环境，未见其在淤泥质土壤生长。在强盐雾海岸福建平潭龙凤头，台西地锦草生长于低海拔海岸迎风面草坡、植被稀疏的海岸沙荒地及海岸沙地，未见任何盐害症状。在强盐雾海岸福建石狮祥芝，台西地锦草与中华补血草等生长于风暴潮可淹及的海岸沙荒地。在福建厦门大嶝岛，台西地锦草生长于鱼塘堤岸、大潮可淹及的排水沟两侧。

特点与用途：喜光不耐阴、耐旱不耐水湿、耐瘠、耐高温、不耐寒，对海岸沙荒地环境具有很强的适应性。由于植株矮小，分布范围狭窄，有关台西地锦草的报道很少，仅侯静等（2022）报道民间常将斑地锦（*E. maculata*）与台西地锦草作为治疗痢疾、尿血、崩漏、疮疖痈肿等的草药混用。

繁殖：切茎段繁殖或播种繁殖。

◎ 生长于强盐雾海岸坡地的台西地锦草（福建平潭龙凤头）

台西地锦草	耐盐	A-	耐盐雾	A	抗旱	A	抗风	—

◎ 生长于强盐雾海岸坡地的台西地锦草（福建平潭龙凤头）

◎ 生长于大潮可淹及海岸沙荒地的台西地锦草与中华补血草（福建泉州湾）

◎ 生长于海岸沙地的台西地锦草（福建平潭龙凤头）

红雀珊瑚

Pedilanthus tithymaloides (Linn.) Poit.

别名： 扭曲草、拖鞋花、蜈蚣珊瑚
英文名： Devil's Backbone, Redbird Flower, Slipper Spurge, Bird-Cactus

◎ 红雀珊瑚花

大戟科直立肉质亚灌木，高40～70 cm；茎"之"字形扭曲；叶二列，单叶互生，卵形或长卵形，长3.5～8 cm；杯状聚伞花序丛生于枝顶或上部叶腋内，每一聚伞花序为一鞋状的总苞所包围，内含多数雄花和1朵雌花；总苞鲜红或紫红色，两侧对称，长约1 cm，似小雀。花期12月至翌年6月。

分布： 原产中美洲西印度群岛。我国浙江、福建、广东、广西、海南、香港和台湾常见栽培或逸为野生，栽培品种较多。

生境与耐盐能力： 除被盐生植物数据库 HALOPHYTE Database Vers. 2.0（Menzel & Lieth, 2003）收录外，我们迄今为止没有找到有关红雀珊瑚耐盐能力的报道，但一些红雀珊瑚应用于海岸城镇观赏栽培的案例显示其有较强的耐盐与耐盐雾能力。在广西北海，逸为野生的红雀珊瑚在海岸沙荒地长势极佳；在福建和广东的一些海岛，盆栽的红雀珊瑚可以在强盐雾海岸甚至浪花飞溅区长期无养护情况下正常生长，虽然东北季风盛行时会导致其叶片枯焦脱落，但绿色的枝条生长正常，翌年春天叶片重新开始生长。

特点与用途： 喜光稍耐阴、耐旱不耐水湿、耐瘠；适应性强，栽培容易，无病虫害，一旦种植成活就无需养护。花形奇特，是滨海地区极佳的彩叶观赏植物。全株药用，外用治跌打损伤、骨折、外伤出血、疖肿疮疡等。汁液有毒，使用时应注意。

繁殖： 扦插与分株繁殖。

◎ 红雀珊瑚正常叶片

红雀珊瑚	耐盐	B+	耐盐雾	A-	抗旱	A	抗风	A-

◎ 秋冬季叶片变红的红雀珊瑚

◎ 热带珊瑚岛海岸林下的红雀珊瑚（海南三沙东岛）

盐肤木

Rhus chinensis Mill.

别名：五倍子树、盐霜柏、盐酸木、敷烟树、蒲连盐、老公担盐、盐桑柏、五倍子树

英文名：Chinese Sumac, Nutgall Tree

漆树科落叶小乔木或灌木，高2～10 m，全株密被锈色柔毛；奇数羽状复叶互生，具小叶3～6对，卵形至长圆形，长6～12 cm，边缘具粗锯齿，叶轴具宽的叶状翅；大型圆锥花序顶生，多分枝，雄花序长30～40 cm，雌花序较短；花白色，花柱3；核果球形，略压扁，成熟时红色，表面有白色盐粒。花期8—9月，果期10月。

分布：我国各地广泛分布。

生境与耐盐能力：海岸带与海岛低海拔灌丛常见植物。在浙江舟山，盐肤木生长于以滨柃和赤楠为优势种的低海拔海岸坡地（李根有等，1989）。在福建漳州双鱼岛，盐肤木与山黄麻是极度贫瘠的新填岛海岸沙荒地最先出现的木本植物。盐肤木被推荐为天津滨海新区重盐碱地绿化树种（李雪莹，2013）。水培条件下，种子发芽率及生长速率均随培养液含盐量的提高而下降，在NaCl含量4 g/L时种子发芽率可达85%，70%的种子可以在NaCl含量10 g/L的培养液中发芽（张建锋等，2004）。种子发芽率的临界NaCl浓度是82.8 mmol/L（王占军等，2016）。在50 mmol/L NaCl培养液中，盐肤木幼苗生长基本正常，只少量出现叶尖和叶缘枯黄症状，而在100 mmol/L NaCl培养液中严重受害，个别植株死亡（孙天旭，2008）。幼苗生长的临界NaCl浓度是6.7 g/L（张建锋等，2003）。

特点与用途：喜光不耐阴、耐旱不耐水湿、耐瘠、耐寒；对土壤适应性强，生长速度快，病虫害少，萌蘖能力强，一旦种植成活就无需维护，是海岸带与海岛荒地绿化的先锋树种、水土保持植物和护坡植物，尤其适合新填海地绿化。春季新生叶片嫩绿，夏季黄白色的大型圆锥花序繁茂，秋季红色果实成串挂于枝头，秋冬季叶片转为鲜黄色或红色，是观叶、观花和观果树种。红色果实鸟类喜食，是诱鸟植物；花量大，花期长，是优秀的蜜源植物；果实表面有白色盐霜，可作为无钠盐食用；嫩叶可当救荒野菜。幼枝、叶受蚜虫寄生后形成虫瘿（五倍子），单宁含量高达55%～70%，居栲胶植物之冠，是著名收敛药及工业原料。根、皮、叶、果实及虫瘿（五倍子）均可药用，具有清热解毒、活血散瘀、收敛止血的功效，主要治疗感冒发烧、支气管炎、咳嗽咯血、肠炎痢疾和痔疮出血等。

繁殖：播种繁殖。

◎ 盐肤木花序

◎ 盐肤木花

盐肤木	耐盐	B+	耐盐雾	A-	抗旱	A-	抗风	A-

◎ 盐肤木果及果实表面白色盐霜

◎ 秋冬季盐肤木叶

◎ 盐肤木果实

◎ 盐肤木是新填岛海岸沙荒地最先出现的木本植物之一（福建漳州双鱼岛）

五层龙

Salacia chinensis Linn.
别名：假荔枝、假龙眼、桫拉木
英文名：Salacia

卫矛科常绿攀缘灌木，小枝具棱；单叶对生或近对生，革质，椭圆形至倒卵状椭圆形，边缘具浅钝齿；花3～6朵聚生于叶腋，无总花梗；花瓣5，阔卵形，浅绿色；雄蕊3，着生于花盘边缘；花盘杯状，花柱极短，圆锥形；浆果球形，成熟时橙红色，有种子1粒。花期11月至翌年4月，果期5—6月。

◎ 五层龙花

分布：广东湛江、广西和海南。偶见。

生境与耐盐能力：除了王瑞江（2020）主编的《中国热带海岸带耐盐植物资源》一书将五层龙收录之外，至今未见有关五层龙耐盐能力的报道。在海南和广东雷州半岛，五层龙喜生于村边灌丛、山坡、河口堤坝等地，少数几个在海岸带生长的案例说明五层龙具有一定的耐盐能力。在广东廉江高桥河口，五层龙生长于海水偶有浸淹的以海杧果为优势种的海岸林（林广旋，2022）。在海南澄迈花场湾，五层龙正常生长于大潮可淹及的排水沟或鱼塘堤岸，攀缘于由海漆、卤蕨、黄槿、许树等红树植物或半红树植物组成的灌丛树冠。

特点与用途：喜光亦耐阴、耐旱稍耐水湿。果色鲜艳，果期长，果肉香甜可食，有望开发为海岸带绿化及观果植物。药理研究发现，包括五层龙在内的五层龙属植物提取物具有降血糖、保肝、抗氧化、降脂减肥、抗菌、解酒醒酒等多种功能（郭正红等，2013）。在印度，五层龙用于治疗糖尿病、肥胖、风湿等疾病已有悠久的历史。在我国民间，五层龙根入药，具祛风除湿、通经活络功效，用于治疗风湿性关节炎、腰腿痛、跌打损伤等。

繁殖：播种繁殖。

◎ 五层龙果（供图：林广旋）

五层龙	耐盐	B	耐盐雾	A-	抗旱	B+	抗风	A-

◎ 五层龙枝叶

◎ 生长于红树林林缘水渠边的五层龙（海南澄迈花场湾）

台湾栾

Koelreuteria elegans subsp. *formosana* (Hayata) F. G. Meyer

别名：台湾栾树、苦苓舅、金苦楝、台湾金雨树、大夫树、灯笼树

英文名：Flame Gold-Rain Tree, Taiwan Golden-Rain Tree, Flame Gold

无患子科落叶乔木，高达 15 m，树皮灰黑色；二回羽状复叶互生，纸质，小叶长椭圆状卵形，长 6～8 cm，基部极偏斜，顶端长渐尖至尾尖，边缘有稍内弯的锯齿；圆锥花序顶生，花黄色，花瓣 5，雄蕊 7～8 枚；蒴果由三瓣片合成呈膨大气囊状，椭圆形，赤褐色；种子球形，黑色。花期 6—7 月，果熟期 9—10 月。

分布：台湾特有种，现作为观赏植物广泛栽培。

生境与耐盐能力：原产于台湾中北部低海拔阔叶林。温室土培条件下，台湾栾树生长随土壤含盐量的提高迅速减慢，当土壤含盐量为 6 g/kg 时，生长显著慢于对照组，耐盐阈值为 6.6 g/kg；正常浇水条件下，在含盐量高达 15 g/kg 的土壤中叶片完全脱落，但至少存活 60 天（林武星等，2013；黄雍容等，2014）。

特点与用途：喜光稍耐阴、耐旱亦耐水湿、耐瘠、耐低温，适应性强，病虫害少。树形优美，色彩多变，春季叶片嫩红鲜艳，秋季繁花金黄一片，花后红色果实耀眼夺目。台湾栾被认为是世界级的优异花木，广泛用作行道树、园景树，也可用作防护林、水土保持及荒山绿化树种。在福建东山、晋江和惠安等地的砂质海岸风口，台湾栾与木麻黄混交造林，表现良好（林武星等，2009）。根药用，性苦寒，具有疏风清热、收敛止咳和止痢杀虫功效，用于治疗风热咳嗽、目痛、痢疾和尿道炎等。

繁殖：播种繁殖。

◎ 台湾栾花

◎ 台湾栾叶

◎ 台湾栾果

台湾栾	耐盐	B+	耐盐雾	A-	抗旱	A-	抗风	A-

◎ 台湾栾花序

◎ 台湾栾果序

◎ 台湾栾用于道路绿化

枣

Ziziphus jujuba Mill.

别名：枣子树、红枣树、大枣、枣子、枣树

英文名：Chinese Jujube, Jujube

鼠李科落叶小乔木，高可达 10 m；长枝"之"字形弯曲，具 2 个托叶刺，长刺长而粗直，短刺下弯；单叶互生，纸质，卵形至卵状长椭圆形，长 3～7 cm，基生三出脉，边缘有细锯齿；聚伞花序腋生，花小，黄绿色，总花梗短；核果卵形至长圆形，长 2～3.5 cm，熟时暗红色；种子扁椭圆形。花期 5—6 月，果期 8—9 月。

分布：我国南北各地广泛栽培，栽培品种众多。

生境与耐盐能力：生境广泛，山地、丘陵、沟谷及瘠薄的石质山坡都可见其分布。一般认为，枣树可在多种其他果树不能正常生长的盐碱土上正常生长。在浙江杭州湾围垦区，枣树在含盐量 3.1 g/kg、pH 9.3 的盐碱地上生长良好（黄胜利等，2012）。在黄河三角洲，枣可以在含盐量 4 g/kg 的中度盐化土上正常生长（邢尚军等，2003）。水培条件下，在 NaCl 含量 9 g/L 的培养液中枣根系生长正常（张玲菊等，2008）。

特点与用途：喜光不耐阴、耐旱不耐水湿、耐瘠、耐寒；对土壤有很强的适应性，根系发达，植株寿命长。果实味甜，营养丰富，除鲜食外，还可制成蜜枣、红枣、熏枣、黑枣、酒枣及牙枣等蜜饯和果脯等。除食用外，枣果还有养胃、健脾、益血、滋补、强身之效，枣仁有安神作用。枣树花期较长，芳香多蜜，为良好的蜜源植物。木材质地坚硬密实，耐腐耐磨，耐虫蛀，花纹美观，色泽暗红，为雕刻良材，广泛应用于建筑、家具和工艺品制作，古代刻书多用枣木雕版，许多道教法器和宗教雕像多用枣木制作。

繁殖：生产上以分株与嫁接为主，有些品种也可播种。

◎ 枣花

◎ 枣花枝

枣	耐盐	B	耐盐雾	A-	抗旱	A	抗风	A-

◎ 枣果

◎ 红枣

陆地棉

Gossypium hirsutum Linn.
别名：棉花
英文名：Upland Cotton

锦葵科一年生草本，高 1.5 m，小枝被疏长毛；单叶互生，阔卵形，长 5～12 cm，掌状分裂至浅裂；小苞片 3，基部心形，先端具 7～9 齿；花萼杯状，5 裂；花单生于叶腋，白色或淡黄色，后变红色或紫色；雄蕊柱长 1～2 cm，花丝排列疏松；蒴果卵圆形，3～4 室；种子卵圆形，被棉毛。花期夏秋季，海南岛可以四季开花。

分布：原产墨西哥。我国各地广泛栽培，海南岛常逸为野生。

生境与耐盐能力：常见于红树林林缘、鱼塘堤岸及海边沙荒地，属耐盐能力较强的作物，是盐土地区农业生产的先锋作物。较低浓度的盐分（2 g/L 以下）有利于其种子萌发、生长、提高产量和品质（周桃华，1995），盐分浓度大于 2 g/L 就会对其产生离子毒害和渗透胁迫等（贾玉珍等，1987）。Levitt（1980）认为，陆地棉种子萌发和生长的极限盐度分别为 6～7 g/L 和 4 g/L，罗宾（1983）认为陆地棉能够耐受含盐量 10 g/kg 以下的土壤环境，叶武威等（1994）甚至认为陆地棉种子萌发可忍耐 15 g/L 的 NaCl。

特点与用途：喜光不耐阴、耐旱、耐瘠；适应性强，抗逆性好，产量高。棉纤维优良，供纺织用；棉籽可榨油；根供药用，味辛性温，具止咳平喘、活血调经之功效，可治慢性气管炎。

繁殖：播种繁殖。

◎ 陆地棉花

◎ 陆地棉果

◎ 棉桃

陆地棉	耐盐	B	耐盐雾	B+	抗旱	A−	抗风	B+

◎ 生长于海岸咸水鱼塘堤岸的陆地棉（海南东方墩头）

◎ 生长于红树林缘的陆地棉（广东徐闻迈陈）

木槿

Hibiscus syriacus Linn.
别名：木棉、荆条、朝开暮落花、喇叭花
英文名：Shrubalthea

锦葵科落叶灌木，高3~4 m，小枝密被黄色星状绒毛；单叶互生，菱形至三角状卵形，长3~10 cm，三裂或不裂，基部楔形，边缘具不整齐齿缺；花单生于枝端叶腋，小苞片6~8，线形；花萼钟形，裂片5；花冠钟形，白色、淡紫色、紫红色等，有单瓣、复瓣、重瓣几种；蒴果卵圆形，密被黄色星状绒毛；种子肾形，黑褐色，被长柔毛。花期5—10月。

◎ 木槿花

分布：浙江、福建、广东、广西、香港和台湾。作为观赏植物广泛栽培，栽培品种众多。木槿是韩国国花。

生境与耐盐能力：在质地黏重、含盐量达3~4 g/kg的山东东营滨海盐渍土上可正常生长（李秀芬等，2013）。在浙江台州椒江土壤含盐量高达6 g/kg的新围垦区，不采取任何土壤改良或隔盐措施种植的木槿幼苗成活率高达91.4%（李晔等，2017）。在天津光合谷湿地公园，生长于含盐量3~6 g/kg土壤中的木槿仅有轻微的盐害症状（蔚奴平，2020）。在浙江杭州湾围垦区，木槿在含盐量3 g/kg、pH8.5的盐碱地上生长一般（黄胜利等，2012）。段代祥等（2007）将其归为盐生植物。

特点与用途：喜光稍耐阴、耐寒亦耐水湿、耐瘠、耐热又耐寒；适应性强，对土壤要求不严，在重黏土中也能生长。耐修剪，萌蘖性强，病虫害少，花期长，花大色艳，是滨海地区极佳的绿化植物。花蕾及花营养丰富，可作为蔬菜食用。花入药，有清热、解毒、燥湿的功效，可用于治疗支气管炎、痢疾、大便下血、妇女带下。

◎ 木槿花枝

繁殖：播种、扦插与分株繁殖。

木槿	耐盐	B+	耐盐雾	A-	抗旱	B	抗风	B+

◎ 木槿叶

◎ 木槿果

中华黄花稔

Sida chinensis Retz.
别名：华黄花稔、中华金午时花
英文名：Chinese Sida

锦葵科直立或匍匐小灌木，高达70 cm，海边生长者多匍匐，分枝多，全株密被星状柔毛；单叶互生，倒卵形、长圆形或近圆形，长5～20 mm，具细圆锯齿，叶柄长2～4 mm；花单生于叶腋，花梗长约1 cm；花萼5齿裂；花冠黄色，直径约1.2 cm；分果圆球形，分果爿7～8，包藏于宿萼内，平滑而无芒。花果期几乎全年。

分布：中国特有种，仅见于广东、海南、香港和台湾。海南岛常见，广东少见。

生境与耐盐能力：海岸带与海岛特有植物，多见于海岸沙地、山坡、草地，偶见于海堤，植株紧贴地表生长。在海南文昌石头公园、昌江棋子湾等地，中华黄花稔生长于基岩海岸迎风面山坡石缝。而在海南万宁港北港，中华黄花稔生长于强盐雾海岸迎风面沙荒地，从浪花飞溅区到海拔数十米的山坡均有分布，未见任何盐雾危害症状，而与其生长在一起的钝叶臭黄荆盐雾危害严重。

特点与用途：喜光不耐阴、耐旱不耐水湿、耐瘠；对海岸沙荒地环境具有很强的适应性，对土壤要求不严，在防风固沙方面有一定的作用。植株低矮，生长缓慢，目前尚未有关于其应用的报道。一些文献认为中华黄花稔具有清热利湿、排脓止痛的功效，可用于治疗感冒发热、细菌性痢疾、泌尿系结石、痢疾、腹中疼痛等。我们仔细核对了提供的图片，认为其并不是中华黄花稔，而是同属的其他物种。

繁殖：播种繁殖。

◎ 中华黄花稔花

◎ 中华黄花稔枝叶

◎ 中华黄花稔果

中华黄花稔	耐盐	A–	耐盐雾	A	抗旱	A	抗风	—

◎ 强盐雾海岸沙地中华黄花稔与绢毛飘拂草组成致密而贴地的草丛（海南文昌海南角）

◎ 生长于强盐雾海岸迎风面沙荒地的中华黄花稔（海南万宁北峙岛）

马松子

Melochia corchorifolia Linn.

别名：野路葵、野棉花秸、木达地黄

英文名：Chocolate Weed, Crab's Egg, Red Weed

梧桐科一年生或多年生亚灌木，高 30～100 cm，多分枝，初为绿色，渐渐变成红褐色；单叶互生，纸质，卵形或披针形长卵形，长 2.5～7 cm，边缘有锯齿；聚伞花序或团伞花序顶生或腋生，小苞片条形；花瓣 5，白色至淡红色，花柱 5；蒴果圆球形，被长柔毛；种子卵圆形，褐黑色。花期夏秋季，果期 10—12 月。

分布：浙江、福建、广东、广西、海南、香港和台湾。常见。

生境与耐盐能力：分布范围广，生境多样。马松子是海岸带的常客，多生长于海堤、鱼塘堤岸和海岸沙荒地，且多贴地生长。在广东南部（雷州半岛）、海南岛西南部的海岸沙地，马松子常见于以短穗画眉草、茅根等为优势种的海岸沙生植被中（邓义等，1994）。

特点与用途：喜光稍耐阴、耐旱亦耐水湿、耐瘠、耐寒。茎皮纤维发达，可用于制绳、编麻袋、织布或造纸；根叶药用，具有止痒退疹的功效，用于治疗皮肤瘙痒、癣症、瘾疹、湿疮、湿疹、阴部湿痒等。

繁殖：播种繁殖。

◎ 马松子花

◎ 马松子花果

马松子	耐盐	B	耐盐雾	A−	抗旱	A−	抗风	—

◎ 生长于海岸后滨沙地的马松子（广东雷州海角）

◎ 马松子是新填海沙地最先进入的植物之一（海南三沙）

鼠鞭堇

Afrohybanthus enneaspermus (Linn.) Flicker
别名：鼠鞭草、九籽鼠鞭草、铲子花、粉红女士拖鞋花
英文名：Spade Flower, Pink-Ladies Slipper

堇菜科亚灌木，茎铺散，高 10～20 cm；单叶互生，线状披针形、线状倒披针形或狭匙形，长 0.5～3.5 cm，大小不一，近无柄；花单生于叶腋，蓝紫色或紫红色，偶见白色；花瓣 3，大小不等，上方 2 瓣小，长圆形，下方 1 瓣大，长 6～7 mm，具近囊状短距；蒴果球形，下垂，3 瓣裂；种子卵圆形，乳黄色。花果期全年。

分布： 广东、海南和台湾。常见。

生境与耐盐能力： 多生长低海拔的海岸迎风面山坡草地、沙地、石缝。在海南文昌石头公园、月亮湾等地，鼠鞭堇生长于海拔数米至几十米的强盐雾海岸草地，个别植株可以生长于浪花飞溅区。而在台湾垦丁珊瑚礁海岸，鼠鞭堇紧贴珊瑚礁缝隙生长，表现出对盐雾和干旱环境非常强的适应能力。

特点与用途： 因分布区狭窄，植株矮小，尚未引起注意，国内没有关于鼠鞭堇应用的报道。但在印度等地，鼠鞭堇是传统草药，用于治疗腹泻、尿路感染、白带、排尿困难、炎症、霍乱和不育等（Rajsekhar et al., 2016）。有研究表明，鼠鞭堇提取物具有较强的抗高血脂、清除自由基、保护肾、抗心律失常、抗不育、抗过敏、镇痛和抑菌等活性（Baviya et al., 2015）。

繁殖： 播种繁殖。

◎ 生长于海岸沙地木麻黄林下的鼠鞭堇
（海南文昌石头公园）

◎ 鼠鞭堇果

鼠鞭堇	耐盐	B+	耐盐雾	A	抗旱	A	抗风	—

◎ 生长于强盐雾海岸迎风面草地的鼠鞭堇（海南文昌铜鼓岭）

◎ 鼠鞭堇生境（海南文昌石头公园）

长萼堇菜

Viola inconspicua Blume
别名：犁头草、湖南堇菜
英文名：Modest Violet

堇菜科多年生无茎草本，高4～15 cm，根状茎粗壮；叶基生，莲座状，三角形、三角状卵形或戟形，长1.5～7 cm，边缘具圆锯齿，叶柄具狭翅；托叶3/4与叶柄合生；花淡紫色，有暗色条纹；萼片基部附属物伸长，末端具浅齿；距管状，末端钝；果梗直立，蒴果长圆形；种子卵球形，深绿色。花果期7月至翌年4月。

分布：浙江、福建、广东、广西、香港和台湾。常见。

生境与耐盐能力：海岸带与海岛常见植物，多见于海岸草地、林地或灌丛空隙、林缘及海岸沙荒地。在福建平潭东庠岛、东甲岛等地，长萼堇菜生长于以沟叶结缕草为优势种的低海拔强盐雾海岸坡，部分植株可以生长于浪花飞溅区；而在平潭大福湾，长萼堇菜生长于强盐雾海岸滨枪灌丛空隙。由于植株矮小，目前尚未有人关注其耐盐能力。

特点与用途：喜光亦耐阴、耐旱、耐寒亦耐热，对各种环境有广泛的适应性。耐粗放管理，无病虫害，花期长，植株低矮，株丛紧密，常连片生长，是南方滨海地区构建低维护生态草坪的优良植物。幼苗和嫩茎叶可食。全草入药，具清热解毒、凉血消肿和利湿的功效，主治疔疮、痈肿、瘰疬、黄疸、痢疾、腹泻、目赤、喉痹、毒蛇咬伤等。

繁殖：分株与播种繁殖。

◎ 长萼堇菜花（正面）

◎ 长萼堇菜花（侧面）

◎ 长萼堇菜叶正面与背面

长萼堇菜	耐盐	B+	耐盐雾	A	抗旱	A	抗风	—

◎ 生长于以沟叶结缕草为优势种的强盐雾海岸迎风面山坡草地的长萼堇菜（福建平潭山边）

◎ 生长于强盐雾海岸浪花飞溅区的长萼堇菜（福建平潭山边）

◎ 生长于强盐雾海岸迎风面山坡滨枥灌丛中的长萼堇菜（福建平潭大福湾）

鬼面角

Cereus hildmannianus subsp. *uruguayanus* (R. Kiesling) N. P. Taylor

别名：天轮柱、秘鲁天轮柱、六角柱、秘鲁苹果、山影拳、苹果仙人掌

英文名：Peruvian Apple, Apple Cactus, Koubo, Princess of the Night

仙人掌科直立乔木状多肉植物，高 7～8 m；茎圆柱形，多分枝，棱 6～9 条，深绿或灰绿色，有时带白粉；小窠常被褐色至灰色毡毛，小窠上着生中刺 1～3 枚，周刺 8～12 枚；花单生，漏斗形，长约 16 cm，白色，午夜开放，清晨即谢；浆果球形或椭圆形，无刺，鲜粉红色；种子黑色，拳套状。夏季开花，秋季果熟。

◎ 鬼面角花

分布：原产南美洲，世界各地广泛引种。我国各地作为观赏植物常见栽培，有时逸为野生。浙江温州以南可以露地栽培。

生境与耐盐能力：原产南美洲东部海岸。少数海岸带绿化案例表明鬼面角对海岸环境有较好的适应性。陈恒彬（2018）认为鬼面角耐旱、抗风、耐盐，可以作为海岸沙滩绿化植物。在福建漳浦白塘湾、平潭东庠岛等地，鬼面角在强盐雾海岸沙荒地、海岸村庄等地生长正常，有时逸为野生。而在受强盐雾影响的福建漳浦六鳌半岛海岸迎风面沙荒地，秋冬季木麻黄一片枯黄，鬼面角未见盐雾危害症状。对鬼面

◎ 鬼面角成熟果

角进行了大量研究并成功将其开发为水果的以色列园艺学家 Yosef Mizrahi 研究发现鬼面角耐盐能力一般，培养液含盐量达 3.5 dS/m 时对植株造成严重危害；但用含盐量 2 dS/m 的水浇灌种植于干旱沙地的鬼面角时，其生长及果实产量不受任何影响（Mizrahi, 2014）。

特点与用途：喜光稍耐阴、耐旱不耐水湿、耐瘠；病虫害少，植株高大，生长快，一旦种植成活就无需养护。漏斗形花朵大而美丽，果色鲜红，对热带亚热带海岸沙荒地环境具有极强的适应能力，是构建低维护海岸景观的极佳植物。结果量大，口感好，甜度高，酸度小（苹果仙人掌由此得名），是继火龙果之后又一仙人掌科水果新秀。

繁殖：扦插繁殖为主，也可播种繁殖。

鬼面角	耐盐	B+	耐盐雾	A	抗旱	A	抗风	A

◎ 栽培于强盐雾海岸绿地的鬼面角（福建漳浦六鳌）

◎ 生长于海岸沙地的鬼面角（福建漳浦火山岛）

金琥

Kroenleinia grusonii (Hildm.) Lodé

别名：象牙球、金刺仙人球、金黄筒式仙人掌

英文名：Golden Barrel Cactus, Golden Ball Cactus, Mother-In-Law's Cushion

仙人掌科多年生多肉植物，茎圆球形，单生或成丛，高约 1 m，直径 80 cm 或更大；球体上有排列整齐的棱 21～37，宽且深；刺座大，周刺 8～10，长约 3 cm；中刺 3～5，较粗，稍弯曲，长 5 cm；球体顶部密生一圈金黄色的棉毛；花钟形，黄色；果卵形，成熟后金黄色；种子椭圆形，黑色。花期 6—10 月。

◎ 金琥植株

分布：原产墨西哥。我国浙江温州以南常见露地栽培，栽培品种众多。

生境与耐盐能力：原产地生境为墨西哥中部干燥炎热的火山岩或钙质土。有关金琥耐盐能力的报道很少。唯一的研究是 Schuch & Kelly（2007）在美国亚利桑那州开展的一项栽培试验，砂培条件下，随培养液的 EC 值从 0.6 dS/m 提高到 15 dS/m，金琥的生长不受培养液盐度的影响，表明其具有很高的耐盐能力。从一些野外应用案例看，金琥具有较强的耐盐与耐盐雾能力。在福建漳浦六鳌，金琥用于强盐雾海岸绿化。在没有任何遮挡的一线海岸前沿浪花飞溅区和人工沙地，金琥生长正常，没有表现出肉眼可见的盐害症状；而后缘的木麻黄则盐雾危害严重，秋冬季一片枯黄。

◎ 金琥果

特点与用途：喜光稍耐阴、耐旱不耐水湿、耐瘠；生性强健，栽培容易，生长缓慢，寿命长，一旦种植成活就无需养护。球体浑圆碧绿，刺色金黄，刚硬有力，是仙人掌科植物中观赏价值最高的种类之一，是海岸沙荒地极佳的观赏植物。

繁殖：播种繁殖为主，也可分子球繁殖。

金琥	耐盐	A	耐盐雾	A	抗旱	A	抗风	A

◎ 强盐雾海岸沙荒地金琥生长情况（福建漳浦六鳌）

◎ 金琥沙埋情况（福建漳浦六鳌）

◎ 缺乏管理的海岸山坡绿地金琥生长情况（福建南安围头湾）

胭脂掌

Opuntia cochenillifera (Linn.) Mill.
别名：胭脂仙人掌、胭脂团扇、无刺仙人掌
英文名：Prickly Pear, Cochineal Nopal Cactus, Cactus Pear

仙人掌科肉质灌木或小乔木，高2~4 m，树干圆柱状，分枝多数，椭圆形、长圆形至狭倒卵形，厚而平坦；小窠散生，具灰白色的短绵毛和倒刺刚毛；花近圆柱状，花托倒卵形；花被片红色，直立；花丝红色，花药及花柱粉红色；浆果椭圆球形，红色，每侧有10~13个小窠；种子多数，近圆形。花果期几乎全年。

◎ 胭脂掌花

分布：原产墨西哥。我国福建、广东、广西、海南、香港和台湾常见栽培或逸为野生。

生境与耐盐能力：普遍认为，胭脂掌对盐分敏感（Inglese et al., 2017），在半干旱沙地用含盐量 3.6 dS/m 的咸水每隔 7 天浇一次胭脂掌，可使其严重受害（Freire et al., 2018）。但也有人认为仙人掌属植物的耐盐能力存在较大的种内变异（Lallouche et al., 2017）。在温室沙培条件下，用 3.6 dS/m 的咸水每隔 14 天浇一次胭脂掌，一些品种 125 天后有 1%~25% 的植株出现盐害症状，此时积在盆底的培养液含盐量高达 69.7 dS/m（Freire et al., 2021），说明这些胭脂掌品种具有较高的耐盐能力。在海南儋州盐丁，胭脂掌生长于大潮高潮线上缘的强盐雾海岸沙地，也是干旱的热带海岸刺灌丛成分之一。

特点与用途：喜光稍耐阴、耐旱不耐水湿、耐瘠；适应性强，栽培容易，一旦种植成活就无需维护，花形独特，花期长，是滨海地区极佳的观赏植物。胭脂掌是墨西哥传统美食，扁平的肉质枝条常被作为蔬菜；果可生食，也可用于制作糖果、甜点和果冻。肉质枝条加工成的粉末含有丰富的膳食纤维、钙元素、黄酮等，在欧美广受欢迎。胭脂掌是胭脂虫的主要寄主之一，在苯胺染料发明以前，曾被大量种植用于生产洋红染料。

◎ 胭脂掌果实

繁殖：扦插繁殖为主，也可播种繁殖。

胭脂掌	耐盐	B+	耐盐雾	A	抗旱	A	抗风	A

◎ 海岸沙地逸为野生的胭脂掌（海南儋州峨蔓）

◎ 生长于人工珊瑚岛的胭脂掌（海南三沙）

梨果仙人掌

Opuntia ficus-indica (Linn.) Mill.

别名：刺梨仙人掌、印度无花果
英文名：Prickly-Pear Cactus, Tuna

仙人掌科肉质灌木或小乔木，高 1.5～5 m；分枝多，淡绿至灰绿色，厚而平坦；小窠通常无刺，有时具 1～6 根白色稍弯曲的针状刺；花辐状，花托长圆形至长圆状倒卵形，绿色；花被片深黄色、橙黄色或橙红色；浆果椭圆球形至梨形，橙黄色，每侧有 25～35 个小窠；种子肾状椭圆形，淡黄褐色。花期 5—6 月。

◎ 梨果仙人掌花

分布：原产墨西哥。热带美洲干旱地区重要果树之一，栽培品种众多。我国浙江、福建、广东、广西、香港和台湾有栽培或逸为野生。

生境与耐盐能力：普遍认为梨果仙人掌与胭脂掌一样对盐分敏感（Acevedo et al., 1983），但多项独立研究发现梨果仙人掌具有一定的耐盐能力。盆栽沙培试验发现，即使用盐度高达 21 dS/m 的 NaCl 培养液浇灌，梨果仙人掌也能存活并生长新的叶状茎，新生叶状茎生长临界培养液浓度是 12.7 dS/m（Murillo-Amador et al., 2001）。Franco-Salazar & Véliz（2008）发现梨果仙人掌可以在 100 mmol/L 的 NaCl 培养液中存活 70 天，但枝条表现出缺绿和失水症状。Gajender et al.（2014）发现梨果仙人掌中度耐盐，临界耐盐能力是 52 mmol/L NaCl 培养液，在含盐量 4.2 dS/m 的 NaCl 培养液中茎生长量下降 40%（Nerd et al., 1991）。温室沙培条件下，用 3.6 dS/m 的咸水每隔 14 天浇一次梨果仙人掌，一些品种 118 天后有 1%～25% 的植株出现盐害症状，此时积在盆底的培养液含盐量高达 69.9 dS/m（Freire et al., 2021）。水培条件下，植株生长临界 NaCl 浓度是 116 mmol/L，所有植株可以在 200 mmol/L NaCl 培养液中存活（Nerd et al., 1991）。

特点与用途：喜光不耐阴、耐旱不耐水湿、耐热亦耐寒、耐瘠；适应性强，栽培容易，产量高。果味道酸甜可生食，是维生素含量最高的水果之一；嫩茎可作为蔬菜食用，也

◎ 梨果仙人掌果

是很好的饲料，热带干旱和半干旱地区作为水果、蔬菜、观赏植物和饲料广泛栽培。可放养胭脂虫生产天然洋红色素。叶状茎入药，具有清肺止咳、凉血解毒的功效，用于治疗肺热咳嗽、肺痨咯血、痢疾、痔血、乳痈、痄腮、痈疮肿毒、烫火伤、秃疮疥癣、蛇虫咬伤等。

繁殖：扦插繁殖为主，也可播种繁殖。

梨果仙人掌	耐盐	B+	耐盐雾	A	抗旱	A	抗风	A

◎ 厦门植物园引种的梨果仙人掌

◎ 生长于岩石缝隙的梨果仙人掌（云南昆明石林）

黄花仙人掌

Opuntia tuna (Linn.) Mill.

别名： 金武扇仙人掌、金武团扇、平安刺、住拿仙人掌、仙人果

英文名： Mexican Elephant Ear, Elephant Ear Prickly Pear

仙人掌科肉质丛生灌木，上部茎肉质多汁，扁平如扇，倒卵形，先端边缘呈不规则波状，幼时绿色，老株灰绿色；老茎木质化，圆柱形；叶退化成针状，白色，长 1~3 cm；花生于茎边缘，喇叭状，初为淡黄色，后转为鲜黄色；浆果顶端凹，成熟后紫红色。热带地区全年开花，福建 4—8 月开花，果期 7—12 月。

分布： 原产中南美洲及地中海沿岸。我国福建、广东、广西、海南和台湾有栽培，偶见逸为野生。

生境与耐盐能力： 目前没有关于黄花仙人掌耐盐或耐盐雾能力的专门研究，但从其野外分布及生长情况看，黄花仙人掌对海边环境具有很强的适应能力，被认为是强盐雾海岸低海拔山坡植被修复树种（陈玉珍等，2020）。在福建莆田湄洲岛，黄花仙人掌生长于强盐雾海岸沙地。

特点与用途： 喜光不耐阴、耐旱不耐水湿、耐热、耐瘠、稍耐寒；适应性强，生长速度快，栽培简单。开花量大，结果量大，黄色的花、刺及紫红色的浆果都非常吸引眼球，是海岸带与海岛沙荒地绿化的极佳植物。果可食。

繁殖： 扦插繁殖为主，也可播种繁殖。

◎ 黄花仙人掌刺座

◎ 黄花仙人掌花蕾

◎ 黄花仙人掌花

黄花仙人掌	耐盐	A−	耐盐雾	A	抗旱	A	抗风	A

◎ 黄花仙人掌熟果实

◎ 生长于强盐雾海岸沙地木麻黄林空隙的黄花仙人掌（福建莆田湄洲岛东海沙滩）

朝雾阁

Stenocereus pruinosus (Otto ex Pfeiff.) Buxb.
别名：长管仙人球
英文名：Pitaya, Yellow Pitaya, Gray Ghost Organ Pipe

仙人掌科直立柱状多肉植物，高达6 m；茎淡灰绿色，被白粉，有突出的棱6～8条；刺座间距约4 cm，中刺1～4根，周刺5～9个；花生于茎上部刺座，夜间开花；花托、花被管紫红色，外轮花被片粉色，内轮花被片白色；浆果卵形，长6～7 cm，成熟后红色；种子黄褐色。福建厦门植物园引种后花果期几乎全年。

分布：原产墨西哥。我国福建、广东、广西、海南、香港和台湾有引种。偶见应用于园林绿化。

生境与耐盐能力：原产墨西哥中部干旱的刺灌丛和干热森林。目前没有其耐盐能力的报道，但少量的海岸带应用案例说明其对海岸环境具有很强的适应能力。在福建漳浦六鳌，朝雾阁种植于没有遮挡的强盐雾海岸迎风面沙荒地及人工沙地，部分个体甚至种植于浪花飞溅区，没有表现出任何盐雾危害症状；而周边的木麻黄盐雾危害严重，甚至贴地生长的草海桐都表现出较强的盐雾危害症状。

特点与用途：喜光不耐阴、耐旱不耐水湿、耐瘠、耐寒；生长速度缓慢，但适应力极强，只要排水良好的土壤都可以生长，一旦种植成活就无需管理。花期长，是极佳的海岸带与海岛沙荒地绿化植物。果味甜可食，与火龙果类似，墨西哥等地栽培较多。

繁殖：扦插与播种繁殖。

◎ 朝雾阁花

◎ 朝雾阁果

朝雾阁	耐盐	A	耐盐雾	A	抗旱	A	抗风	A

◎ 朝雾阁幼枝　　　　　　　　　　　　◎ 朝雾阁果

◎ 强盐雾海岸沙地朝雾阁生长情况（福建漳浦六鳌）

蔓胡颓子

Elaeagnus glabra Thunb.
别名：藤胡颓子、抱君子
英文名：Glabrous Elaeagnus

◎ 蔓胡颓子叶

胡颓子科常绿蔓生或攀缘灌木，高达 5 m，幼枝密被锈色鳞片；单叶互生，纸质，卵形或卵状椭圆形，长 4～12 cm；伞形花序具 3～7 花簇生于叶腋；小花淡白色，下垂，密被银白色和散生少数褐色鳞片；萼筒漏斗形，长 5～6 mm，花柱光滑无毛；核果矩圆形，成熟时红色。花期 9 月至翌年 1 月，果期 4—5 月。

分布：浙江、福建、广东、广西、海南、香港和台湾。常见。

生境与耐盐能力：既可以在远离海岸的内陆地区如云南生长，也是海岸带与海岛常见植物，多零散分布于海岸向阳山坡、山谷林缘或灌丛中，是中亚热带海岛低海拔迎风面山坡常见植物。在浙江舟山朱家尖岛南沙景区到大青山一带，蔓胡颓子与海桐、冬青卫矛等应用于中等盐雾一线海岸绿化，表现极佳；而在临近的情人岛景区，蔓胡颓子与海桐、厚叶石斑木等生长于海岛东北侧强盐雾基岩海岸石缝。

特点与用途：喜光稍耐阴、耐旱不耐水湿、耐瘠、稍耐寒；适应性强，易繁殖，生长快，病虫害少。枝叶茂密，耐修剪，根系发达，有根瘤菌可固氮，果色鲜红，花香浓郁，是一种花、叶、果俱美的绿篱植物和垂直绿化植物，更是构建亚热带海岛特色的景观植物之一和海岛绿化先锋植物。根和叶药用：根具有清热、利湿、消肿止血的功效，用于治疗传染性肝炎、小儿疳积、痢疾、风湿痹痛、咯血、便血、崩漏、跌打损伤等；叶具有平喘止咳的功效，用于治疗支气管炎、咳嗽、哮喘及肝炎。果酸甜可口，可生食或用于酿酒。茎皮可代麻、造纸、造人造纤维板。

繁殖：扦插与播种繁殖，种子不耐贮存，宜随采随播。

◎ 蔓胡颓子果

蔓胡颓子	耐盐	B	耐盐雾	A-	抗旱	A-	抗风	A

◎ 生长于海岸迎风面山坡灌丛的蔓胡颓子（浙江舟山朱家尖岛）

◎ 生长于基岩海岸迎风面山坡石缝的蔓胡颓子（浙江舟山南沙情人岛）

赤桉

Eucalyptus camaldulensis Dehnh.
别名：小叶桉、桉木、洋草果
英文名：River Red Gum, River Gum

桃金娘科大乔木，高 25 m；树皮平滑，暗灰色，片状脱落；小枝红色，细长下垂；叶对生，薄革质，幼态叶阔披针形，成熟叶狭披针形至披针形，长 6~30 cm，两面有黑腺点；伞形花序腋生，有花 5~8 朵，总梗圆形，纤细；萼管半球形，长 3 mm；帽状体长 6 mm，近先端急剧收缩；蒴果近球形。花期 12 月至翌年 8 月。

◎ 赤桉叶

分布：原产澳大利亚，是澳大利亚分布范围最广的桉树种类，也是世界上种植范围最广的桉树。我国浙江台州以南常见栽培。

生境与耐盐能力：自然生长于澳大利亚永久或季节性河流沿岸或周期性洪泛平原及盐湖周边（马焕成等，2020）。在印度，赤桉被认为是兼性盐生植物（Dagar & Singh, 2007）。在福建平潭强盐雾海岸沙地，大部分引种的桉树因秋冬季大风危害而生长不良，而赤桉在持续施肥的条件下表现出速生丰产特点（洪顺山等，1996）。在福建龙海烟墩山，种植于强盐雾海

◎ 赤桉果

岸迎风面山坡的赤桉秋冬季表现出较严重的盐雾危害症状，夏季则基本正常。澳大利亚北部盐碱地种植试验结果表明，赤桉耐盐能力高于细枝木麻黄和大叶相思，可以在表土 ECe 值 7.9 dS/m 的土壤中正常生长（Sun & Dickinson, 1995）。温室沙培条件下，含盐量高达 28 dS/m 的培养液中没有个体死亡，生长临界含盐量范围是 16.4~29.0 dS/m（Grieve et al., 1999）。温室土培条件下，生长临界土壤 ECe 值是 30.3 dS/m（Hussain & Alshammary, 2008）。即使是含盐量 12 dS/m 的咸水浇灌，赤桉也没有任何盐害症状（Leksungnoen et al., 2014）。在水培条件下，200 mmol/L 的 NaCl 导致赤桉干重显著下降，但降幅都低于 50%，这说明赤桉的生长临界 NaCl 浓度高于 200 mmol/L（Cha-um et al., 2013）。

特点与用途：喜光不耐阴、耐旱亦耐水湿、耐瘠、稍耐寒，是我国引种的桉树中耐盐能力最高的树种之一；适应性强，生长迅速，是世界上干旱半干旱地区的主要造林树种，更是海岸带与海岛造林主要树种，也是很好的防护林树种。木材红色，有光泽，结构致密，材质硬重，抗虫蛀，广泛用于制作家具、地板、工具柄及农具等。其纤维是良好的造纸原料，小径材燃烧值高，可作为燃料，用途广泛。果实入药，具有健脾消食功效，用于治疗食积停滞及小儿疳积。

繁殖：播种繁殖。

赤桉	耐盐	A	耐盐雾	A-	抗旱	A	抗风	A

◎ 生长于海岸沙荒地的
赤桉（海南东方昌化江
口）

◎ 生长于强盐雾海岸迎
风面山坡的赤桉（福建
龙海烟墩山）

◎ 生长于河岸的赤桉
（澳大利亚西部）

穗状狐尾藻

Myriophyllum spicatum Linn.
别名：穗花狐尾藻、金鱼藻、聚藻、泥茜
英文名：Spiked Water-milfoil, Eurasian Watermilfoil

小二仙草科多年生沉水草本，根状茎发达；茎多分枝；叶3～5片轮生，丝状全裂，裂片线形；穗状花序顶生或腋生，挺立于水面，果期沉于水中；花雌雄同株，单生于苞片状叶腋内，4至多数轮生；雄花淡黄绿色，花瓣4，雄蕊8；雌花红褐色，花瓣缺或不明显；果球形，种子圆柱形。花期春季至秋季，果期4—9月。

分布：世界广布种，中国南北各地都有分布。

生境与耐盐能力：多见于池塘、河沟、沼泽地，尤喜富含钙的水体，常在水面形成厚密的藻层。水培试验表明，穗状狐尾藻的生长及光合作用等生理指标存在低盐促进和高盐抑制的现象，在盐度3～6 g/L时光合作用速率略高于对照组，盐度不超过12 g/L时穗状狐尾藻具有较高的生长率，15 g/L时生长显著减慢（刘萌萌，2019）。

特点与用途：喜光不耐阴、耐寒；对水质、pH等具有较广泛的适应性，生长速度快，栽培容易。根茎发达，对水中污染物有很强的吸收能力，尤其是对各种形态氮的去除能力强，是水体生态修复的先锋植物，也是低盐污水处理的极佳植物。形态奇特，生长期长，也是很好的水景植物。全草入药，具清凉解毒和止痢的功效，用于治疗慢性痢疾。植株营养丰富，可作为猪、鱼和鸭的饲料，也可以沤制绿肥。

繁殖：以断枝和根状茎繁殖为主，也可播种繁殖。

◎ 穗状狐尾藻花序

穗状狐尾藻	耐盐	B+	耐盐雾	—	抗旱	C	抗风	—

◎ 穗状狐尾藻营养生长阶段（浙江杭州湾南岸）

◎ 处于花期的穗状狐尾藻（浙江杭州湾南岸）

鹅掌藤

Heptapleurum arboricola Hayata
别名：鸭脚木、七加皮、招财树
英文名：Dwarf Umbrella Tree, Umbrella Tree, Octopus Tree

五加科常绿蔓性灌木，高 2~3 m，茎多分枝，茎节处有气生根；掌状复叶互生，具小叶 7~9 枚，小叶厚革质，倒卵状长圆形或长圆形，长 12~18 cm；伞形花序总状排列在分枝上，组成圆锥花序；总花梗长不及 5 mm；花白色，长约 3 mm，无花柱；果实球形，有 5 棱，紫黑色。花期 7—11 月，果期 8—12 月。

分布： 浙江南部、福建、广东、广西、海南、香港和台湾。常见。现作为观赏植物在我国南方广泛栽培。

生境与耐盐能力： 生长于谷地密林下或溪边较湿润处，常附生于树上。性喜阴湿的环境，但对海岸带干旱、大风环境有很强的适应性。鹅掌藤被列为抗风耐盐植物，适用于福建平潭岛（苏燕苹，2013）。美国佛罗里达的莫奈花园（Giverny Garden）认为鹅掌藤可以忍耐一线海岸海风的直接吹袭（www.givernygardens.com）。

特点与用途： 喜光亦耐阴、耐旱亦耐水湿、耐瘠、耐寒；适应性强，对土壤要求不严，生长迅速，萌蘖力强。栽培简单，耐修剪，病虫害少，株形优美，叶片青翠，四季常绿，层次分明，是滨海地区极佳的园林绿化植物和室内观赏植物。根与茎叶药用，有祛风除湿、活血止痛、散瘀消肿的功效，用于治疗跌打损伤、风湿关节痛、胃痛、外伤出血、腰腿痛等。

繁殖： 扦插与播种繁殖。

◎ 鹅掌藤花（供图：陈朗）

◎ 鹅掌藤叶

鹅掌藤	耐盐	B+	耐盐雾	A−	抗旱	A−	抗风	A

◎ 鹅掌藤果枝

◎ 生长于海岸沙地的鹅掌藤（福建厦门观音山）

野胡萝卜

Daucus carota Linn.

别名：面萝卜、鹤虱草、红萝卜、山萝卜、小人参、甘荀

英文名：Queen Anne's Lace, Wild Carota

伞形科二年生直立草本，高达 1.2 m，茎多分枝，具纵棱，全株具白色粗硬毛；肉质根粗 1~2 cm，圆锥形，近白色或浅棕色；单叶互生，2~3 回羽状全裂，末回裂片条形，长 2~15 mm；复伞形花序顶生，伞幅不等长；花小，白色或淡红色；双悬果椭圆形，棱上有白色刺毛。花期 4—8 月，果期 6—9 月。广泛栽培和食用的胡萝卜（ *D. carota* var. *sativa* ）是野胡萝卜的栽培变种，主要区别在于前者肉质根粗大，长圆锥形，红色、橙黄色或黄色。

◎ 野胡萝卜花序

分布：浙江和福建。浙江常见，福建偶见。广东、广西和香港有引种。

生境与耐盐能力：在原产地欧洲，野胡萝卜是海岸带常见植物。在我国，野胡萝卜是海岸带与海岛常见植物，生境广泛，多见于淤泥质海岸围垦区鱼塘堤岸、路边及荒草地。在浙江舟山、温州的一些岛屿，野胡萝卜常见于海岸坡地、沙荒地及沙地，有时可以在海岸迎风面山坡生长，被认为是盐生草本植物群落的典型代表之一（陈征

◎ 野胡萝卜果

海等，1996）。在浙江舟山桃花岛，野胡萝卜生长于海岸沙地，与蜈蚣草、薤白等组成稀疏的海岸沙地草本植被。贾恢先和孙学刚（2005）将其收录于《中国西北内陆盐地植物图谱》，也被盐生植物数据库 HALOPHYTE Database Vers. 2.0 收录（ Menzel & Lieth, 2003 ）。

特点与用途：喜光稍耐阴、耐寒，适应性强。病虫害少，易栽培，在肥水条件良好土壤中生长快，产量高。嫩茎叶、肉质根营养丰富，既是药源植物，又是一种具有保健功能的绿色食品；但在一些地方成为令人讨厌的杂草。根药用，具有健脾化滞、凉肝止血、清热解毒的功效，用于治疗脾虚食少、腹泻、惊风、逆血、血淋、咽喉肿痛等。种子有驱虫作用，还可提取芳香油。此外，野胡萝卜全株营养丰富，适口性好，产量高，是优质饲料。

繁殖：播种繁殖。

野胡萝卜	耐盐	B	耐盐雾	A-	抗旱	A-	抗风	—

◎ 生长于填海湿地上的野胡萝卜（浙江余姚杭州湾南岸）

◎ 生长于海岸沙地的野胡萝卜（浙江舟山桃花岛）

◎ 生长于海岸沙地的野胡萝卜（浙江舟山桃花岛）

小窃衣

Torilis japonica (Houtt.) DC.
别名：破子草、鹤虱、大叶山胡萝卜、粘粘草
英文名：Upright Hedgeparsley, Japanese Hedgeparsley

伞形科一年生或多年生草本，高 1 m，主根细长，圆锥形；叶长卵形，一至二回羽状分裂，两面疏生紧贴粗毛，长 5～10 cm；复伞形花序，有 3～6 枚线形总苞，伞辐 4～12，小伞形花序有白色小花 4～12 朵；花柱幼时直立，后向外反曲；果卵圆形，长 1.5～4 cm，密生钩刺，很容易粘到衣服上（小窃衣由此得名）；分果合生面凹陷，成熟时紫黑色。花果期 4—10 月。

◎ 小窃衣花

分布：除黑龙江、内蒙古和新疆外，全国各地均有分布，为常见杂草。

生境与耐盐能力：*Flora of China* 认为小窃衣分布于海拔 100～3 800 m 的杂木林下、林缘、路旁、河沟边以及溪边草丛。我们近些年的野外调查发现，小窃衣是南亚热带和中亚热带海岸与海岛的常客，多生长于低海拔的基岩海岸迎风面山坡。在福建漳浦林进屿，小窃衣是强盐雾海岸

◎ 小窃衣果

迎风面山坡最靠近海水的植物。在福建福鼎的台山列岛，小窃衣也是低海拔基岩海岸迎风面山坡的常见植物。

特点与用途：果和根入药，具有杀虫止泻、收湿止痒功效，用于治疗虫积腹痛、泄痢、疮疡溃烂、阴痒带下等，民间将小窃衣作为止痒、治腹泻和小儿蛔虫病的良药。嫩苗可作为野菜食用。

繁殖：播种繁殖。

小窃衣	耐盐	B	耐盐雾	A-	抗旱	A-	抗风	A

◎ 生长于强盐雾海岸岛屿最前沿的小窃衣（福建漳浦林进屿）

◎ 生长于基岩海岸迎风面山坡的小窃衣（福建福鼎西台山岛）

东方紫金牛

Ardisia elliptica Thunb.

别名：兰屿树杞、兰屿紫金牛、春不老、万两金

英文名：Lanyu Ardisia, Ceylon Ardisia, Seashore Ardisia

紫金牛科常绿灌木或小乔木，高 1～4 m，通常无毛；单叶互生，聚生枝顶，披针状长椭圆形至倒卵形，长 6～12 cm，革质，全缘，叶缘腺点不明显；伞形花序或短总状花序腋生，花序下垂；花冠桃红或紫白色，花瓣广卵形，具黑点；浆果扁球形，红色至紫黑色，具小腺点，表面有光泽。花期 3—5 月，果熟期 7—8 月。

分布：台湾恒春半岛及兰屿、绿岛、鹅銮鼻。台湾作为观赏植物和绿篱广泛栽培，福建、广东、广西和香港有引种。

生境与耐盐能力：海岸带与海岛特有植物，多生长于海岸低湿地，也可以在低海拔的珊瑚礁海岸林生长。1900 年作为观赏植物引种到美国佛罗里达后，对海岸低地环境表现出非常强的适应性，在红树林林缘大量出现并被认为是具有中等耐盐能力的树种（Koop, 2003）。东方紫金牛被国际红树林生态系统协会（International Society for Mangrove Ecosystem）列入广义的红树植物植物种类名单，也被盐生植物数据库 HALOPHYTE Database Vers. 2.0 收录（Menzel & Lieth, 2003）。

◎ 东方紫金牛花

◎ 东方紫金牛果实

特点与用途：喜光亦耐阴、耐旱亦耐水湿、耐风、耐潮；性强健，生长快，树形优雅，枝叶密集，耐修剪，是滨海地区优良的园林绿化植物。果可食，鸟类喜食。东方紫金牛被世界自然保护联盟（IUCN）列入《全球 100 种最具威胁的入侵物种名单》。但从福建、广东等地的引种情况看，它没有表现出如此强的入侵性。

繁殖：播种繁殖。

东方紫金牛	耐盐	B	耐盐雾	A-	抗旱	A-	抗风	A

◎ 东方紫金牛叶及花序

◎ 生长于强盐雾海岸绿地中的东方紫金牛（台湾垦丁）

海石竹

Armeria maritima (Mill.) Willd.
别名：荷兰草
英文名：Sea Pink, Sea Thrift, Cliff Rose

白花丹科宿根丛生草本，高 20～30 cm；叶基生，线状长剑形，长 10～15 cm，全缘、深绿色；花茎细长，直立，花聚生于花茎顶端成密集的球状；花白色、紫红色、粉红色至玫瑰红色，通常长于花萼。花期 3—5 月。

分布：原产欧洲、美洲。我国中亚热带以北作为观赏植物广泛栽培，福建厦门引种栽培表现良好。

生境与耐盐能力：海岸带与海岛特有植物，自然生长于温带地区干旱、砂质的盐碱地如海岸悬崖、海岸山坡草地及季节性干旱的盐沼（Woodell & Dale, 1993）。海石竹是海岸带与海岛最靠近海水的植物，多生长于基岩海岸迎风面山坡石缝、海岸悬崖及沙荒地，部分植株可以在浪花飞溅区生长。它通过主动累积盐分进行渗透调节，被认为是具有盐腺的聚盐盐生植物（Purmale et al., 2022）。植株生长存在低盐促进、高盐抑制的现象（Köhl, 1997），培养液 NaCl 浓度达 22 mmol/L 时生长最快，NaCl 浓度高达 217 mmol/L 时幼苗干重与对照组无显著差异（Purmale et al., 2022）。

特点与用途：喜光稍耐阴、耐旱不耐水湿、耐瘠、耐寒；对海岸环境有极强的适应性，根系发达；小花聚生成密集的球状，花色多样，花期长，群植可形成非常美丽的景观，是海岸带与海岛极佳的地被植物。

繁殖：播种与分株繁殖，种子需要低温处理才能发芽。

◎ 海石竹花

海石竹	耐盐	A−	耐盐雾	A	抗旱	A	抗风	A

◎ 生长于基岩海岸迎风面坡地的海石竹（英国康沃尔海岸）

◎ 在瑞典西海岸，海石竹是最靠近海水的高等植物之一

白花丹

Plumbago zeylanica Linn.
别名：乌面马、锡兰蓝雪、锡兰茉莉、白雪花
英文名：Ceylon Leadwort, Leadwort, Wild Leadwort

白花丹科多年生草本或灌木，高 1～3 m，枝有棱，节上带红色；单叶互生，纸质，卵形至卵状椭圆形，长 3～13 cm，全缘或微波状；总状花序组成圆锥花序，顶生；花萼管状，密被长腺毛，具黏液；花冠白色或略带蓝色，花冠筒长 1.8～2.2 cm；蒴果长圆形，淡黄褐色；种子红褐色。花果期几乎全年。

分布：浙江南部、福建、广东、广西、海南、香港和台湾。常见。

生境与耐盐能力：*Flora of China* 认为白花丹生长于阴湿处或半遮阴的地方，目前没有白花丹耐盐方面的报道。但从其野外生长状况看，白花丹不仅可以在海岸木麻黄林下、沟渠边、山坡背风处等阴湿环境生长，也是低海拔海岸灌丛、沙丘、基岩海岸石缝及草地的常客，有时可以在浪花飞溅区生长，并被归为海岸植物（Walther, 2004）。在台湾垦丁猫鼻头公园，白花丹生长于强盐雾珊瑚礁海岸迎风面坡地，秋冬季具有明显的盐雾危害症状。

特点与用途：喜光稍耐阴、耐瘠；适应性强，栽培容易，花期长，花色洁白，不仅是很好的诱蝶植物，也是热带、亚热带海岸构建低维护绿地的理想植物之一。根与叶药用，具有祛风止痛、散瘀消肿的功效，用于治疗风湿骨痛、跌打肿痛、胃痛、肝脾肿大等。含有白花丹素，是一种天然的昆虫拒食剂和生长抑制剂，用于杀灭孑孓、蝇蛆等。

繁殖：播种与扦插繁殖。

◎ 白花丹花序

白花丹	耐盐	B	耐盐雾	A-	抗旱	A-	抗风	—

◎ 白花丹幼果

◎ 生长于强盐雾海岸迎风面山坡灌丛的白花丹（台湾垦丁猫鼻头）

古巴牛乳树

Manilkara roxburghiana Dubard
别名：古巴牛乳果
英文名：Mimusops, Coastal Red Milkwood

山榄科常绿乔木，高达 18 m，有乳汁；单叶互生，革质，椭圆形，长 5~7 cm，全缘，叶尖钝或微凹，无托叶；花白色，辐射对称，顶生或 2~5 朵簇生于叶腋；花萼 6 裂，卵形；花冠 18~24 裂，流苏状，雄蕊 6 枚；浆果球形，有种子 3~6 粒。花期（福建厦门）7—11 月，果期 9 月至翌年 2 月。

分布：原产古巴、巴西等热带地区。1996 年由厦门华侨亚热带植物引种园引入我国，在福建厦门地区表现良好。海南和广东有引种。

生境与耐盐能力：耐盐能力稍高于同属的人心果。实验室土培条件下，土壤含盐量不超过 2.4 g/kg 时无任何盐害症状，土壤含盐量达 3.4 g/kg 时 50% 的叶片叶尖、叶缘变黄；可以在含盐量达 4.1 g/kg 的土壤中长期存活（刘育梅等，2011）。佛罗里达大学的 Knox 和 Black（1987）将古巴牛乳树、人心果、黄槿和杨叶肖槿等

◎ 古巴牛乳树花和花序

划分为耐盐能力最强的几个树种。Bezona et al.（2009）认为古巴牛乳树具有强耐盐与耐盐雾能力，可以在强盐雾海岸种植。

特点与用途：喜光稍耐阴、耐瘠、抗寒；适应性强，病虫害少。树形优美，果可食用，是观赏兼食用的优良热带果树。在美国佛罗里达，古巴牛乳树被认为是抗风能力最强的树种之一，非常适合作为海岸防风林树种。

繁殖：播种繁殖，扦插繁殖成活率低。

古巴牛乳树	耐盐	B	耐盐雾	A−	抗旱	B+	抗风	A

◎ 古巴牛乳树果

◎ 古巴牛乳树枝

小果柿

Diospyros vaccinioides Lindl.
别名：黑骨香、枫港柿、台湾小叶紫、乌饭叶柿
英文名：Blueberrylite Persimmon

柿树科常绿灌木或小乔木，高达4 m，枝深褐色或黑褐色；单叶互生，革质，卵形，长2～3 cm，上面光亮，背面浅绿色，中脉初被短柔毛，叶柄长约1 mm；花单生于叶腋，雌雄异株；花冠钟形，4裂，淡黄色；浆果球形，直径约1 cm，嫩时绿色，熟时黑色，宿存萼4深裂；种子椭圆形，黑褐色。花期4—5月，果期冬季。

分布：中国特有种，广东、广西、海南、香港和台湾有分布，野外数量不多，被列入《世界自然保护联盟濒危物种红色名录》极危（CR）等级、《中国生物多样性红色名录-高等植物卷》濒危（EN）等级。浙江温州以南可以露地越冬，福建、广东、香港和台湾作为盆景常见栽培。

生境与耐盐能力：海岸带与海岛特有植物，多见于海岸迎风面山坡灌丛、海岸林林下。在深圳内伶仃岛，小果柿是林下灌木层的优势种。而在广东深圳东涌，小果柿生长于海拔几十米的强盐雾海岸迎风面山坡灌丛，未见任何盐雾危害症状，而生长在一起的牛耳枫、雀梅藤、箣柊等则

◎ 小果柿花

◎ 小果柿果

有轻微的盐雾危害症状。变种长叶小果柿（*D. vaccinioides* var. *oblongata*）在广西防城港生长于大潮可以淹及的以黄槿、海漆等为优势种的红树林与陆生植被过渡区。

特点与用途：喜光亦耐阴、耐热、耐瘠；是柿树科叶片和果形最小的种类。生性强健，枝叶细密，质感细致，果娇小可爱，萌芽力强，耐修剪，移植容易，生长速度慢，被称为岭南地区生长最慢的盆景树种，是滨海地区的低维护高级园景树种。其心材黑色间杂白色条纹，故又有"黑檀"之别称。

繁殖：播种繁殖。

小果柿	耐盐	B	耐盐雾	A−	抗旱	A	抗风	A

◎ 小果柿幼叶

◎ 小果柿叶

◎ 生长于基岩海岸迎风面山坡石缝的小果柿（广东深圳东涌）

日本百金花

Schenkia japonica (Maxim.) G. Mans.

别名：日本穗百金花、百金花、岛当药、苦草仔、穗花百金、埃蕾

英文名：Japan Centaurium

龙胆科一年生直立草本，高 5～30 cm，茎四棱形；单叶对生，矩圆形至卵状椭圆形，长 8～22 mm，宽 12 mm，近无柄；穗状聚伞花序单生于叶腋和小枝顶端；无花梗；花冠上部粉红色，下部白色，高脚杯状；花柱线形，2 裂；蒴果狭矩圆形，先端具长的宿存花柱；种子圆球形，黑褐色。花果期 4—7 月。

分布：浙江、福建和台湾。我们在海南文昌有发现。稀少。

生境与耐盐能力：海岸带与海岛特有植物，常见于海岸泥质滩涂大潮高潮线上缘、盐田沼泽地边缘、低海拔山坡草地等环境，也偶见于受强海风吹袭的海滨沙地和岩缝，极耐盐雾。在福建福鼎、平潭和台湾兰屿、澎湖等地，日本百金花生长于大潮可以淹及的以盐地鼠尾粟、铺地黍为优势种的草地。而在台湾台北富贵角、福建平潭东甲岛、海南文昌海南角等地，日本百金花生长于强盐雾海岸低海拔海岸迎风面山坡草地。在台湾兰屿，日本百金花与脉耳草等生长于珊瑚礁海岸浪花飞溅区石缝。

◎ 日本百金花的花

◎ 生长于强盐雾海岸迎风面草地的日本百金花幼苗（台湾台北富贵角）

特点与用途：喜光不耐阴、耐瘠；花色艳丽，株形小巧，适合作为盐碱湿地乃至潮间带湿地绿化。全草药用，味苦，性寒，用于治疗头痛发热、牙痛、扁桃体炎、肝炎及跌打损伤等。

繁殖：播种繁殖。

日本百金花	耐盐	A	耐盐雾	A	抗旱	A	抗风	A

◎ 生长于强盐雾海岸山坡草地的日本百金花（海南文昌海南角）

◎ 生长于强盐雾海岸珊瑚礁缝隙的日本百金花（台湾兰屿）（供图：周欣欣）

沙漠玫瑰

Adenium obesum (Forssk.) Roem. & Schult.

别名：天宝花、矮鸡蛋花、虎刺花

英文名：Desert Rose, Impala Lily

夹竹桃科半落叶肉质灌木或小乔木，高可达4 m，根茎肥厚，基部膨大，全株具透明乳汁；叶螺旋状集生于枝端，革质，倒披针形或长椭圆形，长5～15 cm；聚伞花序顶生，有花2～10朵；花冠漏斗状，红色或粉红色；蓇葖果对生，表面有密集的绒毛；种子长粒状，两端着生絮状长毛。花期几乎全年，果期4—5月。

分布：原产东非至阿拉伯半岛南部沙漠，因花红如玫瑰而得名。1991年引入我国，福建以南可露地栽培。常见。

生境与耐盐能力：原产稀树干草原的岩石堆或砂地。至今没有关于沙漠玫瑰耐盐能力的研究，少有的一些文献都是基于作者的观察——沙漠玫瑰具有中度耐盐与耐盐雾能力。在台湾澎湖，盆栽的沙漠玫瑰在强盐雾海岸生长正常。在美国佛罗里达，沙漠玫瑰被认为是具有高耐盐能力的树种。

特点与用途：喜光不耐阴、耐旱不耐水湿、耐瘠、不耐寒；植株矮小，树形古朴，花大色艳，花色繁多，花期长，栽培容易，在海岸荒地，一旦栽植成活，几乎不用照顾，是海岸带与海岛庭院绿化的极佳树种。乳汁有毒，幼儿或家畜误食茎叶或乳汁，将造成心跳加快、心律不齐等。

繁殖：播种与扦插繁殖。种子无休眠，应随采随播。

◎ 沙漠玫瑰花

沙漠玫瑰	耐盐	B	耐盐雾	A-	抗旱	A	抗风	A

◎ 沙漠玫瑰果

◎ 强盐雾海岸盆栽的沙漠玫瑰（台湾澎湖马公机场）

大花假虎刺

Carissa macrocarpa (Eckl.) A. DC.
别名：美国樱桃、大花刺郎果、铁茉莉
英文名：Carissa, Natal Plum, Big Num Num, Large Num Num

　　夹竹桃科常绿灌木，高达 5 m，树干黄褐色，多分枝，叶腋具叉形硬刺；全株具白色乳汁；单叶对生，革质，广卵形，长 2.5～7.5 cm；聚伞花序顶生，花冠高脚碟状，白色，芳香；花冠裂片向左覆盖，裂片比花冠筒长 2 倍；浆果卵圆形，成熟后紫红色或亮红色，有香气；种子圆形，红色。花期春夏季，果期夏秋季。

　　分布：原产非洲南部，现全世界热带和亚热带地区广泛种植。我国浙江、福建、广东、广西、海南、香港和台湾作为观赏植物常见栽培。

　　生境与耐盐能力：主要分布于南非东开普省和纳塔尔省的海岸沙丘、海岸森林边缘的灌木丛，具有强耐盐和耐盐雾能力（Lim, 2012）。Bezona et al.（2009）认为大花假虎刺具有强耐盐与耐盐雾能力，可以在强盐雾海岸种植。被盐生植物数据库 HALOPHYTE Database Vers. 2.0 收录（Menzel & Lieth, 2003）。

　　特点与用途：喜光稍耐阴、耐旱不耐水湿、耐瘠、不耐寒；对土壤有广泛的适应性，生命力顽强，病虫害少，栽培容易，耐修剪，耐移植。株形紧凑，枝叶平展，自然成云片状，光亮浓绿的叶片排列密集，四季常青，花色洁白，花期长，果颜色多样，是花、叶、果俱佳的观赏植物，是制作盆景的优良植物，更是滨海地区园林绿化的极佳植物。在美国佛罗里达，大花假虎刺作为观赏树篱广泛栽培。浆果味甜可食。花果对蜜蜂、蝴蝶和鸟都很有吸引力，是构建生态绿地植物之一。

　　繁殖：播种、扦插与压条繁殖。

◎ 大花假虎刺幼叶

大花假虎刺	耐盐	A–	耐盐雾	A	抗旱	B+	抗风	A

◎ 大花假虎刺叉形刺

◎ 大花假虎刺叶

◎ 大花假虎刺花（供图：曾佑派）

◎ 大花假虎刺果

海南同心结

Parsonsia alboflavescens (Dennst.) Mabb.
别名：同心结、爬森藤、乳藤
英文名：Helicoid-Stamenal Parsonsia, Spiral-Vined Silkpod

夹竹桃科多年生缠绕木质藤本，除花序外全株无毛，具白色乳汁；单叶对生，厚革质，卵状圆形或长椭圆形，长 4～12 cm；伞房状聚伞花序腋生，有花 20～30 朵；花萼 5 深裂，基部腺体宽三角形；花冠白色，裂片宽卵形至长圆形，花药箭头状；蓇葖果对生，线状披针形，成熟时开裂；种子长圆形，种毛白色。花果期全年。

分布：海南和台湾。少见。华南植物园、广州树木园和厦门植物园有引种。

生境与耐盐能力：海岸带与海岛特有植物，常见于热带海岸林前缘。在台湾垦丁，海南同心结攀缘于低矮的热带海岸林前缘草海桐、绒毛槐、露兜树等灌木上，偶尔可攀缘于水芫花上。在台湾兰屿和小兰屿南侧，海南同心结与厚藤、脉耳草、黑果飘拂草等组成稀疏的海岸砾石滩植被（叶庆龙等，2010）。此外，海南同心结与黑果飘拂草、文殊兰等在小兰屿北侧陡峭的强盐雾海岸组成稀疏的草地植被（叶庆龙等，2010）。

特点与用途：喜光不耐阴、耐瘠；对海岸环境有很强的适应能力，生长速度快，栽培容易，攀缘能力强，是滨海地区优良的地被植物和攀缘植物；也是很好的诱蝶植物，尤其是号称"热带岛屿仙女"黑点大帛斑蝶幼虫的主要食物，国内一些蝴蝶园偶见种植。

繁殖：播种与扦插繁殖。

◎ 海南同心结花（供图：扈文芳）

◎ 海南同心结果（供图：扈文芳）

海南同心结	耐盐	B+	耐盐雾	A	抗旱	A	抗风	A

◎ 海南同心结花（供图：
周欣欣）

◎ 攀爬于强盐雾海岸高
位珊瑚礁表面的海南同心
结（供图：周欣欣）

◎ 生长于砾石海岸的海
南同心结（台湾兰屿）
（供图：王辰）

黄花夹竹桃

Thevetia peruviana (Pers.) K. Schum.
别名： 酒杯花、台湾柳、柳木子、黄花状元竹、断肠草
英文名： Yellow Oleander, Lucky Nut, Bastard Oleander, Milk Bush

夹竹桃科乔木，高2~5 m，全株有乳汁；单叶互生或簇生，近革质，线形或狭披针形，长10~15 cm；聚伞花序顶生或腋生，具花2~6朵，有香味；花萼绿色，5裂；花冠漏斗状，黄色；核果扁三角状球形，成熟时浅黄色；种子长圆形，双凸镜状，浅灰色。花期5—12月，果期8月至翌年春季。栽培种红酒杯花（*T. peruviana* cv. 'Aurantiaca'），花冠橙红色。

分布： 原产中南美洲。我国福建、广东、广西、海南、香港和台湾有栽培，在海南逸为野生。

生境与耐盐能力： 普遍认为，黄花夹竹桃具有一定的抗风耐盐能力，适合滨海地区种植。李蔭森（1961）发现黄花夹竹桃在福建厦门海岸沙荒地生长良好。我们的野外调查发现，黄花夹竹桃对海岸沙地环境有较强的适应性，可以在海岸沙地木麻黄林林隙正常生长。在海南临高，逸为野生的黄花夹竹桃与海漆、仙人掌等生长于大潮可淹及的红树林林缘。Bezona et al.（2009）认为黄花夹竹桃具有中度耐盐和耐盐雾能力，可在有遮挡的海岸地区种植。

特点与用途： 喜光稍耐阴、耐旱亦耐水湿；适应性强，病虫害少，生长快，萌芽力强，耐修剪，树冠浓密，花大色艳，花期长，一旦种植成活就无需维护，是滨海地区理想的观赏植物。叶、乳汁和种子有大毒，误食可致命。植株含多种强心苷，具有强心、消肿和利尿的功效，用于治疗各种心脏病引起的心力衰竭、阵发性室上性心动过速、阵发性心房纤颤等。黄花夹竹桃的提取物已经制成片剂口服、注射液静脉注射。种子含油60%~65%，经过简单处理后可用于生产生物柴油，是潜在的能源植物（Adebowale et al., 2012）。

繁殖： 播种与扦插繁殖。

◎ 黄花夹竹桃花

◎ 红酒杯花

◎ 黄花夹竹桃果

黄花夹竹桃	耐盐	B	耐盐雾	B+	抗旱	A−	抗风	B+

◎ 生长于红树林缘的黄花夹竹桃（海南临高彩桥）

◎ 生长于大潮高潮线上缘的黄花夹竹桃（海南临高彩桥）

◎ 海岸沙地木麻黄林后缘的黄花夹竹桃（海南三亚三亚湾）

崖县球兰　*Hoya liangii* Tsiang

萝藦科附生攀缘灌木，除花冠内部有柔毛外，其余无毛；叶对生，肉质，倒卵形或倒卵状长圆形，长 4.5~8.5 cm，叶面深亮绿色，叶背淡绿色，边缘背卷；聚伞花序腋生；花萼 5 深裂，有缘毛；花冠乳白色，辐状，内面具微柔毛；副花冠 5 裂，裂片星状展开；蓇葖果圆筒形，种子长圆形。花期 9—11 月，果期翌年 3—4 月。

分布：海南和广东湛江。华南植物园有引种。偶见。

生境与耐盐能力：在海南岛东海岸，崖县球兰多生长于海岸刺灌丛和林缘石壁。在海南万宁海岸，崖县球兰攀缘于强盐雾海岸刺灌丛树冠，因受强光照射，叶片发黄，但未见盐害症状。同样在海南万宁，攀缘于海岸林林缘黄槿枝条上的崖县球兰在强盐雾海岸浪花飞溅区环境下除叶片稍少外，叶没有明显的盐害症状。而在海南三亚青梅港，崖县球兰攀缘于浪花飞溅区石壁上。

特点与用途：喜半阴环境，忌烈日直射，不耐寒；栽培简单，易养护，星形小花簇生成近球状聚伞花序，花形奇特，花期长，叶肉质，为观花观叶植物，可作为滨海地区垂直绿化植物，也可种植于室内和庭院。

繁殖：扦插与播种繁殖。

◎ 崖县球兰花序

◎ 崖县球兰果

崖县球兰	耐盐	B+	耐盐雾	A-	抗旱	A	抗风	—

◎ 攀缘于强盐雾海岸迎风面山坡刺灌丛的崖县球兰（海南万宁石梅湾）

◎ 攀缘于基岩海岸浪花飞溅区上缘岩石表面的崖县球兰（海南三亚青梅港）

老虎须

Tylophora arenicola Merr.

别名：沙地娃儿藤、虎须娃儿藤、虎须藤

萝摩科藤状灌木，主茎平卧；单叶对生，纸质至革质，卵圆形，稀长圆形，长 2～4.5 cm，羽状脉，无毛；聚伞花序腋生，比叶短，具花 7～10 朵；花冠近钟状，黄绿色，副花冠裂片到达花药一半或基部；蓇葖果双生，披针形，长 4～6 cm；种子倒卵形，棕褐色，顶端具白色绢质种毛。花期 5—9 月，果期 10—12 月。

分布：海南万宁、陵水、三亚、乐东等地海岸偶见。*Flora of China* 记载海南南部和广西南部有分布，但广西的老虎须标本图片应该是其他萝摩科植物。

生境与耐盐能力：海岸带与海岛特有植物，常见于海岸沙地、灌丛，偶见于木麻黄林下。在海南万宁港北港，老虎须攀爬于强盐雾海岸沙荒地草海桐灌丛，也可以在海岸沙荒地稀疏的草丛生长。老虎须被"中国盐生植物种质资源库"（山东师范大学，2017）收录，赵可夫等（2013）将其归为盐生植物。

特点与用途：喜光不耐阴、耐旱、耐瘠。根可药用，华南民间用作治跌打瘀肿、毒蛇咬伤等。

繁殖：播种与扦插繁殖。

◎ 老虎须花序

◎ 老虎须果

老虎须	耐盐	B+	耐盐雾	A	抗旱	A	抗风	一

◎ 生长于强盐雾海岸沙
荒地的老虎须（海南万宁
港北港）

◎ 生长于海岸沙地的老
虎须（海南三亚三亚湾）

◎ 生长于强盐雾海岸
草海桐灌丛中的老虎须
（海南万宁港北港）

细叶天芥菜

Euploca strigosa (Willd.) Diane & Hilger

别名：细叶天剑菜、粗毛天芥菜、金锁匙、八卦仙草

英文名：Bristly Heliotrope

紫草科多年生草本，茎细弱，平卧或斜升，高 15～30 cm，基部木质化，全株密被糙伏毛；单叶互生，小而密集，线状披针形，长 3～10 mm，边缘反卷；蝎尾状聚伞花序长 2～4 cm，少花；花冠白色，筒状或漏斗状，直径约 1 mm；柱头长椭圆形，长于花柱；果实扁球形，直径约 2 mm，密被糙伏毛。花果期 3—9 月。

分布：福建、广东、海南和台湾。少见。

生境与耐盐能力：海岸带与海岛特有植物，多生长于海岸沙地及海岸山坡灌草丛。目前还没有关于其耐盐能力的专门研究，但自然分布情况说明其具有较高的耐盐能力。在海南东方昌化江口，细叶天芥菜与蛇婆子、砂苋、土丁桂、滨海木蓝、松叶耳草等组成海岸沙地稀疏的草丛。在沙特阿拉伯东部省份海岸，细叶天芥菜生长于海滩岩缝、海岸沙地（Al-Homaid et al.，1990）。

特点与用途：喜光亦耐阴、耐旱不耐水湿、耐瘠；对海岸沙地环境有极强的适应性，因野外数量少且未见成片生长、植株低矮、叶片颜色接近于沙地、花小，在海岸沙地很不起眼，目前还没有引起人们的关注。全草药用，治咽喉肿痛、肾炎水肿、尿路结石、风湿骨痛、跌打疲痛、毒蛇咬伤等。

繁殖：播种繁殖。

◎ 细叶天芥菜花

◎ 细叶天芥菜

细叶天芥菜	耐盐	A-	耐盐雾	A	抗旱	A	抗风	A

◎ 生长于海岸后滨
沙地的细叶天芥菜

◎ 细叶天芥菜生境（海南东方昌化江口）

上狮紫珠

Callicarpa siongsaiensis F. P. Metcalf
英文名：Beauty Berry

◎ 上狮紫珠花

马鞭草科常绿灌木，高约 2 m，小枝、叶柄和花序梗疏生星状毛；单叶对生，椭圆形或倒卵状椭圆形，长 10～14 cm，基部楔形至钝圆，边缘有不明显的疏齿或近全缘；聚伞花序直径 2～4 cm，3～5 次分歧；果序梗粗壮，约与叶柄等长；花萼杯状，顶端截头状；核果球形，成熟后蓝色。果期 8 月至翌年 1 月。

分布：发现于福建闽江口上狮岛，故以此岛命名，中国特有植物。后在浙江舟山、平阳南麂岛，福建平潭海坛岛、草屿、塘屿等岛屿均有发现。偶见。武汉植物园和西双版纳植物园有引种，福建平潭作为园林绿化植物有少量栽培。

生境与耐盐能力：海岛特有植物，多生于低海拔基岩海岸山坡背风处。在福建平潭大福湾，上狮紫珠与滨柃、两面针等生长于海拔数米的强盐雾海岸迎风面山坡石缝背风处，突出石头的枝叶受到严重的

◎ 上狮紫珠果（供图：张琳婷）

盐雾危害，而背风处的枝叶正常。此处土层瘠薄，多为完全风化的花岗岩碎屑，显示出上狮紫珠对海岸环境的强适应性。此外，在福建平潭岛及周边岛屿，在居民区房前屋后及木麻黄防护林林缘也偶见其分布。

特点与用途：喜光不耐阴、耐旱不耐水湿、耐瘠；适应性强，一旦种植成活，除必要的修剪外，几乎无需维护。株形小巧，枝叶繁茂，紫色果实具有宝石般的光泽，结果量大，果期长，在海岸带与海岛绿化上有较好的开发应用前景。

繁殖：播种繁殖。

上狮紫珠	耐盐	B+	耐盐雾	A-	抗旱	A-	抗风	A-

◎ 生长于强盐雾海岸迎风面山坡石缝的上狮紫珠（福建平潭大福湾）

◎ 生长于强盐雾海岸迎风面坡地滨枸灌丛中的上狮紫珠（福建平潭大福湾）

兰香草

Caryopteris incana (Thunb. ex Hout.) Miq.

别名：婆绒花、山薄荷、宝塔花、莸、马蒿、卵叶莸、段菊

英文名：Common Bluebeard, Sunshine Blue

唇形科常绿小灌木，茎密集丛生，高 20～60 cm；枝近四棱形，略带紫色，全株被短柔毛，具薄荷香气；单叶对生，厚纸质，披针形、卵形或长圆形，长 1.5～9 cm，边缘有粗齿；聚伞花序腋生和顶生，无苞片和小苞片；花冠淡紫色或淡蓝色，二唇形，雄蕊 4 枚；蒴果倒卵状球形，果瓣有宽翅。花果期 6—10 月。

分布：浙江、福建、广东、广西、香港和台湾。常见。

生境与耐盐能力：兰香草的耐盐能力还没有受到关注，目前仅有裔传顺等（2014）将其归为耐盐植物。从海岸带与海岛生长情况看，兰香草对海岸环境具有很强的适应能力。它是海岸带与

◎ 兰香草花序

海岛常见植物，多生长于海岸山坡灌丛、基岩海岸石缝等环境，对干旱、贫瘠的山坡灌丛环境有很强的适应能力。在福建平潭大福湾，兰香草与沟叶结缕草、烟豆等组成低海拔强盐雾海岸沙荒地稀疏灌草丛，植株贴地生长，所有枝条向背风面延伸；部分植株可以在海拔仅数米的浪花飞溅区海岸沙地生长，与海边月见草、琉璃繁缕等组成稀疏的海岸沙地植被。张嘉灵等（2019）认为兰香草作为海岸带与海岛基岩海岸地被植物具有很高的应用价值。

特点与用途：喜光稍耐阴、耐旱不耐水湿、耐瘠、耐寒；适应性强，栽培简单，无病虫害，花色淡雅，花期长，花量大，是滨海地区优良的地被植物和海堤生态化改造植物，也是很好的蜜源植物。全草药用，具有祛风除湿、止咳散瘀的功效，用于治疗上呼吸道感染、百日咳、支气管炎、风湿关节痛、胃肠炎、跌打肿痛、产后淤血腹痛等症；外用治毒蛇咬伤、湿疹、皮肤瘙痒等。

繁殖：扦插与播种繁殖。

兰香草	耐盐	B+	耐盐雾	A	抗旱	A	抗风	A

◎ 生长于海岸背风面山坡（左上）与迎风面山坡（右下）兰香草形态对比

◎ 生长于强盐雾海岸浪花飞溅区沙荒地的兰香草（福建平潭大福湾）

假马鞭

Stachytarpheta jamaicensis (Linn.) Vahl
别名：蛇尾草、长穗木、大种马鞭草、玉龙鞭、倒团蛇、
假败酱、铁马鞭
英文名：Blue Porterweed, Blue Snakeweed, Porterweed

马鞭草科多年生草本或亚灌木，高 0.6～2 m；叶对生，厚纸质，椭圆形至卵状椭圆形，边缘有粗锯齿；穗状花序顶生，花序轴圆形、直立，形似马鞭（假马鞭由此得名）；花单生于苞腋内，螺旋状着生，花冠深蓝紫色；果藏于膜质的花萼内，成熟后 2 瓣裂，每瓣有 1 种子。花期 8—12 月，果期 9—12 月。

分布：原产中南美洲。我国福建、广东、广西、海南、香港和台湾有分布。常见。

生境与耐盐能力：海岸带常见植物，喜生海岸沙地、鱼塘堤岸、海堤、路边、木麻黄林缘及林下等环境，在海水偶有浸淹的地方也可生长。在海南文昌石头公园，假马鞭生长于海拔数米的基岩海岸迎风面山坡石缝；在海南文昌翁田镇，假马鞭生长于强盐雾海岸沙地草丛，靠海侧没有遮挡的植株上部枝条枯死严重，但基部枝叶生长正常。

◎ 假马鞭花

特点与用途：喜光稍耐阴、耐旱亦耐水湿、耐瘠；对土壤环境具有广泛的适应性，生长快，花期长，病虫害少，是海岸沙荒地水土保持的优良植物，也有一定的观赏价值。假马鞭也因其适应性强、生长快、繁殖速度快、扩散能力强的特点而在一些地方成为令人讨厌的杂草，使用时应注意。全草药用，有清热解毒、利水通淋之效，可治尿路结石、尿路感染、风湿筋骨痛、喉炎、急性结膜炎、痈疖肿痛等。

繁殖：播种繁殖。

◎ 假马鞭是填海沙地最先进入的植物之一（海南三沙）

假马鞭	耐盐	B+	耐盐雾	A−	抗旱	A	抗风	A−

◎ 生长于海岸沙地的假马鞭（海南三亚小东海）

◎ 生长于基岩海岸浪花飞溅区石缝的假马鞭（海南文昌石头公园）

蔓荆

Vitex trifolia Linn.
别名：三叶蔓荆、小刀豆藤、蔓荆子、海埔姜、白背风、白背草
英文名：Threeleaved Chaste Tree

唇形科落叶灌木，高 1.5～5 m，小枝四棱形，全株有香味，密被黄白色绒毛；三出复叶对生，小叶卵形至倒卵状长圆形，长 2.5～9 cm，表面无毛；圆锥形花序顶生，花冠淡紫或蓝紫色；核果近球形，成熟后黑色；果萼宿存。花期 4—8 月，果期 8—11 月。蔓荆与海岸沙地常见的单叶蔓荆（*V. rotundifolia*）同为牡荆属植物，有时两者在海岸沙地混生，但前者为落叶灌木，叶多为三小叶，后者常绿，单叶，易于区分。

分布：浙江、福建、广东、广西、海南、香港和台湾。常见，部分地区作为药用植物栽培。

生境与耐盐能力：常见于海岸、河岸、湖泊的沙滩、沙质地和沙丘。普遍认为，蔓荆有较高的耐盐碱能力，为碱性土壤指示植物，在酸性土壤上

◎ 蔓荆花

◎ 蔓荆叶

生长不良。在海南儋州峨蔓，蔓荆、仙人掌、单叶蔓荆、许树和露兜树等生长于大潮可淹及的海岸沙地礁石缝隙，成为最前沿的海岸灌丛。赵可夫等（2013）将其归为盐生植物。国际盐生植物应用协会（Institute of Sustainable Halophyte Utilization）将蔓荆列为盐生植物，盐生植物数据库 HALOPHYTE Database Vers. 2.0（Menzel & Lieth, 2003）和"中国盐生植物种质资源库"（山东师范大学，2017）也有收录。

特点与用途：喜光不耐阴、耐旱不耐水湿、耐瘠、耐热亦耐低温；适应性强，对环境条件要求不严，病虫害少，为海岸防风固沙植物和水土保持植物，也是良好的护堤植物。花期长，花量大，也是很好的蜜源植物。果实入药，中药名"蔓荆子"，有疏散风热、平肝凉血、明目止痛之功效，主治风热感冒、头晕、头痛、目赤肿痛、夜盲、肌肉神经痛等疾病。茎叶可提取芳香油。

繁殖：扦插与播种繁殖。以扦插繁殖为主，插条易生根。

蔓荆	耐盐	A	耐盐雾	A	抗旱	A	抗风	A

◎ 蔓荆花序

◎ 蔓荆果序

◎ 生长于海岸刺
灌丛最前沿的蔓荆
（海南儋州峨蔓）

◎ 生长于海岸刺
灌丛最前缘的蔓荆
（海南儋州峨蔓）

滨海白绒草

Leucas chinensis (Retz.) R. Br.
别名：鼠尾黄、白花草
英文名：Chinese Leucas

唇形科灌木，高 20~60 cm，茎基部伏卧，多分枝，四棱形；全株被白色绒毛；单叶对生，稍肉质，卵形，长 0.8~1.3 cm，基部钝形至楔形，叶缘具粗锯齿；聚伞花序轮生，密生于叶腋；花萼筒状，10 齿裂，裂片狭三角形；花冠白色，筒状，2 唇裂；坚果近三棱形，小，粗糙，有光泽。花期 3—10 月，果期 4—11 月。

分布：浙江、福建、广东、广西、海南、香港和台湾。偶见。

生境与耐盐能力：海岸带与海岛特有植物，多生长于低海拔的海岸沙荒地、基岩海岸石缝、海岸刺灌丛和海岸草地。凡是有滨海白绒草生长的地方，都是生境恶劣之地。在海南岛西海岸，滨海白绒草是极度干旱的海岸刺灌丛常见植物；在福建漳浦菜屿列岛和平潭岛、台湾垦丁、浙江平阳等地，滨海白绒草是强盐雾基岩海岸石缝常见植物，有时可以在浪花飞溅区石缝生长；而在福建平潭岛、福鼎台山列岛，浙江南麂岛等地，滨海白绒草可以与结缕草属、鸭嘴草属等物种生长于强盐雾海岸迎风面山坡。

◎ 滨海白绒草花

◎ 滨海白绒草果

◎ 生长于强盐雾海岸刺灌丛的滨海白绒草（海南昌江棋子湾）

特点与用途：喜光稍耐阴、耐旱不耐水湿、耐瘠；由于植株矮小，在海岸绿化及海岸带与海岛植被修复中作用不大。全株药用，具清肺止咳、清热解毒、补肾亏和消炎功效，用于治疗肠炎、子宫炎、疔疮、肿毒、肺热咳嗽、咯血、肾虚、乳腺炎、骨折和毒蛇咬伤等。

繁殖：播种繁殖。

滨海白绒草	耐盐	A	耐盐雾	A	抗旱	A	抗风	A

◎ 生长于强盐雾海岸迎风面结缕草草地的滨海白绒草（福建福鼎西台山岛）

◎ 生长于强盐雾海岛浪花飞溅区石缝的滨海白绒草（福建漳浦菜屿）

爆仗竹

Russelia equisetiformis Schlecht. & Cham.
别名：吉祥草、炮仗竹、爆仗花
英文名：Firecracker Plant, Coral Plant, Coral Fountain

玄参科丛生灌木状草本，高1~1.5 m，茎四棱形，枝纤细轮生，绿色，顶段下垂；叶轮生，退化成小鳞片，卵形至椭圆形，长 8.5~15 mm；聚伞圆锥花序生于小枝顶端，管状花长约 2.5 cm，鲜红色、橙色或黄色，不明显二唇形，下垂；蒴果球形，室间开裂。一年四季都可见花，一挂挂似爆竹而得名爆仗竹。

分布：原产墨西哥、危地马拉等地。我国福建以南作为观赏植物广泛栽培。

生境与耐盐能力：在原产地生长于海岸珊瑚礁岩石缝隙，英文名 "Coral Plant" 与 "Coral Fountain" 由此得名。爆仗竹对科威特干旱的海岸环境表现出很强的适应性（Suleiman et al., 2007）。引种到南太平洋后发现其在岛屿环境表现出很好的适应性，在一些地

◎ 红色花系爆仗竹

◎ 黄色花系爆仗竹

区被认为是入侵植物。Gilman（1999）认为爆仗竹具有较高的耐盐能力，适宜在美国南部海岸栽培。Bezona et al.（2009）认为爆杖竹具有高耐盐能力和耐盐雾能力，可以在强盐雾海岸无遮挡之处种植。目前国内对爆仗竹耐盐能力尚无相关研究；作为一种耐盐植物，它也没有引起绿化工作者的关注。

特点与用途：喜光稍耐阴、耐旱不耐水湿、耐瘠；对土壤有广泛的适应性，只要排水良好的土壤都可以生长，一旦种植成活就可以忍受长期干旱。枝叶纤细下垂，花期长，花色艳丽，是滨海地区理想的观赏植物。因具较强的适应能力，爆仗竹在大洋洲岛国如斐济、法属波利尼西亚、基里巴斯、新喀里多尼亚、帕劳等地被列为入侵植物，不建议在远离大陆的海岛栽培。

繁殖：扦插与分株繁殖。

爆仗竹	耐盐	B+	耐盐雾	A	抗旱	A-	抗风	B+

◎ 爆仗竹花序正面观

◎ 爆仗竹枝条

野甘草

Scoparia dulcis Linn.

别名：冰糖草、珠子草、假甘草、土甘草、四进茶、节节珠、甜珠草

英文名：Sweet Broomwood, Licorice Weed, Goatweed, Scoparia Weed

玄参科直立草本或亚灌木，高 1 m，茎有棱，多分枝；茎叶放口中嚼之有甜味（冰糖草由此得名）；单叶对生或轮生，卵形至披针形，长可达 3.5 cm，中部以上有锯齿；花 1 至数朵生于叶腋，花冠喉部有密毛；花瓣 4 枚，白色；雄蕊 4 枚，药室分离；蒴果卵圆形至球形，成熟后室间室背均开裂。花果期几乎全年。

◎ 野甘草花

分布：原产热带美洲。我国浙江南部、福建、广东、广西、海南、香港和台湾有分布。常见。

生境与耐盐能力：生境广泛，农田和草坪常见杂草，多生长于荒地、山坡、路旁，喜生于湿润环境，在干旱的海岸沙地也能生长。目前还没有关于野甘草耐盐能力的研究，但从其野外自然分布情况看，野甘草具有一定的耐盐能力。在海南海口东寨港，野甘草可以在大潮可淹及的红树林林内缘生长。在海南、广东和广西，野甘草是海岸鱼塘堤岸、海岸沙荒地及缺乏管理的人工草坪的常见植物，也是人工填海区海岸沙荒地最先进入的植物之一。

◎ 野甘草枝条

特点与用途：喜光稍耐阴、耐旱亦耐水湿、耐瘠；对环境有广泛的适应性，繁殖速度快，被列入入侵物种名单，在一些地方成为令人讨厌的农田杂草。全株药用，具健胃、利尿、镇咳、解热、解毒功效，用于治疗胃病、糖尿病、牙痛、支气管炎、高血压、肺热咳嗽、小儿麻疹、湿疹等。嫩茎叶可作为蔬菜，也常用于制作凉茶或保健饮料。药理研究发现，野甘草具有镇痛消炎、抗氧化、抗病毒、抗肿瘤、降血糖、降血压、抗溃疡、保肝护肝的作用（万文婷等，2015；Pamunuwa et al., 2016）。孕妇和哺乳期妇女禁用。

繁殖：播种与扦插繁殖。种子为需光性种子，黑暗条件下不萌发（朱艳霞等，2021）。

野甘草	耐盐	B+	耐盐雾	A−	抗旱	A−	抗风	—

◎ 野甘草果枝

◎ 野甘草是填海区沙荒地最先进入的植物之一（海南三沙）

硬骨凌霄

Tecomaria capensis (Thunb.) Spach
别名：好望角金银花、好望角黄钟花、洋凌霄、
南非凌霄、四季凌霄
英文名：Cape Honeysuckle

紫葳科半蔓生常绿灌木，高 1~2 m；奇数羽状复叶对生，小叶对生，5~9 枚（多为 7 枚），纸质，卵形至阔椭圆形，边缘有不规则的锯齿；总状花序顶生，花萼钟状顶端 5 齿裂，花冠漏斗状二唇形，略弯曲，橙红色至鲜红色，偶见黄色，雄蕊、雌蕊伸出花冠外；蒴果线形，略扁。花期 9 月至翌年 1 月，果期 12 月。

分布：原产非洲南部。我国浙江、福建、广东、广西、海南、香港和台湾常见栽培。

生境与耐盐能力：目前还没有硬骨凌霄耐盐或耐盐雾能力的详细研究。对硬骨凌霄的耐盐和耐盐雾能力的关注主要来自园林绿化界。

◎ 硬骨凌霄花蕾

在美国，硬骨凌霄被认为是能适应海岸带缺水和高盐环境的观赏植物。在美国夏威夷，硬骨凌霄被列为强耐盐和耐盐雾能力植物（Bezona et al., 2009），可以在无遮挡的强盐雾海岸种植。杨莉莉（2015）认为硬骨凌霄耐海潮风、抗风、耐旱，适合海岸带环境种植。在一些环境恶劣的海岛如福建莆田湄洲岛、南日岛等地使用效果良好，被推荐为海岛绿化植物（王福兴，1999；陈美雪，2015）。

特点与用途：喜光稍耐阴、耐旱不耐水湿、不耐低温，对土壤有广泛适应性。生长速度快，栽培容易，耐修剪，病虫害少，花形奇特，花期长，是滨海地区园林绿化极佳的地被植物、绿篱植物和垂直绿化植物。

繁殖：扦插繁殖为主，也可播种繁殖，但少见结果。

◎ 硬骨凌霄花

硬骨凌霄	耐盐	B+	耐盐雾	A-	抗旱	B+	抗风	A-

◎ 硬骨凌霄枝叶

◎ 硬骨凌霄果

◎ 硬骨凌霄植株

马㼎儿

Zehneria japonica (Thunb.) H. Y. Liu
别名：老鼠拉冬瓜、野梢瓜、日本马㼎儿、马瓟儿
英文名：Maysor Zehneria, Indian Zehneria

葫芦科多年生草质攀缘藤本，茎纤细，卷须不分枝，根部膨大成一串纺锤形块根（老鼠拉冬瓜由此得名）；单叶互生，膜质，三角状卵形、卵状心形或戟形，全缘或3浅裂；雌花与雄花在同一叶腋内单生，稀双生；花冠阔钟形，白色；果梗细长，果实球形或近椭圆形，成熟后橘红色或灰白色；种子扁平。花期4—7月，果期7—10月。

◎ 马㼎儿花

包括 *Flora of China* 在内的多数文献认为马㼎儿成熟果实的颜色为橘红色或红色，但我们野外见到的马㼎儿成熟果实均为灰白色。

分布：浙江、福建、广东、广西、海南、香港和台湾。常见。

生境与耐盐能力：生境广泛，可见于路边、林缘。在海南文昌月亮湾，马㼎儿不仅可以在海拔几米至数十米的强盐雾基岩海岸石缝生长，也可以攀缘于海岸沙地灌丛露兜树上，部分个体可以在半固定沙丘生长。在福建漳江口红树林国家级自然保护区，马㼎儿常攀缘于陆地一侧的红树林树冠。

特点与用途：喜光稍耐阴、耐旱亦耐水湿、耐瘠；对环境适应性强，病虫害少，栽培容易，但因植株纤细，目前没有作为观赏植物的报道。全草药用，具有清热解毒、消肿散结、化痰利尿的功效，用于治疗咽喉肿痛、结膜炎等，外用治疮疡肿毒、淋巴结结核、睾丸炎、皮肤湿疹等。

繁殖：播种繁殖。

◎ 马㼎儿果

马㼎儿	耐盐	B+	耐盐雾	A-	抗旱	B+	抗风	—

◎ 生长于海岸浪花飞溅区上缘石缝的马𬜬儿（海南文昌七洲列岛北峙岛）

◎ 攀缘于强盐雾海岸沙地前沿植被上的马𬜬儿（海南文昌月亮湾）

山石榴

Catunaregam spinosa (Thunb.) Tirveng.

别名：猪肚簕、假石榴、刺子、山蒲桃、屎缸拔、刺榴、簕牯树

英文名：Mountain Pomegranate, Spine Randia

茜草科常绿灌木或小乔木，有时攀缘状，高1～10 m，有成对腋生枝刺；单叶对生或簇生，纸质或近革质，倒卵形或长圆状倒卵形，长 1.8～11.5 cm；花单生或 2～3 朵簇生于短枝顶端，花冠钟状，裂片 5，卵状长圆形，白色或淡黄色；浆果近球形，先端具有宿存花萼；种子椭圆形。花期3—6月，果期5月至翌年1月。

分布：福建、广东惠州以南、广西南部、海南、香港和台湾。福建龙海有引种。福建少见，海南、广东和广西南部常见。

生境与耐盐能力：生境多样，除海边环境外，也可以在远离海岸的内陆及海拔 1 500 多米的热带亚热带山地生长。在海南岛，山石榴是海岸常见植物，常见于海岸固定沙丘、红树林林缘，也见于海岸沙地后缘水分条件相对较好的海岸林中，有时被认为是红树林伴生植物，也是海岸刺灌丛的常见植物（邓必玉等，2010）。在海南文昌铜鼓岭，山石榴生长于受强海风影响的海岸灌丛，显示出较强的耐盐雾能力。在印度马哈拉施特拉（Maharashtra），山石榴可在红树林林缘生长，被认为是半红树植物（Gokhale et al., 2011）。

◎ 山石榴花

◎ 山石榴果

◎ 山石榴枝

特点与用途：喜光稍耐阴、耐瘠；适应性强，根系发达，分枝多，耐修剪，枝条有刺，可用作海岸带绿化的绿篱。木材致密坚硬，可做农具、手杖及雕刻。根、叶和果药用：根可利尿、驳骨、祛风湿和治跌打肿痛；叶可止血；果民间用于治疗脓肿、溃疡、皮肤病、痔疮、发疹、风湿和支气管炎等。

繁殖：播种繁殖。

山石榴	耐盐	B	耐盐雾	A-	抗旱	A-	抗风	A

◎ 生长于强盐雾海岸刺灌丛中的山石榴（海南文昌石头公园）

◎ 生长于红树林林缘的山石榴（海南海口东寨港）

栀子

Gardenia jasminoides J. Ellis

别名：黄栀子、山栀子、枝子、黄栀、山黄枝、红栀子、白蟾花

英文名：Cape Jasmine, Common Gardenia

◎ 栀子花

◎ 栀子果

茜草科常绿灌木或小乔木，高达 3 m，树皮灰白色。单叶对生或 3 片轮生，叶革质，椭圆形至倒卵状披针形，长 3～25 cm；花顶生，花萼裂片 5～6 枚，披针形；花冠高脚碟状，白色，大而芳香；浆果卵形或椭圆形，具 5～8 棱，顶部具宿存冠状萼裂片，成熟时橘红色；种子近圆形。花期 3—7 月，果期 5 月至翌年 2 月。

分布：浙江、福建、广东、广西、海南、香港和台湾。世界各地作为观赏植物广泛栽培。福建福鼎大量栽培作为食品色素原材料。

生境与耐盐能力：栀子是浙江、福建和广东海岸带与海岛常见植物，多生长于低海拔的山坡灌丛、疏林下，也常见于基岩海岸石缝，对基岩海岸生境具有很强的适应性，被列入耐盐碱灌木名单（高伟等，2017；何雅琴等，2021；柯文彬，2019），具有较强的耐盐雾能力（王有方等，1996）。但实验室分析及野外试验性种植结果表明，栀子是喜酸植物，对土壤盐碱化适应能力较弱。栀子可以在含盐量 1～3 g/kg 的土壤上生长，土壤含盐量达 3.8 g/kg 时部分叶片出现发黄现象，个别植株死亡（王宇阳和许基全，2016；刘树明，2017）。魏凤巢等（2004）在上海盐碱土进行绿化试验，发现栀子在 pH 8 以上、含盐量 4 g/kg 的土壤中虽然有黄叶、落叶等情况，但仍可以生长并开花。在浙江杭州湾围垦区，栀子在含盐量 1.2 g/kg、pH 8.7 的盐碱土上生长一般（黄胜利等，2012）。

特点与用途：喜光稍耐阴、耐旱、耐瘠、耐低温；病虫害少，花香清雅，初开时呈白色，花谢时渐转为乳黄色，为优良的绿化和香化树种，是基岩海岸绿化不可或缺的植物。干燥果实是常用中药，具清热泻火、凉血止血、利尿、散瘀和解毒的功效，用于治疗淋病、目赤、吐血和黄疸型肝炎等症。栀子果是多种中成药的原料，还可提取栀子黄色素，为古老的天然染料及食品着色剂。花营养丰富，可食。

繁殖：扦插与播种繁殖。

栀子	耐盐	B	耐盐雾	A-	抗旱	A-	抗风	A

◎ 生长于海岸迎风面山坡石缝的栀子（浙江乐清西门岛）

◎ 生长于强盐雾海岸迎风面山坡石缝的栀子（福建龙海浯垵岛）

双花耳草

Leptopetalum biflorum (Linn.) Neupane & N. Wikstr.

别名：海边藤蔓草、二花耳草

英文名：Twoflower Mille Graines

茜草科一年生草本，直立或蔓生，高 10~50 cm，全株柔弱无毛，稍肉质；叶对生，长圆形或椭圆状卵形，长 1~4 cm；圆锥花序近顶生或生于上部叶腋，具花 3~8 朵，总花梗长 8~18 mm；花白色，有时带紫红色；花梗纤细，长 6~10 mm；蒴果扁球形，具 2 或 4 条凸起的纵棱，室背开裂；种子黑色。花果期全年。

分布：福建、广东、广西、海南、香港和台湾。少见。

生境与耐盐能力：可在海岸带与海岛的海边沙地、疏林下、山坡草地环境生长，在远离海岸的内陆地区也有分布，主要为 1 000 m 以下的山地。在海南文昌铜鼓岭，双花耳草生长于以沟叶结缕草为优势种的强盐雾海岸迎风面坡地，部分植株可以生长于浪花飞溅区，伴生植物有艾莫、银花苋、铺地蝙蝠草等。而在台湾垦丁鹅銮鼻公园，双花耳草可以在以水芫花和黑果飘拂草为优势种的珊瑚礁海岸最前沿稀疏灌丛中生长（陈玉峰，1984）。双花耳草也被称为双子叶植物中最靠近海水的草本植物之一。

特点与用途：喜光稍耐阴、耐旱亦耐水湿、耐瘠。由于植株矮小、分布稀疏，目前还没有关于其应用的报道。

繁殖：播种繁殖。

◎ 双花耳草花

◎ 双花耳草果

双花耳草	耐盐	A	耐盐雾	A	抗旱	A	抗风	—

◎ 生长于大潮高潮线上缘珊瑚礁缝隙的双花耳草与水芫花（台湾垦丁）

◎ 生长于强盐雾海岸浪花飞溅区草丛中的双花耳草（海南文昌月亮湾）

鸡眼藤

Morinda parvifolia Bartl. ex DC.
别名：小叶羊角藤、细叶巴朝天、百眼藤
英文名：Small-Leaved Indian Mulberry

茜草科多年生常绿攀缘藤本，嫩枝密被短粗毛；单叶对生，纸质，叶形多变，长圆形至倒卵状长圆形，长 2~7 cm，叶全缘，侧脉 3~6 条；头状花序顶生，具花 3~17 朵；花冠白色，长 6~7 mm，檐部 4~5 裂；聚花核果近球形，成熟时橙红色，每室一种子；种子略呈三棱形，黑色。花期 4—6 月，果期 6—9 月。

分布：福建、广东、广西、海南、香港和台湾。常见。

生境与耐盐能力：生长于海滨低地、海堤、基岩海岸等大潮高潮线以上的灌丛中。在广东湛江硇洲岛，鸡眼藤生长于强盐雾海岸火山岩礁石缝隙，多生长于礁石背风处，仅突出于礁石的叶片有盐雾危害症状，伴生植物有许树、酒饼簕、海岛藤、细穗草等。

特点与用途：喜光稍耐阴、耐旱、耐瘠；性强健，病虫害少，栽培容易，聚合果形态奇特，成熟后鲜黄色，是滨海地区优良的垂直绿化植物。全株入药，具清热利湿、止咳化痰之效。

繁殖：播种、截根与扦插繁殖。种子多油，不宜久藏，应采后即播。

◎ 鸡眼藤花

◎ 鸡眼藤果

鸡眼藤	耐盐	B+	耐盐雾	A−	抗旱	A	抗风	A

◎ 生长于强盐雾基岩海岸浪花飞溅区的鸡眼藤（海南万宁港北港）

◎ 生长于强盐雾基岩海岸背风处的鸡眼藤（海南昌江棋子湾）

台湾新乌檀

Neonauclea truncata (Hayata) Yamam.
别名：榄仁舅、海楷

茜草科常绿大乔木，高达 20 m，小枝密被短柔毛；单叶对生，革质椭圆形或长圆形，长 16~25 cm，无毛，侧脉 7~9 对，叶柄不到 2 mm；因树形及叶片大小、形状颇像使君子科的榄仁（榄仁舅由此得名）；头状花序顶生，直径 4~5 cm，花密集；花冠白色，长约 1 cm，5 裂，无毛；蒴果倒圆锥形，种子具细长薄翅。花期 6—9 月，果期 7—10 月。

分布：台湾恒春半岛及兰屿。台中以南偶见栽培。

生境与耐盐能力：海岸带与海岛特有树种，为热带珊瑚礁海岸林典型成分。在台湾垦丁，草海桐、台湾新乌檀、露兜树、琼崖海棠是海岸灌木林最常见的植物。

特点与用途：喜光不耐阴，耐旱、耐瘠、抗风、抗盐、不耐寒；性强健，病虫害少，树形美观，花果奇特，夜间开放的头状花序状如烟花，有香味，是滨海地区不可多得的观赏植物。材质细密而坚硬，可供建筑和造船，台湾兰屿少数民族"拼板舟"关键部件龙骨常用台湾新乌檀制作。

繁殖：播种繁殖。

◎ 台湾新乌檀花序

台湾新乌檀	耐盐	B	耐盐雾	A-	抗旱	A-	抗风	A-

◎ 台湾新乌檀果实

◎ 台湾新乌檀叶

◎ 用于海岸绿化的台湾新乌檀（台湾垦丁）

蔓九节

Psychotria serpens Linn.
别名：匍匐九节、拎壁龙（台湾）、风不动
英文名：Creeping Psychotria

茜草科常绿攀缘或匍匐藤本，以茎上不定根攀缘于树干或岩石表面，具气生根；单叶对生，稍肉质，卵形至椭圆形，长 0.7～9 cm，托叶早落；聚伞花序顶生，三歧分枝，圆锥状或伞房状；花萼倒圆锥形，5 浅裂；花冠白色，喉部被白色长柔毛；核果浆果状，球形或椭圆形，具纵棱，成熟时白色。花期 4—6 月，果期全年。

分布： 浙江、福建、广东、广西、海南、香港和台湾。常见。

生境与耐盐能力： 海岸带与海岛常见植物，多攀缘于低海拔海岸山坡低矮的树冠、石头上。在福建平潭大福湾、流水镇山边村等地，蔓九节是强盐雾海岸低海拔迎风面山坡常见植物，多攀爬于花岗岩背风面石壁，生长正常，冬果累累；少部分攀爬至迎风面石壁的枝叶有一定的盐雾危害症状，个别生长于浪花飞溅区的植株有一定的盐雾危害症状。

特点与用途： 喜光亦耐阴、耐瘠、耐寒；适应性强，病虫害少，攀爬能力强，植株形态奇特，冬春季白色果实非常醒目，为少有的白色果实系列植物，不占地，一旦种植成活就无需维护，是海岸带地区庭院栽培，假山、围墙和树干美化的极佳植物。全株药用，具有舒筋活络、壮筋骨、祛风止痛、凉血消肿的功效，用于治疗风湿痹痛、坐骨神经痛、痈疮肿毒、咽喉肿痛等。

繁殖： 扦插与播种繁殖。

◎ 蔓九节果

◎ 强盐雾海岸紧贴石壁生长的蔓九节

蔓九节	耐盐	B	耐盐雾	A−	抗旱	A	抗风	A

◎ 生长于强盐雾海岸突出岩石背风面的蔓九节和滨柃（福建福鼎东台山岛）

◎ 攀爬于强盐雾海岸迎风面石壁的蔓九节（福建平潭大福湾）

松叶耳草

Scleromitrion pinifolium (Wall. ex G. Don) R. J. Wang

别名：鹩哥舌、鸟舌草、蛇舌草、针叶耳草

英文名：Pineleaf Hedyotis

◎ 松叶耳草花

茜草科一年生披散草本，高10～25 cm，枝纤细，多分枝，四棱形；叶轮生或对生，线形，长12～25 mm，宽1～2 mm，边缘干时背卷；团伞花序顶生或腋生，具花3～10朵，无总花梗，苞片披针形；花4数，花冠筒状，白色，裂片顶端无髯毛，柱头较花药高；蒴果近卵形，被毛，室背开裂穿过顶部。花期5—8月。

分布：福建、广东、广西、海南、香港和台湾。偶见。

生境与耐盐能力：生于丘陵旷地或滨海沙荒地上，是广东和海南海岸前沿沙地常见植物之一（邓义等，1994；吴德邻，1994；郑希龙等，2009）。在广东珠江口的内伶仃岛，松叶耳草是滨海沙生灌草丛成分之一（Chen et al., 2010；王瑞江和任海，2017）。而在福建平潭至晋江一带，松叶耳草生长于植被低矮稀疏的强盐雾海岸低海拔迎风面沙荒地和基岩海岸岩石缝隙，常见的伴生植物有爵床、牡蒿、草海桐、毛马齿苋、山菅兰、无根藤等。在海南昌江棋子湾，松叶耳草与土丁桂、蛇婆子、羽芒菊、狭卵叶红灰毛豆等生长于强盐雾海岸迎风面山坡。

◎ 松叶耳草花序

特点与用途：喜光亦耐阴、耐瘠。全草药用，具有消肿止痛、消积、止血功效，用于治疗小儿疳积、跌打损伤、毒蛇咬伤等。

繁殖：播种与分株繁殖。

◎ 松叶耳草植株

松叶耳草	耐盐	A-	耐盐雾	A	抗旱	A	抗风	—

◎ 生长于强盐雾海岸迎风面山坡浪花飞溅区草丛的松叶耳草（福建南安大佰岛）

◎ 生长于海岸沙地的松叶耳草（海南三亚亚龙湾）

假杜鹃

Barleria cristata Linn.
别名：蓝钟花、洋杜鹃、紫靛、蓝花草
英文名：Philippine Violet, Bluebell Barleria, Crested Philippine Violet

爵床科亚灌木，高达 2 m，茎被柔毛；叶对生，纸质，椭圆形、长椭圆形或卵形，长 3～10 cm，基部楔形，下延到叶柄，全缘；聚伞花序集生于短枝，花萼裂片 4，外萼裂片叶形，网状脉，边缘具刺；花冠蓝紫色或白色，二唇形，花冠圆筒状，长 3.5～5 cm，雄蕊 4；蒴果长圆形，两端急尖。花期 10 月至翌年 4 月。

分布：福建、广东、广西、海南、香港和台湾。海南岛常见。

生境与耐盐能力：生境多样，既是海岸带与海岛的常客，也成片生长于云南和四川极度干旱的干热河谷。国外普遍认为假杜鹃耐盐能力低，但从我国海南及广东野外分布情况看，假杜鹃对海岸带环境有较强的适应能力。在海南岛西海岸，假杜鹃不仅是橡胶树林、木麻黄林下杂草，也是干旱贫瘠的海岸沙荒地、滨海刺灌丛的常见植物。

特点与用途：喜阴湿环境，但也可以在全日照环境下生长，极耐旱，耐瘠；适应性强，栽培容易，耐粗放管理。病虫害少，株形美观，花色美丽，花期长，花量大，花形酷似杜鹃，观赏性极佳，是滨海地区庭院绿化和公园绿化的优良植物。全草入药，具通经活络、解毒消毒之功效，用于治疗风湿关节痛、风疹瘙痒、麻疹不透、跌打损伤、蛇咬伤等。

繁殖：播种与扦插繁殖。

◎ 假杜鹃花

◎ 假杜鹃叶

假杜鹃	耐盐	B+	耐盐雾	A	抗旱	A	抗风	—

◎ 生长于大潮可淹及的海岸沙荒地的假杜鹃（海南儋州峨蔓）

◎ 生长于基岩海岸浪花飞溅区石缝的假杜鹃（海南万宁大洲岛）

爵床

Justicia procumbens Linn.
别名：六角英、小青草
英文名：Water Willow

爵床科一年生草本，高 20～50 cm，茎基部匍匐，有硬短毛；单叶对生，椭圆形或长圆形，长 1.5～3.5 cm，被短硬毛；叶柄短；穗状花序顶生或生于上部叶腋，密被长硬毛；苞片线状披针形，花萼裂片 4，花冠粉红色；蒴果小，上部具 4 粒种子，下部实心似柄状，种子有瘤状皱纹。花果期全年。形态变化较多，常见变种有早田氏爵床（*J. procumbens* var. *ciliate*）和密毛爵床（*J. procumbens* var. *hirsuta*）。前者无叶柄，两面密被长硬毛，主要分布于台湾垦丁；后者全株密被长硬毛，仅分布于台湾澎湖和垦丁。*Flora of China* 将早田氏爵床恢复为一个独立的种，学名为 *J. hayatae*。

分布：秦岭以南地区广泛分布，但变种早田氏爵床和密毛爵床仅分布于浙江平阳南麂列岛（王金旺和陈秋夏，2020）、澎湖和台湾南部。

生境与耐盐能力：生境广泛，为常见杂草，山坡、路边、草地、农地、水沟边均可见其分布。目前没有爵床耐盐能力的专门报道。爵床也是海岸带与海岛的常客，尤其是在一些干旱的草地、沙荒地和岩石缝隙。在台湾垦丁猫鼻头公园，爵床与小鹿藿生长于强盐雾海岸高位珊瑚礁；而在台湾垦丁风吹沙，爵床与单叶蔓荆、露兜树、厚藤等组成海岸沙地灌草丛。

◎ 爵床花序

在福建平潭君山，爵床生长于以沟叶结缕草为优势种的强盐雾海岸迎风面山坡草地，部分植株可以分布于浪花飞溅区。在台湾澎湖，爵床是强盐雾海岸迎风面低海拔草地和沙荒地的常见植物。

特点与用途：喜光稍耐阴、耐旱不耐水湿、耐瘠、耐寒；对环境有广泛的适应能力，尤其适应低海拔的干旱环境。全草入药，具有清热解毒、利尿消肿、活血止痛和截疟的功效，用于治疗咽喉肿痛、感冒发热、咳嗽、跌打内伤及疟疾等。

繁殖：播种繁殖。

爵床	耐盐	B+	耐盐雾	A	抗旱	A	抗风	—

◎ 生长于强盐雾海岸高位珊瑚礁迎风面山坡的爵床和小鹿藿（台湾垦丁猫鼻头）

◎ 生长于强盐雾海岸沙地灌草丛中的爵床（台湾垦丁风吹沙）

蓝花参

Wahlenbergia marginata (Thunb.) A. DC.

别名：细叶沙参、细叶参、兰花参、牛奶草
英文名：Asiatic Bellflower

桔梗科多年生草本，高 20～40 cm，主根细长肉质，基部多分枝，茎下部叶密集，有白色乳汁；单叶互生，匙形、倒披针形或椭圆形，长 1～3 cm；圆锥花序顶生，花梗直立，长达 15 cm；花冠钟状，蓝色，3～5 浅裂；蒴果倒圆锥状或倒卵状圆锥形，有 10 条不甚明显的肋；种子多数，矩圆状，红棕色。花果期几乎全年。

分布：浙江、福建、广东、广西、海南、香港和台湾。常见。

生境与耐盐能力：分布范围广，生境多样，从海拔数米的海岸带到海拔 3 000 m 的高山、从远离大陆的海岛到远离海岸线的内陆地区如昆明都有分布。迄今为止没有任何蓝花参耐盐能力的报道。但从福建、浙江等地海岸分布情况看，蓝花参是海岸带与海岛常见植物，对海岸环境具有很强的适应性，是海岸灌草丛、沙荒地的常见植物。在福建平潭流水镇、晋江深沪湾、龙海烟墩山等地，蓝花参是强盐雾海岸低海拔迎风面山坡沙荒地常见植物，多生长于以沟叶结缕草为优势种的稀疏草丛。而在福建南安的大佰岛，蓝花参生长于强盐雾海岸浪花飞溅区石缝。

特点与用途：喜光稍耐阴、耐瘠、耐寒；因植株矮小，除药用外，目前没有关于其应用方面的报道。根入药，具有养阴清肺、止咳、止血功效，用于治疗虚损劳伤、盗汗、疳积、白带过多、肺燥咯血、跌打损伤等。肉质根腌制后可食，也能用于泡制药酒，具有提高免疫力的功效。

繁殖：分株与播种繁殖。

◎ 蓝花参花

◎ 蓝花参果

蓝花参	耐盐	A-	耐盐雾	A	抗旱	A	抗风	—

◎ 蓝花参叶片背面

◎ 蓝花参枝叶

◎ 生长于强盐雾海岸沙荒地上的蓝花参（福建晋江深沪湾）

◎ 生长于海岸后滨沙地上的蓝花参（浙江舟山桃花岛）

牡蒿

Artemisia japonica Thunb.

别名：蔚、齐头蒿、水辣菜、布菜、铁菜子、土柴胡、臭艾、油艾、花艾草、老鸦青、马莲蒿、牛尾蒿、熊掌草

英文名：Japanese Wormwood

菊科多年生直立草本，高 60～150 cm，上半部分枝，植株有香气；叶纸质，楔形或匙形，长 2.5～8 cm，无叶柄，先端有齿或掌状浅裂；头状花序多数，下垂，排列成圆锥状；总苞叶状，具苞片 3～4 层；边缘雌花 3～8 朵，花冠管状，黄色；中间为两性花 5～10 朵，不育；瘦果小，倒卵形，深褐色，无毛。花果期 7—10 月。

◎ 牡蒿植株

分布：浙江、福建、广东、广西、海南、香港和台湾。常见，部分省区有人工栽培。

生境与耐盐能力：海岸带与海岛常见植物，常见于低海拔的林缘草地、林中空地、旷野、灌丛、丘陵、山坡草地、路旁、石缝等。在浙江舟山悬鹁鸪岛，牡蒿生长于海岸沙地。实验室水培条件下，牡蒿在 NaCl 含量高达 160 mmol/L 的培养液中只有轻微的盐害症状，可以在 NaCl 含量达 200 mmol/L 的培养液中存活（管志勇等，2010a）。在 32 个菊花近缘种属的耐盐能力比较中，牡蒿耐盐能力仅次于芙蓉菊和达摩菊，排名第三，被列为"极强耐盐能力"类别（管志勇等，2010b）。

特点与用途：喜光稍耐阴、耐旱不耐水湿、耐瘠。全草入药，有清热解毒、消暑、去湿、止血、消炎和散瘀的功效，主治夏季感冒、肺结核潮热、咯血、小儿疳热、衄血、便血、崩漏、带下、黄疸型肝炎和毒蛇咬伤。嫩苗和嫩茎叶作为蔬菜食用，又可作为家畜饲料，及青蒿的代用品。

繁殖：播种与扦插繁殖。

◎ 生长于海岛的牡蒿在不同季节叶片呈现不同颜色（左：秋冬季；右：夏季）

牡蒿	耐盐	A-	耐盐雾	A-	抗旱	A-	抗风	A-

◎ 生长于基岩海岸迎风面山坡草丛的牡蒿（浙江嵊泗枸杞岛）

◎ 生长于基岩海岸石缝的牡蒿（浙江舟山桃花岛）

普陀狗娃花

Aster arenarius (Kitam.) Nemoto
别名：滨海狗娃花

菊科二年或多年生草本，高 15～70 cm，茎平卧或斜升，自基部分枝，近于无毛；基生叶匙形，下部茎生叶在花期枯萎，中部及上部叶匙形或匙状矩圆形，基部较狭窄；叶两面无毛，但有明显的缘毛；头状花序单生枝端，直径 2.5～4 cm，总苞半球形；边缘为舌状花，舌片条状矩圆形，淡蓝色或淡白色，冠毛短鳞片状；管状花两性，黄色，冠毛刚毛状；瘦果倒卵形，浅黄褐色，被毛。花果期几乎全年。

分布：浙江、福建。浙江南部沿海岛屿常见，福建仅在福鼎的嵛山岛有发现（陈勇和阮少江，2009）。我们在福建福鼎的台山列岛也发现有较多分布。

生境与耐盐能力：海岸带与海岛特有植物，多生长于基岩海岸迎风面山坡石缝，部分植株可以在海拔数米的强盐雾海岸浪花飞溅区生长。在浙江平阳远离大陆的小面积岛屿稻挑山岛（最高海拔 41 m，面积 3 万平方米），普陀狗娃花生长于以刺裸实、芙蓉菊和肉叶耳草为优势种的海岸稀疏灌草丛，其他伴生植物有厚叶石斑木、光叶蔷薇、木防己、锈鳞飘拂草和多枝扁莎等（陈秋夏等，2020）。

特点与用途：喜光亦耐阴、耐旱不耐水湿、耐瘠；适应性强，根系发达，枝叶成簇丛生，叶形雅致，花色艳丽，花期长，是海岸带优良的园林绿化和防风固沙植物。

繁殖：播种与扦插繁殖。

◎ 普陀狗娃花花序及种子

普陀狗娃花	耐盐	A−	耐盐雾	A	抗旱	A	抗风	—

◎ 生长于基岩海岸浪花飞溅区石缝的普陀狗娃花（浙江平阳南麂岛）

◎ 普陀狗娃花幼株

◎ 生长于基岩海岸迎风面坡地的普陀狗娃花（福建福鼎西台山岛）

野菊

Chrysanthemum indicum Linn.

别名：疟疾草、苦薏、路边黄、山菊花、黄菊仔、菊花脑

英文名：Wild Chrysanthemum

菊科多年生草本，直立或铺散，高 0.25～1 m，有地下匍匐茎，全株具特殊香味；叶卵形或卵状椭圆形，长 3～10 cm，一回羽状分裂；头状花序顶生，直径 1.5～2.5 cm，排成伞房圆锥花序；苞片边缘白色或褐色，膜质；舌状花黄色，顶端全缘或具 2～3 齿，两性花管状；瘦果倒卵形，黑色，无冠毛。花果期 6 月至翌年 3 月。

分布：除新疆外，全国各地均有分布，部分省区有人工栽培。

生境与耐盐能力：生境多样，山坡草地、灌丛、河边、田边及路旁均可见。野菊是海岸带与海岛的常客，在福建平潭山边村，野菊是强盐雾海岸低海拔山坡灌草丛常见植物，多贴地生长，部分植株可以生长于浪花飞溅区，未观察到明显的盐雾危害症状。多数研究认为野菊具有一定的耐盐能力（杨海燕和孙明，2016；刘筱玮等，2021；吴羿等，2022），但不同种源的野菊耐盐能力存在较大种内变异（薄杉等，2023）。实验室水培条件下，野菊幼苗生长的临界 NaCl 浓度为 150 mmol/L（吴羿等，2022）。也有人将其归为盐生药用植物（段代祥等，2007；赵宝泉等，2015）。赵可夫等（2013）将其归为盐生植物。

特点与用途：喜光稍耐阴、耐旱、耐瘠、耐低温；适应性强，病虫害少，耐修剪，耐粗放管理，花量大，花期长，花色艳丽，是滨海园林绿化的优良植物。花香气浓郁，具有提神醒脑、松弛神经、舒缓头疼的功效，可作为夏天消暑饮料的原料。全草入药，具清热解毒、疏风散热、散瘀、明目、降血压功效，可用于防治流行性脑脊髓膜炎、预防流行性感冒，也用于治疗高血压、肝炎、痢疾、痈疖疔疮等。花浸提液对杀灭孑孓及蝇蛆非常有效。嫩芽可作为蔬菜食用，未开放的花蕾烘干后即为"菊米"，可用于泡茶。作为现代栽培菊花的野生近缘种，野菊亦具有极高的育种价值（戴思兰等，2002）。

繁殖：播种与扦插繁殖。

◎ 野菊花

◎ 野菊植株

◎ 野菊叶

野菊	耐盐	B+	耐盐雾	A	抗旱	A−	抗风	—

◎ 生长于基岩海岸迎风面
山坡石缝的野菊和东南景天
（福建福鼎西台山岛）

◎ 生长于海岸迎风面山坡
稀疏灌草丛的野菊（福建霞
浦长春）

◎ 生长于强盐雾海岸草丛
中的野菊（福建平潭山边）

秋英

Cosmos bipinnatus Cav.

别名：波斯菊、格桑花、扫地梅、大波斯菊

菊科一年或多年生草本，高 1～2 m；叶互生，长 6～11 cm，二回羽状深裂，裂片线形或丝状线形；头状花序单生，花梗细长；总苞半球形，近革质，淡绿色；花托平或稍凸，托片膜质；舌状花舌片椭圆状倒卵形，紫红色至白色，管状花黄色；瘦果线形，黑紫色，上端具长喙，有 2～3 尖刺。花期 6—8 月，果期 9—10 月。

分布：原产墨西哥。作为观赏植物在我国各地广泛栽培，栽培品种多，有些地方逸为野生。

生境与耐盐能力：秋英在天津滨海盐碱地表现出良好的适应性（汤巧香，2007）。在山东东南部，秋英可以在含盐量 4 g/kg 的土壤中正常生长（王凯等，2011）。水培条件下，秋英表现出较高的耐盐能力，有 20% 的种子可以在 NaCl 含量 200 mmol/L 的培养液中萌发，种子萌发的临界 NaCl 浓度为 150 mmol/L（田立娟等，2012）。另一项独立的水培试验发现种子萌发的临界 NaCl 浓度为 170 mmol/L（徐小玉等，2014）。从种子发芽情况讲，秋英的耐盐能力高于紫茉莉和蜀葵（田立娟等，2012）。

特点与用途：喜光不耐阴、耐旱不耐水湿、耐寒、耐瘠；性强健，栽培容易，株形高大，叶形雅致，花色多样，是滨海地区极佳的地被观赏植物。花可食。全草入药，具有清热解毒、明目化湿之功效，用于治疗痢疾、目赤肿痛等症。

繁殖：播种与扦插繁殖。

◎ 花色多样的秋英

◎ 秋英花枝

秋英	耐盐	B+	耐盐雾	A−	抗旱	A−	抗风	B

华东蓝刺头

Echinops grijsii Hance
别名：禹州漏芦、山防风（台湾）、格利氏蓝刺头
英文名：East China Globethistle

　　菊科多年生直立草本，高 30～80 cm，茎密被蛛丝状绵毛；叶互生，纸质，长椭圆形，长 10～15 cm，羽状深裂，边缘具刺状缘毛；复头状花序单生枝端或茎顶，直径约 4 cm，头状花序仅有 1 花；花冠管状，淡蓝色或白色，顶端 5 裂；苞片外无毛无腺点；瘦果倒圆锥状，密生长柔毛，冠毛膜片线形。花果期 3—10 月。

　　分布：浙江、福建、广东、广西和台湾。中国特有种，偶见。

　　生境与耐盐能力：常见于向阳的山坡草地。在山东青岛、威海和烟台，福建平潭和漳州的一些小岛上，华东蓝刺头生长于低海拔海岸迎风面草坡、灌草丛或疏林下。在福建平潭的大屿岛，华东蓝刺头仅生长于受强盐雾影响的岛屿东北坡草地（海拔 20～40 m），未见任何盐雾危害症状。

　　特点与用途：喜光不耐阴、耐旱、耐瘠、耐寒；适应性强，耐粗放管理。花形奇特别致，具金属光泽，花期长，成片种植有特别的效果，是滨海地区极佳的绿化植物；也可以做鲜切花和干花。根药用，中药名"禹州漏芦"，性苦、寒，具清热解毒、消痈肿、通乳的功效，用于治疗乳痈肿痛、乳汁不通、瘰疬疮毒等。

　　繁殖：播种与切根段扦插繁殖。

◎ 华东蓝刺头花

◎ 华东蓝刺头花序

◎ 生长于强盐雾海岸山坡的华东蓝刺头（福建平潭大屿岛）

华东蓝刺头	耐盐	B	耐盐雾	A−	抗旱	A−	抗风	A

鳢肠

Eclipta prostrata (Linn.) Linn.

别名：旱莲草、墨旱莲、凉粉草、墨汁草、墨莱、黑墨草、白花蟛蜞菊

英文名：False Daisy

菊科一年生直立或匍匐草本，高15~60 cm，全株被糙毛；茎叶揉碎时，汁液变黑，植株干后黑褐色；叶对生，纸质，披针形，长3~10 cm，边缘有细锯齿；头状花序单生，直径约6 mm；总苞绿色，花冠白色；边缘为舌状花，雌性，瘦果三棱状；中央全为管状花，两性，瘦果扁四棱形，无冠毛。花果期7—11月。

分布：浙江、福建、广东、广西、海南、香港和台湾。农田常见杂草。

生境与耐盐能力：海岸带与海岛常见植物，海岸沙地、鱼塘堤岸、排水沟渠两侧及海岸低湿地等都可以见到。在黄河口，鳢肠生长于潮间带中上带、潮间带上带的高地，混生于以芦苇和翅碱蓬为优势种的盐沼植被中（贺强等，2009）。刘加珍等（2015）发现，鳢肠可以在黄河口土壤含盐量12.4 g/kg的芦苇丛中生长。鳢肠种子的发芽率、幼苗生长等指标随培养液NaCl浓度的提高而下降，但在NaCl含量达100 mmol/L的培养液中，鳢肠种子发芽率仍高达60%~79%，有部分种子可在NaCl含量200 mmol/L的培养液中萌发（罗小娟等，2012；王桔红等，2020）。也有研究发现鳢肠种子萌发对海水敏感，在盐度不高于1.8 g/L的培养液中发芽率与对照组无差异，但在盐度5.4 g/L的培养液中发芽率仅为3.7%，发芽势为0；在盐度7.2 g/L的培养液中种子不能萌发，发芽率的临界盐度是3.6 g/L，发芽势的临界盐度是0.9 g/L（邵世光等，2011）。在印度，鳢肠被认为是兼性盐生植物，耐盐极限是28 dS/m（Dagar & Singh, 2007）。

◎ 鳢肠花序及果实

特点与用途：喜光亦耐阴、耐旱亦耐水湿、耐瘠、耐寒；对土壤类型、酸碱度有广泛的适应性（罗小娟等，2012），生长旺盛，繁殖力强，是常见的农田杂草。全草入药，有凉血、止血、消肿之功效，用于治疗吐血、鼻出血、咯血、肠出血、尿血、痔疮出血、血崩等症。捣汁涂眉发，能促进毛发生长，内服有乌发功效。

繁殖：播种与扦插繁殖。鳢肠种子为需光型种子，播种时不可埋土太深。

鳢肠	耐盐	B+	耐盐雾	A	抗旱	A−	抗风	—

◎ 生长于强盐雾海岸后滨沙地的鳢肠（台湾垦丁）

◎ 珊瑚沙海岛上自然生长的鳢肠（海南三沙）

◎ 鳢肠是填海沙荒地最先进入的植物之一（海南三沙）

鹅不食草

Epaltes australis Less.
别名：球菊、苊芭

菊科一年生铺散或匍匐草本，长 6～20 cm，基部多分枝，无翅；叶倒卵形或倒卵状长圆形，长 1.5～3 cm，边缘有不规则的粗锯齿；头状花序多数，扁球形，侧生；总苞半球形，草质，绿色；花托稍凸，无毛；雌花多数，花冠锥状，两性花有雄蕊 4 枚；瘦果近圆柱形，有 10 条棱，无冠毛。花期 3—6 月，果期 9—11 月。

分布：福建、广东、广西、海南、香港和台湾。常见。

生境与耐盐能力：生境广泛，从农田到相对干旱的海岸沙荒地均有分布。在海南昌江棋子湾，鹅不食草从大潮高潮线上缘到海拔数十米的海岸沙荒地均有分布。在海南万宁港北港、文昌龙楼小澳湾，鹅不食草与黑果飘拂草、光梗阔苞菊、草海桐、艾堇等生长于强盐雾海岸迎风面山坡，植株贴地生长，高度不足 10 cm，叶片肉质。鹅不食草也是南太平洋岛国汤加、斐济、萨摩亚等国常见植物。

特点与用途：喜光稍耐阴、耐旱亦耐水湿、耐瘠。全草入药，性味辛温，具有通鼻窍、止咳的功效，用于治疗风寒头痛、咳嗽痰多、鼻塞不通、鼻渊流涕等。

繁殖：播种繁殖，种子在黑暗条件下不萌发。

◎ 鹅不食草枝叶

◎ 鹅不食草花序

◎ 鹅不食草植株

鹅不食草	耐盐	A−	耐盐雾	A	抗旱	A	抗风	A

◎ 与毛马齿苋、土丁桂、白茅等生长于强盐雾海岸沙地的鹅不食草（海南文昌海南角）

◎ 生长于强盐雾海岸浪花飞溅区沙荒地的鹅不食草（海南万宁港北港）

微甘菊

Mikania micrantha Kunth
别名：小花蔓泽兰、薇甘菊
英文名：Climbing Hempweed

菊科多年生草质或半木质藤本，茎细长，常攀缘于树冠；单叶对生，三角状卵形，长3~13 cm，基部心形，边缘具粗齿；头状花序组成伞房状圆锥花序，顶生或腋生；每个头状花序有两性小花4朵，花白色，管状；总苞片4，绿色；瘦果黑色，有5棱；冠毛白色。花果期几乎全年。

分布： 原产中南美洲。作为一种恶性杂草，1919年最早在香港有记录，1984年广东深圳首次发现，现在我国广东、广西、海南、香港和台湾广泛分布。近年来我们在福建漳州、厦门、莆田等地均有发现，微甘菊正在福建沿海快速蔓延。

生境与耐盐能力： 广泛分布于疏林地、密林林缘、果园、缺乏管理的绿地以及池塘、沟渠和河边等。微甘菊也是海岸带常见植物，鱼塘堤岸、红树林林缘、木麻黄防护林等地均可见其分布。在广东珠三角地区，微甘菊可以在大潮高潮线附近生长，常攀缘于靠陆地一侧的红树林，对红树林造成严重危害。胡亮等（2014）比较了不同种源微甘菊的耐盐能力，结果表明微甘菊具有盐生植物的特点，种子萌发和幼苗生长存在低盐促进和高盐抑制的现象：6 g/L 的 NaCl 培养液处理对所有种源的种子萌发没有影响，2个种源的种子即使在 18 g/L 的 NaCl 培养液中相对发芽率超过80%；所有种源的微甘菊在 9 g/L 的 NaCl 培养液中相对苗高均高于对照组，12 g/L 的 NaCl 处理对部分种源幼苗生长没有影响。

◎ 微甘菊植株及花序

特点与用途： 喜光稍耐阴、耐旱亦耐水湿、耐瘠；适应性强，生长速度快，茎节可随处生根，结果量大，种子传播能力强，茎缠绕生长，能迅速蔓延并覆盖其他植物树冠，使被覆盖植物因无法接受足够的光照而死亡，对农林业造成重大危害。微甘菊已被列入《全球100种最具威胁的入侵物种名单》、《中国第一批外来入侵物种名单》（2003）和中国《重点管理外来入侵物种名录》（2022）。

繁殖： 播种与扦插繁殖。

微甘菊	耐盐	B+	耐盐雾	A-	抗旱	B+	抗风	—

◎ 攀爬于红树植物木榄上的微甘菊（广东深圳海上田园）

◎ 生长于大潮高潮线上缘、攀爬于红树林上的微甘菊（广东惠州范和港）

苦苣菜

Sonchus oleraceus Linn.
别名：滇苦荬菜、苦荬菜、苦麻菜、苦菜、日本苦苣菜
英文名：Common Sowthistle

菊科一年生或二年生直立草本，高 40～150 cm，茎中空，具棱，全株具白色乳汁；叶互生，纸质；下部叶长椭圆状披针形，羽状深裂或提琴状羽裂，边缘具刺状尖齿，基部扩大抱茎；中部叶尖耳廓状抱茎，具不整齐锯齿；头状花序排成顶生伞房花序，总苞钟形，苞片 2～3 层；舌状小花多数，黄色；瘦果褐色，长椭圆形，每面各有 3 条细纵肋，肋间有横皱纹，冠毛白色。花果期全年。

分布：浙江、福建、广东、广西、海南、香港和台湾。常见，个别地区作为蔬菜栽培。

生境与耐盐能力：苦苣菜是海岸带的常客，多生长于海岸迎风面山坡、草丛、路边、海堤、沙荒地、沟渠边等。在福建沿海，秋雨后苦苣菜发芽，12 月至翌年 2 月开花，4 月果实成熟后枯死，这段时间正是东北季风盛行的时候。在福建平潭东庠岛和莆田湄洲岛，苦苣菜生长于强盐雾海岸迎风面山坡，从风暴潮线上缘的海岸沙地到海拔数十米的山坡均有分布，未见任何盐害症状。在福建龙海烟墩山，苦苣菜生长于强盐雾海岸鱼塘堤岸、迎风面山坡沙荒地，部分个体可以生长于浪花飞溅区，常见的伴生植物有番杏、海边月见草等。此外，多项独立的研究发现，苦苣菜有较强的耐盐能力。水培条件下，含盐量 8 dS/m 的 NaCl 培养液对其生长没有影响（Salonikioti et al., 2015）；培养液含盐量不超过 6 g/L 时对生长于内蒙古的野生苦苣菜的生长发育影响不大（陈贵华等，2011）；当 NaCl 含量不超过 200 mmol/L 时，苦苣菜可以进行一系列有效的生理调节，并表现出盐生植物吸钾拒钠的特点（贾鹏燕，2017）。

◎ 苦苣菜花序

特点与用途：喜光稍耐阴、耐旱稍耐水湿、耐瘠、耐寒；对土壤和气候有广泛的适应性，在水肥供应良好的土壤上生长旺盛；产量高，营养丰富，加之繁殖容易、栽培简单、病虫害少，在中国具有悠久的药用、食用和饲用历史，是药食两用植物。全株药用，具有清热解毒、消肿排脓、凉血化瘀、消食和胃、清肺止咳、益肝利尿之功效，用于治疗急性痢疾、肠炎、痔疮肿痛等症，对糖尿病和心血管疾病也有一定的治疗效果。嫩茎叶柔嫩多汁，不仅可作为野菜食用，也是一种优良的饲料。

繁殖：播种繁殖。种子小、喜光，播种时不可埋土过深。

◎ 苦苣菜果实和种子

苦苣菜	耐盐	B+	耐盐雾	A	抗旱	A-	抗风	A

◎ 生长于强盐雾海岸沙荒地的苦苣菜与番杏（福建龙海烟墩山）

◎ 苦苣菜是浙江杭州湾南岸填海区最先进入的植物之一

蟛蜞菊

Sphagneticola calendulacea (Linn.) Pruski

别名：路边菊、马兰草、蟛蜞花、金盏菊、水兰、黄花龙舌草、黄花曲草、鹿舌草、黄花墨菜、龙舌草

英文名：Chinese Wedelia

菊科多年生匍匐草本，茎上部近直立，基部各节有不定根，全株被短刚毛；叶对生，椭圆形、长圆形或线形，长 3～7 cm，宽 0.7～1.3 cm，有主脉 3 条，近无柄；头状花序单生枝顶或叶腋；舌状花雌性，舌片卵状长圆形，黄色；管状花两性，黄色；瘦果倒卵形，顶端稍收缩；无冠毛，而有具细齿的冠毛环。花期 3—9 月。蟛蜞菊与常见的地被植物南美蟛蜞菊（*S. trilobata*）很像，但前者叶片全缘或有 1～3 对疏粗齿，后者叶片三裂，易于区分。

◎ 蟛蜞菊花

分布：浙江、福建、广东、广西、海南、香港和台湾。常见，个别地方用作地被植物栽培。

生境与耐盐能力：生境广泛，既可以在水分充足的湿地环境生长，也可以在干旱的低海拔海岸草坡、沙荒地生长。在福建平潭君山，蟛蜞菊生长于强盐雾海岸迎风面山坡以沟叶结缕草为优势种的草地，部分植株可以在浪花飞溅区生长。水

◎ 蟛蜞菊植株

培条件下，低盐胁迫（100 mmol/L）NaCl 培养液可促进其生长，而中高盐胁迫（200、300 mmol/L）显著抑制其生长，但蟛蜞菊可以在 300 mmol/L NaCl 培养液中勉强存活（张彬等，2020）。

特点与用途：喜光亦耐阴、耐旱亦耐水湿、耐瘠、耐热；适应性强，生长速度快，再生能力强，病虫害少，易栽培，是滨海地区水土保持植物。全草药用，具有清热解毒、凉血散瘀之功效，用于治疗感冒发热、咽喉炎、扁桃体炎、腮腺炎、白喉、百日咳、气管炎、肺炎、肺结核咯血、鼻衄、尿血、传染性肝炎、痢疾、痔疮、疔疮肿毒等。嫩茎叶可作为野菜食用；在广东，蟛蜞菊常用于制作凉茶。此外，蟛蜞菊不仅营养丰富，且易制成干草，兔、鹅等动物喜食，是优良的饲料植物（梁方方等，2006）。

繁殖：扦插繁殖。

蟛蜞菊	耐盐	A-	耐盐雾	A	抗旱	A-	抗风	—

◎ 生长于海岸沙地灌草丛的蟛蜞菊（海南乐东莺歌海）

◎ 生长于海岸沙地灌草丛的蟛蜞菊（海南乐东莺歌海）

蒲公英

Taraxacum mongolicum Hand.-Mazz.
别名：蒙古蒲公英、黄花地丁、婆婆丁、地丁
英文名：Dandelion, Cyclamen, Mongolian Dandelion Herb

菊科多年生草本，全株具白色乳汁；叶基生，长倒卵状披针形，长 4~20 cm，羽状深裂，裂片三角形；花葶 1 至数个，高 10~25 cm，上部紫红色，密被长柔毛；总苞杯状，外层苞片卵状披针形，绿色，先端有角状突起；舌状花黄色，花冠先端 5 裂；瘦果倒卵状披针形，暗褐色，上部具刺，冠毛白色。花果期 4—10 月。蒲公英分布范围广，叶片形态变化较大。

分布：我国大部分地区有分布。福建少见，据《福建植物志》记载，仅在福州和厦门有少量栽培，福建农林大学校园的植株能开花，但未见结果（福建省科学技术委员会，《福建植物志》编写组，1993）。

生境与耐盐能力：生境广泛，田间、路旁、山坡、荒野等都可见。在山东，蒲公英广泛分布于黄河三角洲轻度至中度盐化土。在台湾富贵角，蒲公英生长于强盐雾海岸的滨海半固定沙丘。在浙江象山，蒲公英在大潮线上缘的海岸沙地旺盛生长。在河北唐山滨海盐碱地，蒲公英分布于土壤含盐量不超过 6 g/kg 的荒地及田埂边，土壤湿润地块则生长旺盛（张国新等，2007）。有人认为蒲公英是盐生植物（段代祥等，2007）。

特点与用途：喜光亦耐阴、耐寒、耐瘠，耐旱能力一般；为我国常见的农田杂草，对环境有广泛的适应能力。栽培简单，繁殖容易，还有一定的观赏价值，可以作为地被植物栽培，一次种植，多次收获。蒲公英不仅营养丰富，还具有保健功效，是一种传统的营养保健蔬菜。全株入药，具有清热解毒、消肿散结、利尿通淋之功效，是清热解毒的传统药物；还具有较强的杀菌作用，被列为中药的"八大金刚"之一，用于治疗感冒发热和感染性炎症等，对肝炎、乳腺炎、疔毒、咽炎和扁桃体炎有明显疗效。蒲公英还应用于化妆品，具有滋养皮肤、促进皮肤新陈代谢和防止皮肤色素沉着的功效。

繁殖：播种繁殖。

◎ 蒲公英花序

◎ 蒲公英果

◎ 蒲公英种子

蒲公英	耐盐	B	耐盐雾	A-	抗旱	B+	抗风	—

◎ 生长于强盐雾海岸沙地的蒲公英和厚藤（台湾台北富贵角）

◎ 生长于大潮高潮线上缘的蒲公英（浙江象山松兰山）

苍耳

Xanthium strumarium Linn.

别名：苍子、虱麻头、老苍子、青棘子、刺八裸、偏基苍耳、稀刺苍耳

英文名：Siberian Cocklebur

菊科一年生草本，高20~90 cm，茎被糙毛；单叶互生，卵状三角形，长4~9 cm，具基三出脉，先端尖，边缘有不规则的浅裂与锯齿，两面均被粗糙毛，叶柄长3~11 cm；头状花序顶生或腋生，上部为雄性，球形；下部为雌性，椭圆形，成熟时坚硬；瘦果椭圆形，包于囊苞内，无冠毛。花期8—9月，果期9—10月。

分布：全国各地。

生境与耐盐能力：海岸沙荒地常见杂草，是海岸植被破坏后次生演替的先锋植物，也有人称之为沙滩植物（罗涛等，2008）。在浙江、福建和海南等地，从大潮高潮线上缘到海岸木麻黄林空隙均有分布。顾寅钰等（2019）从离子选择性吸收能力角度比较了自然生长于山东烟台海岸沙地植物的耐盐能力，发现苍耳的耐盐能力高于盐生植物肾叶打碗花和砂引草，也高于狗牙根。苍耳被列入巴

◎ 苍耳果

◎ 苍耳是填海区最先进入的杂草之一（海南三沙）

基斯坦盐生植物名录（Khan & Qaiser, 2006），被盐生植物数据库 HALOPHYTE Database Vers. 2.0 收录（Menzel & Lieth, 2003），也有人将其归为盐生药用植物（赵宝泉等，2015；Ghazanfar et al., 2014）。

特点与用途：喜光不耐阴，耐瘠；适应性强，栽培简单，病虫害少，生长快，果形奇特，果色鲜艳，是滨海地区快速绿化的优良植物。果实中药名"苍耳子"，具有祛风散热、解毒杀虫的功效，主治头风、头晕、目眩等。茎叶营养丰富，适口性好，易消化，是优良牧草。果实蛋白质和油含量高，可炒熟磨碎，作为猪的精饲料。苍耳种子可榨油，制油漆，也可作为油墨、肥皂的原料。苍耳种子有毒，是杀虫植物，对棉蚜、红蜘蛛有效。

繁殖：播种繁殖。

苍耳	耐盐	B	耐盐雾	A+	抗旱	B+	抗风	B+

◎ 生长于大潮高潮线附近海岸沙地的苍耳（福建石狮祥芝）

◎ 生长于海岸沙地前沿稀疏草本植被区的苍耳（浙江苍南沿浦湾）

芦竹

Arundo donax Linn.

别名：荻芦竹、江苇、旱地芦苇

英文名：Giant Reed

禾本科多年生宿根直立草本，高 2～6 m；叶扁平，长 30～50 cm，略呈波状；叶鞘长于节间，无毛；大型圆锥花序顶生，长 30～90 cm，棕紫色；小穗长 10～12 mm，有花 2～4，外稃背部具柔毛，长 5 mm。花果期 9—12 月。变种花叶芦竹（*A. donax* var. *versicolor*）高 1.2～2.4 m，叶具白色或黄色条纹。芦竹与芦苇相似，但前者秆更高、更粗，上部有分枝且次年可长新叶；此外，芦竹的颖等长，外稃背面被毛，而芦苇颖长短不一，外稃背面无毛。

分布：原产地中海。我国南北各地都有栽培或逸为野生。花叶芦竹作为观赏植物广泛栽培。

生境与耐盐能力：生境多样，既可以在湿地生长，也可以在干旱的海岸沙地环境生长。在福建漳浦古雷半岛面向东北侧的低海拔海岸沙荒地，芦竹可以在强盐雾海岸环

◎ 芦竹花序

境下生长，仅在东北季风盛行的秋冬季有略微的盐雾危害症状。而在福建平潭长江澳海岸沙地，种植于无任何遮挡的强盐雾海岸沙地的芦竹，生长快，植株高大，在东北季风来临前生长基本正常，冬季地上部分枯死，春季重新萌蘖。在天津光合谷湿地公园，芦竹可以在土壤含盐量 3.4～5.2 g/kg 土壤中正常生长（蔚奴平，2020）。在含盐量 4～6 g/L 的低湿盐碱地可以正常生长（赵丽萍和许卉，2007）。土培条件下，100 mmol/L NaCl 溶液浇灌的芦竹生长旺盛，未见受害症状；150 mmol/L NaCl 溶液浇灌的芦竹部分叶片发黄，根系发黑，60% 的植株成活（林兴生等，2013）。芦竹被盐生植物数据库 HALOPHYTE Database Vers. 2.0 收录（Menzel & Lieth, 2003）。

◎ 花叶芦竹

特点与用途：耐旱又有一定的耐涝能力；适应性强，对污水有很强的抗性，生长速度快，栽培简单，繁殖容易，无病虫害，不仅是极佳的水质净化植物、护坡植物和护堤植物，也是很好的水景植物。江苏启东泥质海堤外侧栽植芦竹，护堤效果明显。芦竹茎秆用途广泛，可用于支架、造纸、工艺编制、提取纤维素等。嫩茎叶可用作饲料。根状茎药用，有清热泻火、清胃止吐的功效，用于治疗热病烦渴、呕吐、高热不退、小便不利等。

繁殖：埋根茎繁殖与茎秆扦插繁殖。

芦竹	耐盐	B+	耐盐雾	A-	抗旱	A-	抗风	A-

◎ 种植于强盐雾海岸沙地前沿的芦竹（福建平潭长江澳）

◎ 生长于海岸迎风面山坡的芦竹（浙江洞头）

四生臂形草

Brachiaria subquadripara (Trin.) Hitchc.
别名：旗草
英文名：Palisade Grass, Signal Grass

禾本科一年生草本，秆高 20～60 cm，秆纤细，基部常平卧地面，节膨大而生柔毛，节上生根；圆锥花序顶生，由 3～6 枚疏离的总状花序组成；小穗近无柄，单生，长圆形，长 3～4 mm，排列于穗轴之一侧，有小花 1～2；第一颖广卵形，长约为小穗之半；第一小花退化，第二小花两性。花果期 5 月至翌年 2 月。

分布：浙江、福建、广东、广西、海南、香港和台湾。常见。

生境与耐盐能力：海岸沙荒地常见植物，常见于海岸沙地、低海拔海岸沙荒地、海岸草坡及基岩海岸石缝等环境。环境恶劣地段常形成稀疏的草地，水分条件稍好地段可形成致密的草坪。在海南东方四必湾、广西北海银滩、广东深圳西涌等地，四生臂形草是海岸沙地最前沿植物之一。在海南万宁港北港附近，四生臂形草生长于强盐雾海岸迎风面山坡，与黑果飘拂草组成稀疏的草地，部分植物可以在浪花飞溅区生长。而在西沙群岛的一些小岛屿上，四生臂形草常见于空旷沙地和废弃空地，与黑果飘拂草、龙爪茅、台湾虎尾草等组成稀疏的沙生植被（段瑞军等，2020）。在广东深圳西涌，四生臂形草生长于以厚藤为优势种的海岸沙地草丛。

特点与用途：喜光稍耐阴、耐旱不耐水湿、耐瘠、耐沙埋；适应性强，生长速度快，秆叶柔软，营养丰富，适口性好，牛羊极喜食，是热带亚热带地区广为种植的一类重要的放牧刈割型牧草和水土保持植物（白昌军和刘国道，2001；何华玄等，2005；周自玮等，2005）。

繁殖：播种与埋茎段繁殖。

◎ 四生臂形草花序

四生臂形草	耐盐	A-	耐盐雾	A	抗旱	A	抗风	—

◎ 生长于强盐雾海岸沙荒地浪花飞溅区的四生臂形草（海南万宁港北港）

◎ 生长于海岸沙地最前沿的四生臂形草草丛（广东深圳西涌）

◎ 四生臂形草是海岸沙地最靠近海水的禾本科植物之一（海南东方四必湾）

孟仁草

Chloris barbata Sw.
别名：红拂草、拂尘草、刺虎尾草
英文名：Peacock-Plume Grass, Finger Grass, Swollern Fingergrass

禾本科一年生草本，常群聚生长，高 30~120 cm；叶片线形，长 3~40 cm；穗状花序 6~11 枚，指状散生，紫红色，像古时拂尘埃的工具（红拂草由此得名）；小穗近无柄，除颖外具 3 芒；小花互相密接，小穗轴甚短而不可见；不孕外稃之长宽几相等，先端宽阔而截平；颖果倒长卵形，黑褐色带紫色。花果期全年。

分布：福建、广东、广西、海南、香港和台湾。常见。

生境与耐盐能力：海岸带常见植物，常见于海岸沙地、鱼塘堤岸、路边、海堤，常在空旷处集生成大片群落，也是海岸带植被破坏后首先出现的物种之一。在海南三亚榆林港，孟仁草与细叶飘拂草、假马齿苋和苦蘵等生长于盐田堤岸。在海南海口东寨港、台湾垦丁等地，孟仁草生长于以厚藤为优势种的海岸沙地前沿。

特点与用途：喜光稍耐阴、耐旱稍耐水湿、耐瘠；适应性强，生长迅速，耐践踏，耐放牧，幼嫩时草质柔软，无毒无异味，适口性好，牛羊极喜食，是海岸地区极佳的牧草。花序醒目，成片种植有非常独特的观赏效果。

繁殖：播种繁殖，种子易发芽。

◎ 孟仁草花序

◎ 孟仁草植株

孟仁草	耐盐	B+	耐盐雾	A−	抗旱	A−	抗风	—

◎ 生长于盐田堤岸的孟仁草（海南三亚榆林港）

◎ 生长于海岸沙地厚藤群落中的孟仁草（海南海口东寨港）

竹节草

Chrysopogon aciculatus (Retz.) Trin.

别名：粘人草、草子花、杏叶、地路蜈蚣、紫穗香茅

英文名：Wild Oat Grass, Golden False Beardgrass, Love Grass

禾本科多年生草本，具粗壮的匍匐茎，高 20～50 cm；叶披针形，长 3～5 cm，秆生叶短小；圆锥花序顶生，紫褐色；分枝细弱，通常数枝呈轮生状着生于主轴各节；无柄小穗具一尖锐而下延、长 4～6 mm 的基盘；第一外稃稍短于颖，第二外稃之芒劲直，长 4～7 mm；有柄小穗无芒，小穗柄无毛。花果期 6—12 月。

分布：福建、广东、广西、海南、香港和台湾。常见。

生境与耐盐能力：常见于阳光充足的草地、路边、山坡等。竹节草也是海岸带的常客，多生长于海岸向阳坡地、林缘、海堤等地。在海南临高金牌港，竹节草生长于海岸防波堤的大潮高潮线上缘。不同种源之间耐盐能力分化大，

◎ 竹节草花序

海南万宁种源的竹节草在 245 mmol/L NaCl 培养液中生长 28 天，叶片枯黄率仅为 14%，生物量可达对照组的 85% 以上（廖丽等，2014）。在水培条件下，海南海口种源的竹节草 50% 叶片枯黄率对应的临界 NaCl 浓度为 207 mmol/L（张静等，2014），耐盐能力高于地毯草（黄小辉等，2012）。

特点与用途：喜光不耐阴、耐旱稍耐水湿、耐瘠、不耐寒；对土壤要求不严，喜酸性土壤，植株低矮，根系发达，弹性好，繁殖容易，蔓延快，易形成密集平坦的草坪，病虫害少，极耐践踏、耐粗放管理，是滨海地区优良的水土保持植物，尤其适用于海堤绿化，更是南方滨海地区构建低养护绿地的优良植物。结籽时小穗基部有尖锐的基盘，有倒毛，能插入行人的衣服上且不易脱落，故有"粘人草"之名。全草药用，有清热利湿、消肿止痛的功效，用于治疗感冒发烧等。

繁殖：播种与切茎段繁殖。

竹节草	耐盐	B+	耐盐雾	A−	抗旱	A−	抗风	—

◎ 海堤上致密的竹节草草层（广西北海竹林）

◎ 生长于大潮高潮线上缘的竹节草（海南临高金牌港）

◎ 海岸鱼塘堤岸的竹节草草丛（海南文昌头苑）

金须茅

Chrysopogon orientalis (Desv.) A. Camus
别名：金须芒

　　禾本科多年生草本，具匍匐根茎，高 30～90 cm；叶线形，长 3～10 cm，宽 2～4 mm，边缘和基部疏生疣基长柔毛；圆锥花序长圆形，黄褐色；无柄小穗长 4～6 mm；颖革质；第一颖具 4 脉，无芒，第二颖具 1 脉；第二外稃顶生膝曲之芒，芒长 4～6 cm；有柄小穗长约 7.5 mm，紫褐色，柄被锈色柔毛。花果期 6—12 月。

　　分布：福建、广东、广西、海南。福建少见，海南常见。

　　生境与耐盐能力：海岸带与海岛特有植物，典型海岸沙生植物，从海岸半固定到固定沙丘均有分布。在海南东方感城、昌江昌化镇等地，金须茅与厚藤、匐枝栓果菊、单叶蔓荆、仙人掌等组成木麻黄林前缘基本脱盐沙地的稀疏灌草丛，有时可以生长在半流动沙丘。

　　特点与用途：喜光不耐阴、耐旱不耐水湿、耐瘠；植株低矮，根茎发达，耐践踏，耐粗放管理，是滨海地区海岸沙荒地极佳的水土保持植物。幼嫩时牛、羊、马喜食。

　　繁殖：播种与分苗繁殖。

◎ 金须茅花序

◎ 金须茅小穗

金须茅	耐盐	B+	耐盐雾	A–	抗旱	A	抗风	A

◎ 金须茅植株

◎ 生长于海岸后滨沙地的金须茅（海南东方感城）

蒲苇

***Cortaderia selloana* (Schultes & Schult. f.) Asch. & Graebn.**
别名：潘帕斯草、银丝草原草
英文名：South American Grass, Pampas Grass

禾本科多年生丛生草本，秆高大粗壮，高 2～3 m；叶簇生于秆基，灰绿色，质硬，狭窄，长达 1～3 m，边缘具锯齿；大型圆锥花序，长 50～100 cm，银白色至粉红色；雌雄异株，雌花序较宽大，雄花序较狭窄；雌小穗具丝状柔毛，雄小穗无毛；小穗轴节处密生绢丝状毛，小穗由 2～3 花组成。花果期 9—12 月。

◎ 蒲苇花序

分布：原产南美洲。我国亚热带和暖温带地区作为观赏植物常见栽培。

生境与耐盐能力：在其原产地南美洲，蒲苇多生长在土壤比较潮湿的河岸。蒲苇对地中海海岸带环境有很强的适应性，并表现出入侵物种的特点（Domènech & Vilà，2007）。Bezona et al.（2009）认为蒲苇非常适应夏威夷海岸环境，具有强耐盐能力和耐盐雾能力，可以在强盐雾海岸无遮挡处种植。从我国引种情况看，蒲苇可以适应多种生境，对土壤（类型、养分含量、pH）、水分、温度等有较广泛的适应性。土培试验发现，蒲苇的耐盐能力一般，土壤含盐量 1 g/kg 时就影响幼苗生长（邬丝，2019）。但在天津光合谷湿地公园，蒲苇可以在水体含盐量 4 g/kg 的洼地边正常生长（蔚奴平，2020）。

特点与用途：喜光不耐阴、耐旱亦耐短期水淹、耐瘠、耐寒；性强健，对土壤要求不严，易栽培，生长速度快，耐粗放管理，花穗长而美丽，是滨海地区极佳的观赏植物。蒲苇因植株高大、适应性强、繁殖能力强、清除困难而被列为入侵物种（刘蕴哲等，2019；Rodríguez et al., 2021），美国农业部把它定为高度危险（high risk）的植物，选用时应注意。

繁殖：分株繁殖。

蒲苇	耐盐	B	耐盐雾	A−	抗旱	A−	抗风	A−

◎ 蒲苇植株

◎ 种植于大潮可淹及河口湿地的蒲苇（福建福鼎城区）

羽穗草

Desmostachya bipinnata (Linn.) Stapf

别名：吉祥草、哈法草、大绳草、盐地芦苇草

英文名：Halfa Grass, Sacrifice Grass, Salt Reed-Grass, Big Cordgrass, Dab Grass

禾本科多年生草本，具根茎，根茎被鳞片，杆硬，直立，高 80 cm；叶多集生基部，质硬，线状披针形，长 18～30 cm，先端长渐尖呈丝状；圆锥花序呈长穗状，主轴和穗轴有短硬毛；小穗线形，排列于穗轴一侧，成熟时下垂，与穗轴成直角，近于无柄；小穗含 3～10 小花，暗黄色或带紫色；颖短于小花。花期春夏季。

分布：海南（乐东、东方、儋州）。偶见。

生境与耐盐能力：羽穗草广泛分布于热带非洲、中东及巴基斯坦、印度干旱和半干旱的海岸沙地和内陆盐碱地（Cope, 1982; Adnan et al., 2016）。在海南乐东到儋州一带海岸，羽穗草分布于海岸沙地灌草丛、木麻黄林林隙等环境。在海南东方墩头，羽穗草是海岸沙地草丛优势植物，紧邻典型海岸沙地植物老鼠芳和海刀豆生长。野外可以在含盐量高达 60 dS/m（约 600 mmol/L NaCl）的土壤中生长（Fakhireh et al., 2012）。实验室水培条件下，羽穗草幼苗生长存在低盐促进、

◎ 羽穗草花序

高盐抑制现象，最适生长盐度在 100 mmol/L NaCl（Asrar et al., 2017; Asrar et al., 2020）；中等盐度（200 mmol/L NaCl）时植株干重与对照组无显著差异（Adnan et al., 2016）；在 NaCl 浓度高达 500 mmol/L 的培养液中种子萌发率可达 30%，80% 的种子可以在 400 mmol/L NaCl 培养液中萌发（Gulzar et al., 2007）。普遍认为，羽穗草是一种具有较高耐盐能力的盐生植物，被盐生植物数据库 HALOPHYTE Database Vers. 2.0 收录（Menzel & Lieth, 2003）。

特点与用途：喜光不耐阴、耐旱不耐水湿、耐瘠；根系发达，生长速度快，为优良的固沙植物，也是海岸沙荒地的牧草植物和土壤改良植物（Fakhireh et al., 2012）。纤维素、半纤维素和木质素含量分别为 26%、24% 和 7%，可用于生产乙醇，也是干旱、半干旱地区优良的生物能源植物（Abideen et al., 2011）。佛经中的吉祥草即羽穗草，相传佛祖在菩提树下开悟时，就端坐在羽穗草铺就的金刚座上，因此修行者常使用羽穗草做的垫子。

繁殖：播种与埋茎段繁殖。

◎ 羽穗草花序

羽穗草	耐盐	A-	耐盐雾	B+	抗旱	A	抗风	A

◎ 生长于海岸沙地的羽穗草（海南乐东莺歌海）

◎ 海岸沙地木麻黄防护林林隙的羽穗草草丛（海南东方感城）

异马唐

Digitaria bicornis (Lam.) Roem. & Schult.
英文名：Asian Crabgrass

禾本科一年生草本，秆下部匍匐，高30～60 cm；叶线状披针形，基部生疣基柔毛；总状花序5～7枚，长不超过10 cm，轮生于主轴呈伞房状；穗轴扁平，具翼；孪生小穗长约3 mm，异型，短柄小穗无毛，长柄小穗具丝状柔毛；短柄小穗第一外稃具5～7脉，中部脉间距较宽；长柄小穗小穗柄三棱形。花果期全年。

分布：浙江、福建、广东、广西、海南。常见。

生境与耐盐能力：生境广泛，海岸沙荒地、林下、农田、路边、河岸、山坡、草地均有分布。在美国，异马唐在海岸盐沼、砂质海岸平原、稀树干草原等环境均有分布，具有较高的耐盐能力（Webster，1980）。水培试验表明，异马唐可在电导率为14～16 dS/m的废水中存活，且可有效降低水中BOD（生化需氧量）、SS（悬浮物含量）、NH_3-N（氨氮）、TP（总磷量）（Klomjek & Nitisoravut，2005）。普遍认为，异马唐为叶片具盐腺的泌盐盐生植物（周三等，2001；赵可夫等，2013），也被盐生植物数据库HALOPHYTE Database Vers. 2.0收录（Menzel & Lieth，2003）。

特点与用途：喜光不耐阴、耐旱亦耐水湿、耐瘠、耐寒。适应性强，在含盐污水处理方面有潜在应用价值。

繁殖：播种与埋茎段繁殖。

◎ 异马唐花序

异马唐	耐盐	B+	耐盐雾	A-	抗旱	A-	抗风	A

◎ 生长于海岸半流动沙地的异马唐（海南万宁大花角）

◎ 在海岸沙地最前沿组成了稀疏草丛的异马唐（海南海口东寨港）

二型马唐

Digitaria heterantha (Hook. f.) Merr.
别名：粗穗马唐（台湾）

禾本科一年生草本，秆下部匍匐地面，高 50～100 cm；叶片长 5～15 cm，粗糙，下部两面生疣基柔毛；总状花序长 10～25 cm，粗硬，2～3 枚，穗轴截面三角形；孪生小穗二型，短柄小穗成熟后无毛，柄长 0.4 mm；长柄小穗密生长柔毛，毛与小穗柄近等长；第一外稃具隆起的脉 7～9 条，脉间距极窄。花果期 2—12 月。

分布：福建、广东、广西、海南、香港和台湾。偶见。

生境与耐盐能力：海岸带与海岛特有植物，常见于海岸沙地、沙地木麻黄林下、路边、沙荒地和空旷的草丛。在广西北海银滩，二型马唐生长于以老鼠芳为优势种的海岸沙地，共同组成海岸沙地最前沿的草丛。而在广东湛江特呈岛，二型马唐生长于以厚藤等为优势种的海岸沙地。赵可夫等（2013）将其归为盐生植物，为叶片具盐腺的泌盐盐生植物（周三等，2001）。

特点与用途：喜光不耐阴、耐旱不耐水湿、耐瘠；对海岸沙地环境有很强的适应性。由于植株矮小，野外很少呈大面积连续分布，尚未引起注意。

繁殖：播种与埋茎段繁殖。

◎ 二型马唐花序

◎ 二型马唐异形小穗

二型马唐	耐盐	A	耐盐雾	A	抗旱	A	抗风	A

◎ 生长于海岸后滨沙地的二型马唐（海南东方昌化江口）

◎ 海岸沙地最前沿的二型马唐草丛（广西北海银滩）

绒马唐　*Digitaria mollicoma* (Kunth.) Henr.

禾本科多年生草本，具长匍匐茎，直立部分高 20～50 cm；全株密生疣基绒毛（绒马唐由此得名）；叶片披针形至线状披针形，长 2～6 cm，边缘增厚；总状花序 2～7 枚，互生于长约 2 cm 的主轴上，呈伞房状；穗轴具翼，小穗柄圆柱形；小穗椭圆形，较大，顶端尖；第二颖具 3～5 脉；颖果椭圆形。花果期 8—10 月。

分布：浙江、福建、广东、海南和台湾。偶见。

生境与耐盐能力：海岸带与海岛特有植物，典型海岸沙地植物。在福建平潭长江澳、坛南湾等强盐雾海岸沙地，绒马唐与老鼠芳、厚藤等组成海岸沙地最前沿稀疏草丛。叶片具盐腺，属于泌盐盐生植物（周三等，2001；赵可夫等，2013），也被盐生植物数据库 HALOPHYTE Database Vers. 2.0 收录（Menzel & Lieth, 2003）。

特点与用途：喜光不耐阴、耐旱不耐水湿、耐瘠；茎节节生根，耐沙埋，是海岸沙地优良的防风固沙植物。属 C_4 光合类型植物，为优质牧草，家畜喜食。匍匐茎发达，可作为草坪或水土保持植物。由于野外数量稀少，分布范围狭窄，目前没有U关于其应用的报道。

繁殖：埋茎段与播种繁殖。

◎ 绒马唐花序

◎ 绒马唐枝叶

绒马唐	耐盐	A	耐盐雾	A	抗旱	A	抗风	A

◎ 绒马唐与厚藤组成海岸沙地最前沿植被（福建平潭长江澳）

◎ 生长于海岸后滨沙地的绒马唐（福建平潭坛南湾）

牛筋草

Eleusine indica (Linn.) Gaertn.
别名：蟋蟀草、牛顿草、生筋草、千人拔
英文名：Goosegrass, Crowfoot Grass, Wiregrass, Yardgrass, Bluegrass

禾本科一年生草本，秆斜向上生长，高 20~80 cm；叶片条形，长 10~15 cm，宽 3~5 mm，扁平或卷折；穗状花序纤细，淡绿色，2~7 条呈指状排列于茎顶，有时其中之一单生于其他花序之下；小穗椭圆形，密生于穗轴的一侧，多成 2 行排列，具 3~6 朵小花；囊果长圆形或卵形，具波状皱纹。花果期 6—10 月。

分布：热带及亚热带地区普遍分布。

◎ 牛筋草花序

生境与耐盐能力：牛筋草作为一种常见杂草，生境多样。牛筋草多见于生境恶劣的海岸沙荒地、海岸沙地、鱼塘堤岸等地。在河北、山东等地，牛筋草是滨海禾草型盐生植被的重要组成成分（张风娟等，2006；顾寅钰等，2019）。在印度，牛筋草被认为是耐盐能力较高的禾本科植物之一，耐盐极限是 30 dS/m（Dagar & Singh, 2007）。实验室条件下，NaCl 浓度低于 100 mmol/L 时广东种源的种子萌发率可达 90% 以上，当 NaCl 浓度为 160 mmol/L 时仍有 30% 的种子可以萌发，部分种子可以在 200 mmol/L NaCl 培养液中萌发（杨彩宏等，2009）。但也有人发现牛筋草种子萌发对 NaCl 浓度很敏感，NaCl 浓度为 100 mmol/L 时萌发率为 25%（Chauhan & Johnson，2008）。顾寅钰等（2019）从离子选择性吸收能力角度比较了自然生长于山东烟台海岸沙地植物的耐盐能力，发现牛筋草的耐盐能力高于盐生植物肾叶打碗花和砂引草，也高于狗牙根。也有人将其归为盐生药用植物（赵宝泉等，2015）。

特点与用途：喜光稍耐阴、耐旱亦耐水湿、耐瘠；对环境有广泛的适应能力，根系极发达，秆叶坚韧，分蘖力强，分布广，既是农田恶性杂草，也是滨海地区极佳的水土保持植物和防风固沙植物。生长初期，茎叶青嫩，牲畜喜采食。全草药用，具有清热利湿、凉血解毒的功效，用于防治乙脑、流脑、风湿关节痛、黄疸、小儿消化不良、泄泻、痢疾、小便淋痛、跌打损伤、外伤出血、犬咬伤等。

繁殖：播种繁殖。

牛筋草	耐盐	A-	耐盐雾	A-	抗旱	A-	抗风	A

◎ 生长于海岸沙地的牛筋草
（广西北海银滩）

◎ 生长于海岸沙地的牛筋草
（广西北海银滩）

◎ 生长于海岸咸水鱼塘堤岸
基部的牛筋草（福建龙海九龙
江口）

肠须草

Enteropogon dolichostachyus (Lag.) Keng ex Lazarides
别名：长穗虎尾草

禾本科多年生草本，秆直立或基部斜倚，高 0.3～1 m，光滑无毛，稍压扁；叶片线形，两面被疣毛或变无毛；穗状花序 4～5 枚，长 10～20 cm，指状着生于秆顶，常带紫红色；小穗近无柄，披针形，长 5.5～7 mm；颖膜质，具 1 脉，外稃具长 8～16 mm 的芒；颖果长椭圆形，成熟后红褐色至褐色。花果期 8 月至翌年 3 月。

分布：广东、广西、海南和台湾。海南沿海各地常见，其他省区偶见。

◎ 肠须草花序

生境与耐盐能力：海岸带与海岛特有植物，多生于海岸沙荒地、鱼塘堤岸、基岩海岸石缝等环境，是典型的旱生禾草。在海南文昌石头公园，肠须草正常生长于基岩海岸迎风面石缝，部分植株可以生长于浪花飞溅区，邻近的植物如刺裸实、琼崖海棠、雀榕等均表现出较明显的盐雾危害症状。在广东雷州北合镇何王村，肠须草生长于大潮高潮线上缘的海岸沙地，伴生植物有白花鬼针草、假马鞭、磨盘草等；它也可以成片生长于海岸鱼塘堤岸，与沟叶结缕草、羽芒菊、异马唐等组成以珊瑚碎屑为主的粗砂质堤岸草本植被。此外，肠须草亦分布于云南干热河谷，显示出其较强的耐旱能力。

特点与用途：喜光稍耐阴、耐旱不耐水湿、耐瘠；适应性强，生长速度快，繁殖容易，可以在海堤及鱼塘堤岸上形成致密的覆盖层，是较好的海岸护堤植物和固沙植物。由于野外数量少，分布范围狭窄，有关其应用的报道很少。唐雯等（2019）认为肠须草穗状花序纤细，呈指状着生于秆顶，成熟后现红褐色至褐色，有一定观赏价值。

◎ 肠须草花序

繁殖：播种与埋茎段繁殖。

肠须草	耐盐	A−	耐盐雾	A	抗旱	A−	抗风	—

◎ 生长于强盐雾海岸浪花飞溅区石缝的肠须草（海南文昌石头公园）

◎ 生长于大潮高潮线上缘沙地的肠须草（广东雷州北合）

短穗画眉草

Eragrostis cylindrica (Roxb.) Nees ex Hook. & Arn.
英文名：Knotted Lovegrass

禾本科多年生草本，秆丛生，高30~90 cm，坚硬；叶鞘短于节间，鞘口被长柔毛；叶片线形，长3~15 cm，多内卷，被柔毛；圆锥花序紧缩成穗状，长2~8 cm，分枝腋间具长柔毛；小穗柄极短或无；小穗褐黄色或微紫色，长圆形，含4~17小花；颖披针形，先端尖；颖果黄色透明，椭圆形。花果期4—10月。

分布：福建、广东、广西、海南、香港和台湾等。常见。

生境与耐盐能力：海岸带与海岛特有植物，是海南岛海岸流动与半流动沙地常见植物（黄培祐，1983；单家林和余琳，2008），也是福建沿海岛屿低海拔海岸山坡灌草丛常见植物（林承超，1988）。在海南岛西海岸，短穗画眉草作为优势种，常与厚藤、海刀豆、单叶蔓荆、绢毛飘拂草、卤地菊、盐地鼠尾粟、海马齿等组成海岸流动沙地或半流动沙地稀疏的草本植被（单家林，2009）。在福建平潭坛南湾，短穗画眉草生长于低海拔海岸迎风面流动沙地、基岩海岸石缝及木麻黄防护林林隙。而在福建南安大佰岛，短穗画眉草是强盐雾海岸浪花飞溅区沙荒地的优势植物。

特点与用途：喜光不耐阴、耐瘠、耐沙埋；对海岸沙荒地环境具有很强的适应性，在防风固沙方面具有一定的用途，也是优良的牧草（陈山，1986）。

繁殖：播种繁殖。

◎ 短穗画眉草植株

◎ 短穗画眉草花序

短穗画眉草	耐盐	A−	耐盐雾	A	抗旱	A	抗风	A

◎ 生长于强盐雾海岸迎风
面山坡石缝的短穗画眉草
（福建平潭坛南湾）

◎ 生长于强盐雾海岸浪花
飞溅区沙荒地的短穗画眉草
（福建南安大佰岛）

◎ 生长于强盐雾海岸浪花
飞溅区沙荒地的短穗画眉草
（福建泉州白屿）

高野黍

Eriochloa procera (Retz.) C. E. Hubb.
英文名：Tropical Cupgrass, Slender Cupgrass, Spring Grass

禾本科一年生草本，秆丛生，高 30～150 cm，节处生根，叶鞘无毛；叶线形，无毛，干时常卷折；圆锥花序长 10～20 cm，由数枚总状花序组成；总状花序长 3～7 cm，直立或斜举，无毛；小穗长圆状披针形，孪生或数个簇生，常带紫色；第一内稃缺，第二外稃顶端具长约 0.5 mm 的小尖头。花期夏秋季，果期冬季。

分布：福建、广东、广西、海南、香港和台湾。常见。

生境与耐盐能力：海岸带与海岛特有半水生植物，多见于潮湿的低洼地、沙荒地、鱼塘堤岸、沟渠两侧及红树林林缘等环境。高野黍的耐盐能力还没引起关注，目前无其耐盐能力的相关研究。在福建云霄漳江口、广东湛江民安、广西合浦山口、海南澄迈花场湾等地，高野黍生长于海岸鱼塘泥质堤岸，

◎ 高野黍花序

部分植株根部可接触盐度超过 15 g/L 的养殖水体。在孟加拉国的孙德尔本斯，高野黍是中等盐度（15～27 g/L）区红树林伴生植物（Siddiqui & Rahman，2019）。单家林（2006）认为高野黍是红树林伴生植物。

特点与用途：喜光不耐阴、耐旱亦耐水湿。水肥供应良好的情况下生长速度快，秆叶为优良牧草，牛羊喜食。目前有关高野黍的研究很少，对其特点与用途了解很少。

繁殖：播种繁殖。

◎ 高野黍茎叶

高野黍	耐盐	A-	耐盐雾	A-	抗旱	B+	抗风	—

◎ 高野黍是优良的海岸鱼塘堤岸护堤植物（广东雷州企水北和）

◎ 生长于海岸鱼塘堤岸红树林林缘的高野黍（广东雷州企水北和）

黄茅

Heteropogon contortus (Linn.) P. Beauv. ex Roem. & Schult.
别名：扭黄茅、地筋、茅刺草、毛针子草、风气草、毛锥子
英文名：Spear Grass, Black Spear Grass, Tanglehead

禾本科多年生丛生草本，秆高 20～100 cm；叶线形，扁平或对折；总状花序单生，长 3～7 cm（芒除外），诸芒常于花序顶扭卷成一束（扭黄茅由此得名）；花序基部 3～12 小穗对同性，无芒；上部 7～12 对为异性，具芒；无柄小穗两性，第二小花外稃具芒，芒长 6～10 cm；有柄小穗雄性或中性，无芒。花果期 4—12 月。

分布：浙江、福建、广东、广西、海南、香港和台湾。常见。

生境与耐盐能力：黄茅是干热河谷及海岸干燥山坡草地常见植物。在极度干旱的云南金沙江干热河谷，黄茅是草本层的优势种，表明其对干旱环境的适应能力（马焕成等，2020）。海南岛西南部海岸沙荒地、鱼塘堤岸常形成以黄茅为优势种的大面积草丛（单家林，2009）。在广西，黄茅是风暴潮线陆侧海岸刺灌丛常见植物（李信贤，2005）。而在海南文昌铜鼓岭，黄茅与草海桐、露兜树、黄槿等生长于强盐雾海岸浪花飞溅区上缘石缝，夏季生长完全正常，秋冬季则表现出一定的盐害症状。黄茅被归为海岸植物（Walther, 2004）。

◎ 黄茅花序

◎ 黄茅植株

特点与用途：喜光不耐阴、耐旱不耐水湿、耐瘠、耐寒；适应性强，尤其对海岸沙荒地环境有极强的适应性，根系发达，分蘖能力较强，是海岸带与海岛极佳的水土保持植物与荒山绿化先锋植物，一旦种植存活，就无需维护。植株幼嫩时为优良的牧草，但开花结果后小穗的芒及基盘会附着于羊身上，难以去除，对羊毛产业造成很大影响（Grice & Mcintyre, 1995）。将黄茅与豆科牧草如笔花豆属（*Stylosanthes*）植物混种可以大大提高牧草产量。秆供造纸、编织等。全株药用，具有祛风除湿、散寒、止咳功效，用于治疗风寒咳嗽、风湿关节痛等。

繁殖：播种与分株繁殖。黄茅种子遇水会自我旋转，把种子扎入土壤。

黄茅	耐盐	B+	耐盐雾	A-	抗旱	A	抗风	—

◎ 生长于海堤堤坝两侧的黄茅（海南临高金牌港）

◎ 生长于强盐雾基岩海岸浪花飞溅区的黄茅（海南文昌月亮湾）

细毛鸭嘴草

Ischaemum ciliare Retz.
别名：纤毛鸭嘴草、印度鸭嘴草、人字草
英文名：Indian Murainagrass, India Duck Beak

禾本科多年生簇生草本，秆斜倚或广展，高30～60 cm；叶片线形，长5～15 cm，先端渐尖；叶鞘被乳突状粗毛；总状花序2枚孪生于秆顶，直立而紧贴，开花时常互相分离，长5～7 cm，总状花序轴节间和小穗柄的棱上均有长纤毛；无柄小穗倒卵状矩圆形，第一颖革质，不具横隔；有柄小穗具膝曲芒。花果期夏秋季。

分布：浙江、福建、广东、广西、海南、香港和台湾。常见。

生境与耐盐能力：常见于低海拔开阔地，是海岸植被破坏后首先侵入的植物之一。在福建平潭、惠安、漳浦和东山，细毛鸭嘴草生长于低海拔的强盐雾海岸迎风面山坡，最低可以分布到浪花飞溅区。在福建东山岛的苏峰山，细毛鸭嘴草与草海桐、露兜树、沟叶结缕草等生长于大潮高潮线上缘的强盐雾海岸浪花飞溅区。在台湾垦丁公园，细毛鸭嘴草生长于水芫花和草海桐交界处的海岸珊瑚礁岩缝，显示出极强的耐盐和耐盐雾能力。

◎ 细毛鸭嘴草花序

特点与用途：喜光不耐阴、耐旱不耐水湿、耐瘠；根系发达，对海岸沙荒地环境有极强的适应能力，在水土保持方面具有一定的应用价值。

繁殖：播种与埋茎段繁殖。

◎ 生长于强盐雾海岸迎风面山坡的细毛鸭嘴草（福建平潭君山）

细毛鸭嘴草	耐盐	A	耐盐雾	A	抗旱	A	抗风	A

◎ 生长于强盐雾海岸迎风面山坡的细毛鸭嘴草（福建平潭君山）

◎ 生长于强盐雾海岸迎风面山坡的细毛鸭嘴草（福建东山苏峰山）

五节芒

Miscanthus floridulus (Labill.) Warb. ex Schum. & Lauterb.

别名：芒草、管芒、管草

　　禾本科多年生草本，高 2～4 m，具发达根状茎；叶披针状线形，长 25～60 cm，中脉隆起，两面无毛；大型圆锥花序顶生，稠密，长 30～50 cm，主轴延伸达花序的 2/3 以上；分枝常簇生于基部各节，具 2～3 回小枝；小穗成对着生，卵状披针形，长 3～3.5 mm，成熟时全穗呈淡黄色；颖片背部无毛。花果期 5—10 月。

　　分布：浙江、福建、广东、广西、海南、香港和台湾。常见。

　　生境与耐盐能力：多生于低海拔撂荒地、丘陵潮湿谷地和山坡草地，在山坡上、道路边、溪流旁及开阔地成群滋长。在浙江和福建的一些海岛，随着海岛居民的退出，五节芒常在土层深厚、水分条件较好的海岛背风面山谷抛荒地形成大面积集群并排挤其他植物。同样是浙江和福建的海岸线和海岛，五节芒是养殖塘泥质堤岸、建设标准较高的海堤的常见植物。在浙江东北部海岛如普陀、定海、岱山等地，五节芒是含盐量低于 2 g/kg 的海堤及鱼塘堤岸常见植物，形成以五节芒为优势种的盐生草甸（陈征海等，1996）。

　　特点与用途：喜光不耐阴、耐旱不耐水湿、耐瘠、耐寒；对环境具有广泛的适应能力，栽培简单，须根发达，生长速度快，是海岸带与海岛荒地绿化和水土保持的先锋植物，也是海堤绿化的先锋植物；产量高，纤维素含量高，热值高，被认为是最具开发潜力的高产纤维类能源植物之一。此外，五节芒的花序形态奇特，花期长，极具野趣和观赏价值。

　　繁殖：分蔸与埋茎段繁殖。

◎ 生长于海岛迎风面坡地的五节芒（浙江平阳南麂岛）

五节芒	耐盐	B+	耐盐雾	A−	抗旱	A	抗风	A

◎ 生长于强盐雾海岸海堤顶部的五节芒（福建莆田忠门）

◎ 生长于海岛迎风面坡地的五节芒（浙江平阳南麂岛）

◎ 生长于基岩海岸迎风面山坡石缝的五节芒（浙江平阳南麂岛）

类芦

Neyraudia reynaudiana (kunth.) Keng ex Hitchc.

别名：石珍茅、望冬草、篱笆竹、石芒草、假芦

英文名：Burma Reed, Cane Grass, False Reed, Silk Reed

禾本科多年生直立草本，秆高 2~3 m，节间被白粉，具木质根状茎；叶舌密生柔毛，叶片长 30~60 cm，宽 5~10 mm，扁平或卷折；圆锥花序顶生，长 30~60 cm，开展或下垂；小穗长 6~8 mm，含小花 5~8；外稃边脉生有长约 2 mm 的柔毛，顶端具短芒；内稃短于外稃。花果期 8 月至翌年 2 月，种子集中于 1—2 月成熟。

分布：浙江、福建、广东、广西、海南、香港和台湾。常见。

生境与耐盐能力：类芦是海岸常见植物，生境广泛，在海岸沙荒地、山坡、草地及海堤均可见，常形成以类芦为优势种的草丛。在广东深圳福田、福建九龙江口等地，类芦可以在大潮可淹及的红树林林缘生长。在福建厦门和龙海等地，类芦是人工填海区最先出现的植物种类之一。类芦耐旱、耐贫瘠与耐重金属污染方面已经有了大量的研究（王玉珍等，2017），但耐盐方面至今没有专门的研究。在云南楚雄彝族自治州，类芦是高含盐量（5.12~38.45 g/kg）芒硝盐岩弃渣场人工种植及自然扩散的众多植物中的优势种之一（孔维博等，2022）。

特点与用途：喜光不耐阴、耐旱亦耐水湿、耐瘠、耐酸、耐寒亦耐高温；对环境有广泛的适应性，植株高大，根系发达，根内有固氮菌，生长速度快，分蘖能力强，结果量大，自然更新能力强，半年就可以覆盖地表，无病虫害，栽培简单，作为植被修复的先锋植物，是海岸带与海岛理想的水土保持植物、废弃矿山修复植物、护坡植物和海堤生态化改造植物。此外，类芦还可以作为杏鲍菇、香菇、木耳等食用菌栽培基质，在生物能源植物方面有较大的潜力。类芦也是优良的造纸材料。全草药用，具有解毒利湿的功效，用于治疗蛇虫咬伤、尿路感染、肾炎水肿等。

繁殖：播种、埋茎段与分蔸繁殖。

◎ 类芦花序

◎ 类芦叶鞘

类芦	耐盐	B+	耐盐雾	A-	抗旱	A	抗风	A-

◎ 生长于围填海围堰坡地的类芦（福建厦门大嶝岛）

◎ 类芦是海岸沙荒地最先进入的植物之一（福建厦门大嶝岛）

狼尾草

Pennisetum alopecuroides (Linn.) Spreng
别名：狗尾巴草、狗仔尾、老鼠狼、芮草
英文名：Fountain Grass

禾本科多年生丛生草本，秆高 0.3～1.2 m；叶鞘光滑，两侧压扁，秆上部者长于节间；叶舌具纤毛，长约 2.5 mm；叶片线形，长 10～80 cm，先端长渐尖；圆锥花序直立，长约 25 cm，主轴密生柔毛；刚毛粗糙，长 1.5～3 cm，淡绿色或紫色；小穗通常单生，线状披针形，长 5～8 mm；颖果长圆形。花果期夏秋季。

◎ 狼尾草花序

分布：我国南北各地都有分布，常见。作为牧草或观赏植物常见栽培，栽培品种众多。

生境与耐盐能力：狼尾草是海岸鱼塘堤岸的常见植物。在浙江和福建，海岸鱼塘堤岸常见以狼尾草为优势种的盐生草甸（陈征海等，1996）。在海南和广东，狼尾草常生长于废弃围垦区或大潮可淹及的海岸低湿地。在天津光合谷湿地公园，狼尾草可以在含盐量 3.4～5.2 g/kg 的土壤中正常生长（蔚奴平，2020）。而在山东潍坊，狼尾草可以在含盐量 6.7～8 g/kg 的滨海盐碱地生长（季洪亮等，2018）。土培条件下，栽培品种"小兔子"的生长随土壤含盐量的升高而减缓，当土壤含盐量不超过 6 g/kg 时除株高和相对生长略有下降外，未见盐害症状；土壤含盐量 8 g/kg 时少量叶片枯萎（缪珊等，2019）。种子萌发时的耐盐半致死浓度在 6～10 g/kg 之间（陈甜等，2012）。狼尾草被盐生植物数据库 HALOPHYTE Database Vers. 2.0（Menzel & Lieth，2003）和"中国盐生植物种质资源库"（山东师范大学，2017）收录。

特点与用途：喜光稍耐阴、耐旱亦耐水湿、耐寒；对土壤要求不严，适应性强，根系发达，无病虫害，生长速度快，容易栽培，一旦种植成活就无需维护，是海岸低湿地、沙荒地、海堤等绿化的极佳植物；株形优美、茂密，花絮有白、粉、紫色，成片种植能够营造出独特的自然景观，是海岸带城镇绿化的极佳地被植物；吸收土壤水分和养分的能力很强，长势旺盛，也有望开发为污水处理植物。此外，狼尾草营养丰富，适口性佳，产草量大，南方各省区常栽培用于喂养牲畜和食草鱼类。

繁殖：播种与分株繁殖。

狼尾草	耐盐	B+	耐盐雾	A−	抗旱	B+	抗风	—

◎ 生长于红树林被破坏海岸低湿地的狼尾草（海南文昌头苑）

◎ 生长于海岸鱼塘堤岸的狼尾草（福建泉州石湖）

卡开芦

Phragmites karka (Retz.) Trin. ex Steud.
别名：水芦荻根、水芦
英文名：Tall Red

禾本科多年生草本，秆常带紫红色，直径 15～25 mm，高 3～5 m，地表有长达 10 余米的匍匐茎，节上生不定根和芽；叶 2 行排列，条形，背面与边缘粗糙，先端渐尖成丝状；大型圆锥花序顶生，分枝多而纤细，略下垂，散开；小穗长 8～12 mm，有花 4～6 朵；外稃基盘被长丝毛，细而弯曲。花果期 8 月至翌年 2 月。

分布：浙江、福建、广东、广西、海南。常见，作为水景植物偶见栽培。

生境与耐盐能力：多生长于海拔 1 000 m 以下的淡水湿地，但也可见于一些河流入海口，水分条件稍好的海岸沙地内侧也有分布。在福建连江粗芦岛，卡开芦生长于芦苇后缘、仅天文大潮可淹及的淤泥质海岸。在印度半岛东海岸奥里萨邦的吉尔卡（Chilika）潟湖，水体平均盐度 13 g/L，卡开芦生长旺盛，高度可达 4 m，是主要的盐沼植物（Behera et al., 2018）。水培条件下，卡开芦可以在 100 mmol/L NaCl 培养液中正常生长，在 300 mmol/L NaCl 培养液中勉强可存活（Shoukat et al., 2019）。被盐生植物数据库 HALOPHYTE Database Vers. 2.0 收录（Menzel & Lieth, 2003）。

特点与用途：喜光不耐阴、耐水湿不耐旱、稍耐盐；根系发达，植株高大密集，生长快，固着能力强，长时间淹水后恢复能力强，绿期长，是优良的湿地美化植物和泥质护坡的护岸植物，也可用于构建人工湿地。在重庆三峡库区消落带，连续高水位淹水 180 天后，卡开芦仅小部分主茎及枝条存活，但退水后能快速恢复（冯义龙和先旭东，2012）。秆供造纸，叶可作为牛羊饲料。

繁殖：扦插、分株或埋匍匐茎繁殖。

◎ 卡开芦花序

卡开芦	耐盐	A−	耐盐雾	B	抗旱	B+	抗风	B+

◎ 海边低洼地的卡开芦（福建连江粗芦岛）

◎ 卡开芦与红树林（广东湛江）

斑茅

Saccharum arundinaceum Retz.
别名：大密、巴茅、菅芒、紫田根
英文名：Plume Grass Sweetcane

禾本科多年生高大丛生草本，高 2～6 m；节下没白粉，叶鞘表面及边缘具柔毛，叶片宽大，线状披针形；大型圆锥花序顶生，银灰色、紫红色或黄绿色，稠密；孪生小穗一个有柄一个无柄，狭披针形，背部具长约 1 mm 的柔毛，基盘具短于小穗的柔毛；第二外稃顶端具小尖头或短芒；颖果长圆形。花果期 8—12 月。

分布：浙江、福建、广东、广西、海南、香港和台湾。常见。部分地区作为水土保持植物、矿山绿化植物和水景植物栽培。

生境与耐盐能力：海岸带常见植物，最常见的生境是低海拔的海岸迎风面山坡和鱼塘堤岸，有时可以在大潮高潮线上缘的海岸沙地、浪花飞溅区及大潮可以淹及的红树林林缘出现。水培条件下，来自海南的种源表现出较高的耐盐性，在 250 mmol/L NaCl 培养液中生长基本正常（郭莺等，2005）。斑茅被盐生植物数据库 HALOPHYTE Database Vers. 2.0 收录（Menzel & Lieth, 2003）。

特点与用途：喜光不耐阴、耐旱亦耐水湿、耐瘠、耐寒；对环境具有广泛适应性，株形高大，紧凑，花序醒目，根系发达，分蘖能力强，病虫害少，生长快，无需维护，是海岸带与海岛极佳的水土保持植物和观赏植物。嫩叶可作为牛马的饲料，秆可编席或作为造纸原料。此外，斑茅具有产量高、抗逆性强、生产成本低、热值高和灰分含量低的特点，是生产燃料乙醇的理想植物，比象草和甘蔗更适于作为能源作物大面积推广（Berndes et al., 2003; 闫芸芸等，2014）。斑茅是甘蔗近缘物种之一，是甘蔗育种改良的重要遗传资源（刀志学等，2013）。

繁殖：播种与埋茎段繁殖。

◎ 斑茅花序

◎ 斑茅花序

斑茅	耐盐	B+	耐盐雾	A−	抗旱	A−	抗风	A−

◎ 生长于海岸沙地刺灌丛的斑茅（海南三亚三亚湾）

◎ 生长于海岸沙地木麻黄防护林内的斑茅（广东徐闻罗斗沙岛）

厚穗狗尾草

Setaria viridis subsp. *pachystachys* (Franch. & Sav.) Masam. & Yanag
英文名：Green Foxtail

禾本科一年生丛生草本，秆匍匐状，矮小细弱，基部多数膝曲斜向上升或直立，高 5～25 cm；叶鞘松，基部叶鞘被较密的疣毛，边缘具长纤毛；叶片线形、钻形或狭披针形；圆锥花序紧缩成圆柱形，长 2～5 cm；小穗椭圆形，刚毛宿存，多数，绿色或黄绿色。花果期 5—11 月。

分布：浙江、福建和台湾。*Flora of China* 认为本种仅分布于我国台湾和日本，近年来在福建和浙江海岛都有发现。偶见。

生境与耐盐能力：海岸带与海岛特有植物，多见于低海拔的海岸山坡草地和基岩海岸迎风面石缝。在世界六大盐雾区之一的福建平潭龙凤头，厚穗狗尾草与肉叶耳草、中华补血草等生长于低海拔的海岸山坡草地，所有植物紧贴地表生长，高度不超过 8 cm。同样在福建平潭，厚穗狗尾草也见生长于海岸流动沙地。被盐生植物数据库 HALOPHYTE Database Vers. 2.0 收录（Menzel & Lieth, 2003）。

◎ 厚穗狗尾草花序

特点与用途：强阳性植物，耐旱、耐瘠，对海岸沙荒地环境具有很强的适应性。因植株低矮，目前没有关于其应用方面的报道。

繁殖：播种繁殖。

◎ 厚穗狗尾草与厚藤组成稀疏的海岸沙荒地植被（福建平潭大屿岛）

厚穗狗尾草	耐盐	B+	耐盐雾	A	抗旱	A	抗风	A

◎ 生长于强盐雾基岩海岸浪花飞溅区石缝的厚穗狗尾草（浙江苍南霞关）

◎ 与盐生植物中华补血草、肉叶耳草生长在一起的厚穗狗尾草（福建平潭龙凤头）

锥穗钝叶草

Stenotaphrummicranthum (Desv.) C. E. Hubb.

别名：窄沟草

禾本科多年生草本，秆下部平卧，高约 35 cm；叶披针形，扁平，长 4~8 cm；花序主轴圆柱状，长 6~14 cm，坚硬，无翼；穗状花序嵌生于主轴的凹穴内，具小穗 2~4，顶端延伸于顶生小穗之上而成一小尖头；小穗长圆状披针形，长约 3 mm；两颖膜质，第一外稃厚纸质，第二外稃顶端尖而几无毛，平滑。花期春季。

分布：我国西沙群岛、南沙群岛和东沙群岛有天然分布，海南文昌有少量引种。偶见。

生境与耐盐能力：海岛特有植物，主要生长在海岸沙滩和珊瑚礁岛屿迎风面石缝，有时可以在郁闭度不高的热带岛屿海岸林下生长，被认为是印度-太平洋岛屿的先锋植物（Sauer, 1972）。从分布看，锥穗钝叶草对小面积岛屿有着奇特的亲和性，在许多地区，它只见于小岛上，而并不分布在邻近的大岛和大陆海岸。植株形态及生长环境与细穗草极为相似（Sauer, 1972）。但从西沙群岛一些岛屿看，锥穗钝叶草主要分布于岛屿中部草海桐林隙，而细穗草多分布于岛屿外围大潮高潮线上缘沙地。

特点与用途：喜光稍耐阴、耐瘠，对海岸沙地环境具有很强的适应性，是热带珊瑚岛礁植被建设的先锋植物。在美国关岛，锥穗钝叶草被认为是极好的牧草和良好的草坪草。

繁殖：播种、分株与切茎段繁殖。

◎ 锥穗钝叶草叶、花序顶端及小穗

锥穗钝叶草	耐盐	A-	耐盐雾	A	抗旱	A	抗风	A

◎ 生长于热带珊瑚岛浪花飞溅区石缝的锥穗钝叶草、圆叶黄花稔和细穗草（海南三沙）

◎ 珊瑚沙海岛上自然生长的锥穗钝叶草（海南西沙七连屿北岛）

结缕草

Zoysia japonica Steud.
别名：日本结缕草、锥子草、延地青
英文名：Zoysia Grass

禾本科多年生草本，具横走根茎，秆高 15～20 cm，基部常有宿存枯萎的叶鞘；叶鞘无毛，叶片扁平或稍内卷，长 2.5～5 cm；总状花序穗状，小穗卵形，长 2～4 mm，宽 1～1.5 mm；小穗柄通常弯曲，长达 5 mm；颖果卵形。花果期 5—8 月。本种与中华结缕草（*Z. sinica*）形态相似，难以区分，但后者小穗披针形，长 4～6 mm，长于小穗柄。

◎ 结缕草花序

分布：浙江、福建、台湾。作为草坪植物广泛栽培。

生境与耐盐能力：生长于平原、山坡或海滨草地上。在福建和浙江的一些海岛上，结缕草生长于强盐雾基岩海岸坡地，部分植株可以生长于浪花飞溅区。相对于结缕草属其他种类如沟叶结缕草、中华结缕草及大穗结缕草，结缕草的耐盐能力稍差（李亚等，2004），但结缕草种子萌发及幼苗生长存在明显的低盐促进和高盐抑制现象。黄胜利等（2012）报道结缕草在含盐量 3.3 g/kg、pH 8.4 的土壤中生长良好。不同种源的结缕草耐盐能力存在较大的种类变异。多数种源的结缕草幼苗在 5 g/L 的 NaCl 培养液中未见盐害症状，而在 10 g/L 时有明显的盐害症状；而来自海边种源的结缕草在 20 g/L 的 NaCl 培养液中虽然生长下降，但未见盐害症状（李亚等，2004）。赵可夫等（2013）将其归为盐生植物。

特点与用途：喜光稍耐阴、耐旱、耐高温、耐瘠薄、耐寒；对土壤有广泛的适应性，寿命长，耐修剪，繁殖容易，病虫害少，耐踩踏，养护简单，地下茎发达而致密，可形成致密的草层，是极佳的草坪植物、水土保持植物和护坡植物，也是构建生态型草坪的理想植物，在海岸带与海岛生态修复中具有广阔的应用前景。此外，结缕草鲜茎叶气味纯正，牲畜喜食，也是优良的牧草。

繁殖：播种与切根状茎段繁殖。

◎ 结缕草

结缕草	耐盐	A-	耐盐雾	A	抗旱	A	抗风	A

◎ 生长于大潮可淹及海岸低地的结缕草（福建福鼎前岐）

◎ 生长于海岸迎风面坡地的结缕草（福建福鼎西台山岛）

大穗结缕草

Zoysia macrostachya Franch. & Sav.
别名：天鹅绒草、台湾草、江茅草

禾本科多年生草本，具横走根茎，分枝多，节间短，秆高 10～20 cm；叶线状披针形，质硬，内卷；总状花序紧缩呈穗状，基部被叶鞘包围；小穗黄褐色或略带紫褐色，长 6～8 mm，宽约 2 mm；颖果卵状椭圆形，长约 2 mm。花果期 6—9 月。大穗结缕草与中华结缕草（Z. sinica）很相似，但前者小穗较长且宽，小穗柄的顶端宽而倾斜，花序基部被叶鞘包围，易于区别。

分布：浙江、福建及台湾。江苏是其集中分布区，其他省区不常见。

生境与耐盐能力：海岸带与海岛特有植物，多生长于高潮线附近低湿地。在江苏，大穗结缕草常分布于大潮高潮线附近土壤含盐量 4 g/kg 左右的淤泥质海岸，向海一侧为盐地碱蓬，向陆地一侧则为白茅或獐茅（赵大昌等，1996）。而在天津和山东，大穗结缕草草丛主要分布在大潮可淹及的近海低矮半流动性贝沙岛上，是贝沙岛的先锋植物（刘峰等，2012），可以在含盐量达 12 g/kg 的重盐碱地正常生长。实验

◎ 大穗结缕草花序（供图：赵宏）

室水培条件下，50 mmol/L NaCl 培养液处理的种子各项发芽指标与对照组无显著差异，但 100 mmol/L NaCl 培养液处理的种子发芽情况明显差于对照组，部分种子可以在 300 mmol/L 的 NaCl 培养液中萌发，但幼苗不能生长（赵丽萍和许卉，2017）。而石东里等（2007）发现低盐可促进大穗结缕草种子萌发。被盐生植物数据库 HALOPHYTE Database Vers. 2.0 收录（Menzel & Lieth, 2003），也被赵可夫等（2013）归为盐生植物。

特点与用途：喜光不耐阴、耐旱亦耐水湿、耐瘠、耐寒；适应性较强，覆盖能力强，根茎发达，能形成结构良好且富有弹性的草坪，是中亚热带滨海盐碱地理想的水土保持植物、护坡植物和足球场、高尔夫球场等运动场的草坪植物。草质柔嫩，为优等牧草。

繁殖：播种与切根状茎段繁殖。

大穗结缕草	耐盐	A-	耐盐雾	A-	抗旱	B+	抗风	—

◎ 大穗结缕草植株（供图：赵宏）

◎ 生长于海岸后滨沙地的大穗结缕草（山东烟台）（供图：赵宏）

香蒲

Typha orientalis C. Presl
别名：东方香蒲、长苞香蒲、水烛
英文名：Asian Bulrush

香蒲科多年生水生或沼生草本，地上茎粗壮，高 1.3～2 m；叶条形，上部扁平，下部横切面呈半圆形；雌雄穗状花序紧密连接，雄花具雄蕊 3 枚，雌花无小苞片，柱头匙形，白色丝状毛稍长于花柱；肉穗花序圆柱形，紫色；小坚果椭圆形至长椭圆形，种子褐色，微弯。花果期 5—8 月。本种与水烛（*T. angustifolia*）形态和生境相似，但本种雌雄花序紧密连接，而水烛雌性穗状花序与雄性花序远离。

分布：浙江、福建、广东、广西、海南、香港和台湾。常见。作为观赏植物、人工湿地净化植物常见栽培。

生境与耐盐能力：常见于湖泊、池塘、沟渠、沼泽及河流缓流带，最佳水深在 20～40 cm，最深不超过 1 m。在滨海地区，香蒲也是一些半咸淡水体常见植物。在黄河口，香蒲生长于以芦苇和翅碱蓬为优势种的潮间带上带及潮上带盐沼植被中（贺强等，2009）。温室水培试验发现，香蒲的生长表现出低盐促进、高盐抑制的现象，培

◎ 香蒲花序

养液 NaCl 含量达 2.7 g/L 时生长最快（程宪伟等，2017）。郭焕晓等（2006）在天津的试验表明，盐度 4 g/L 人工污水培养的香蒲长势良好；盐度为 6 g/L 时，香蒲可继续生长，但生长缓慢且个别植株死亡。陶磊等（2015）发现，当水体的盐度小于 10 g/L 时，香蒲的生长良好；当水体盐度升高至 14 g/L 时，植物的生长明显放缓，但还在生长；而当盐度升高至 18 g/L 时，香蒲受盐胁迫严重，生长基本停止。香蒲被盐生植物数据库 HALOPHYTE Database Vers. 2.0 收录（Menzel & Lieth，2003）。

特点与用途：喜光不耐阴、耐水湿但不耐旱、耐寒；适应性强，生长速度快，叶片挺拔，根系发达，污染物去除能力强，栽培简单，病虫害少，粗壮的肉穗花序奇特可爱，不仅是很好的插花材料，也是极佳的水生观赏植物和水体净化植物。香蒲是重要的水生经济植物，叶（蒲叶）可用于编织、造纸；花粉（蒲黄）入药，具活血化瘀、止血镇痛、通淋的功效；肉穗花序（蒲棒）可用以照明，雌花序上的毛（蒲绒）可作为枕芯和坐垫的填充物；嫩芽（蒲菜）味鲜美，为著名的水生蔬菜。

繁殖：分株与播种繁殖。

香蒲	耐盐	B+	耐盐雾	B+	抗旱	C	抗风	A−

◎ 香蒲夏季景观

◎ 香蒲冬季景观

海菖蒲

Enhalus acoroides (L. f.) Royle
英文名：Large Seagrass, Tape Grass

水鳖科多年生沉水草本，根状茎匍匐，节密集，外有粗纤维状的叶鞘残体；叶带状，长 30~150 cm，宽 1~2 cm，常扭曲，先端钝圆；雌雄异株，雄花多数，小，白色，包藏在压扁的佛焰苞内，成熟后逸出水面开放；雌花佛焰苞梗长达 50 cm，螺旋状卷曲，内有雌花 1 朵；新月和满月时，雌花浮出水面开花，长条形的花瓣抓住漂浮的雄花后沉入水底完成授粉；蒴果卵形，果皮上有密集二叉状附属物，不规则开裂；每个果实含种子 3~16 粒，呈上小下大的锥形结构，直径达 1~1.5 cm，无休眠，着地后可在短期内萌发。花期 5 月（有些种群可全年开花）。

◎ 海菖蒲叶尖

分布：广泛分布于印度洋-西太平洋沿海。我国仅见于海南岛，海南岛东海岸常见。

生境与耐盐能力：受雌花花梗长度的限制，海菖蒲分布的水深不可能太深。多生长于低潮带到潮下带水深 0.5~2 m 的珊瑚屑、贝壳屑、沙泥质及细砂质浅滩，低潮时部分个体可短时间暴露于空气中（Harah & Sidik, 2013）。分布区水体盐度稳定在 29~32 g/L（Harah & Sidik, 2013）。

◎ 海菖蒲幼果

特点与用途：海菖蒲是体型最大的海草，地下茎的水平扩张速度较慢，仅为 3 cm/a（Marbà & Durate, 1998）。适应性强，分布范围广，能适应多种底质，枝叶密集，生产力高，生物量大，固碳能力强，移植成活率高，可在水动力较强的开放海域作为海草修复的物种。果实像绿色的红毛丹，种子可食。

繁殖：播种与切根茎繁殖。

海菖蒲	耐盐	A	耐盐雾	—	抗旱	—	抗风	—

◎ 海菖蒲海草床（海南陵水黎安港）

◎ 海菖蒲海草床（海南陵水黎安港）

◎ 海菖蒲植株及种子

贝克喜盐草

Halophila beccarii Ascherson
别名：贝克盐藻、无横脉喜盐草
英文名：Becarii's Halophila, Tiger Grass, Ocean Turf Grass

水鳖科一年生或多年生沉水草本，茎匍匐，节上生不分枝的根1条，鳞片2枚；直立茎长1~1.5 cm，顶端簇生6~10枚叶；叶长椭圆形或披针形，全缘，常有褐色或红褐色斑纹；中脉近基部分出1对缘脉，无横脉；花单性，雌雄同株；佛焰苞苞片长圆形或披针形；果实卵形，具喙，含种子1~4粒。花果期不同种群差异较大，全年均有发现。

分布：福建、广东、广西、海南、香港和台湾。广东、海南和广西沿岸是其集中分布区，福建偶见。贝克喜盐草被列为全球具有灭绝风险的10种海草之一（Short et al., 2011）。

生境与耐盐能力：典型的潮间带植物，多见于平均海平面附近的淤泥质或泥沙质滩涂，常在红树林外滩涂形成狭窄的草带，可以耐短时间的太阳暴晒（Zakaria et al., 2002；邱广龙等，2020）。此外，在台湾和广西，贝克喜盐草可以在盐田生长（柯智仁，2004；范航清等，2011）。与一般的海草相比，贝克喜盐草耐盐能力稍低，耐盐范围为0~45 g/L，最适生长盐度为25 g/L（Fakhrulddin et al., 2013）。也有人认为，贝克喜盐草的耐盐范围为0~33 g/L，可以耐受较大范围的盐度波动，低盐有利于其开花结果，在盐度5.38 g/L的低盐海水中可以正常开花（Jagtap & Untawale, 1981）。

特点与用途：贝克喜盐草具有个体小、生长速度快、生活史短的特征，可在8个月内完成从种子到种子的整个生活史（Zakaria et al., 2002）。在野外常具有速生速灭的特点，给研究与管理带来很大的不便（邱广龙等，2020）。贝克喜盐草种子具休眠现象，可形成土壤种子库。此外，稳定同位素研究表明，贝克喜盐草是广西珍珠湾中国鲎幼鲎和圆尾鲎幼鲎的主要食物来源，对于这两种动物的保护具有重要意义（Fan et al., 2017）。

繁殖：播种与切根茎繁殖。

◎ 贝克喜盐草雄花

◎ 贝克喜盐草叶簇

◎ 贝克喜盐草植株

贝克喜盐草	耐盐	A	耐盐雾	—	抗旱	—	抗风	—

◎ 贝克喜盐草植株

◎ 贝克喜盐草群落

◎ 贝克喜盐草与卵
叶喜盐草混生（海
南澄迈花场湾）

小喜盐草

Halophila minor (Zoll.) Den Hartog
别名：小喜盐藻

水鳖科多年生或一年生沉水草本，茎纤细，匍匐；节上具不分枝根 1 条，根具细密的根毛，鳞片 2 枚；叶 2 枚，自鳞片腋部生出；叶长椭圆形或卵形，长 7～12 mm，宽 3～5 mm，全缘，无叶舌；叶脉 3，中脉显著，缘脉与中脉在叶端连接，横脉 3～8 对，与中脉交角 70°～90°；雌雄异株，果实卵圆形、球形，种子近球形，棕色。本种与卵叶喜盐草（*H. ovalis*）极为相似，且常混生，但本种植株小，叶片小，横脉数目少，横脉与中脉夹角大，易于区分。

◎ 小喜盐草叶

分布：广东、广西、海南、香港和台湾。少见。

生境与耐盐能力：多生长于风浪较小的隐蔽海湾潮下带、潮间带淤泥质、泥沙质、沙质及细珊瑚屑海底风浪较小海湾的水深较深处，常在水深较浅处与卵叶喜盐草混生。在马来西亚停泊群岛，小喜盐草生长于水深 4.6～12.0 m 的浅滩，水体盐度稳定在 29～32 g/L（Harah & Sidik, 2013）。在印度尼西亚北苏拉威西岛，小喜盐草可以在淤泥质、沙质及珊瑚屑底质生长，从潮间带到水深 25 m 的浅滩均有生长（Ivonne et al., 2020）。小喜盐草被认为是海草的先锋物种（Razalli et al., 2011）。

特点与用途：由于植株个体矮小、分布区狭窄，目前没有关于其应用的报道。此外，也正由于其个体矮小，较少形成大面积致密的海草床，尚没有关于其人工种植的报道。

繁殖：播种与切根茎繁殖。

小喜盐草	耐盐	A	耐盐雾	—	抗旱	—	抗风	—

◎ 小喜盐草与卵叶喜盐草混生（广西北海铁山港）

卵叶喜盐草

Halophila ovalis (R. Br.) Hook. f.
别名：喜盐草、卵叶喜盐藻、儒艮草
英文名：Paddle Weed, Dugong Grass, Spoon Seagrass

水鳖科多年生或一年生沉水草本，茎纤细，匍匐，节上具不分枝根1条，鳞片2枚；直立茎不明显，叶2枚，硬质，自鳞片腋部生出；叶长椭圆形或卵形，长1～4 cm，宽0.5～2 cm，有时有褐色斑纹，全缘呈波状，无叶舌；叶脉3条，中脉明显，具横脉10～25对，横脉与中脉夹角为45°～60°；花单性，雌雄异株；子房略呈三角形；花柱细长，柱头细丝状，长2～3 cm；果实近球形，具4～5 mm长的喙；果皮膜质，种子多数，近球形。花期11—12月。

◎ 卵叶喜盐草叶

分布：福建、广东、广西、海南、香港和台湾有天然分布。卵叶喜盐草是中国南方分布范围最广、最常见的海草之一，福建少见。广东雷州流沙湾有我国华南沿海连片面积最大的卵叶喜盐草海草床（黄小平等，2006）。

生境与耐盐能力：海草中的先锋种。多生长于中潮带下部至潮下带，垂直分布范围很广，最低可生长于水深60 m处，最高可生长于红树林林缘并耐短时间的暴露。

◎ 卵叶喜盐草果实

在海南东寨港，卵叶喜盐草分布于低潮带到潮下带水深数米浅滩，退潮时部分可暴露于空气中的沙泥质滩涂。属于广盐性海草，可以在盐度10～40 g/L的海水中生存（Hillman et al., 1995；Annaletchumy et al., 2005），最适生长盐度为25～35 g/L（Hillman et al., 1995；杨冉，2015）。卵叶喜盐草生长的底质类型较多，在淤泥质、泥沙质、沙泥质和珊瑚屑、贝壳屑底质等都可以生长。

特点与用途：适应性强，生境类型多样，在潮间带及潮下带形成大面积的海草场，对近海生态系统具有特别的意义。卵叶喜盐草易采种，生长迅速，栽培简单，常用于海草床修复（邱广龙等，2014）。卵叶喜盐草是儒艮最喜食的海草之一（儒艮草由此得名），恢复卵叶喜盐草海草床对于珍稀濒危物种儒艮的保护具有重要意义（邱广龙等，2014）。

卵叶喜盐草	耐盐	A	耐盐雾	—	抗旱	—	抗风	—

◎ 卵叶喜盐草植株

◎ 卵叶喜盐草的水下生境（湛
江流沙湾）

◎ 卵叶喜盐草海草床（海南澄迈花场湾）

大茨藻

Najas marina Linn.
别名：茨藻、玻璃藻
英文名：Spiny Naiad, Sea Naiad, Holly-Leaved Naiad, Spiny Water Nymph

水鳖科一年生沉水草本，植株半透明，黄绿色，质脆，易折断；茎常呈二叉状分枝，具稀疏尖锐短刺；叶对生或3叶假轮生，带状，扭转，每侧具2～10个刺状粗齿，中脉背面具刺，叶鞘全缘；花单生于叶腋，小，黄绿色；雌雄异株，雄花具一瓶状佛焰苞，雌花无佛焰苞和花被；瘦果黄褐色，种皮粗糙。花果期6—11月。

分布：浙江、福建、广东、广西、海南、香港和台湾。常见。

生境与耐盐能力：多见于水深2 m以内的软质底泥、相对静止水体如池塘、湖泊、缓流河水水底，在半咸水或高碱性的沿海和内陆沼泽、潟

◎ 大茨藻果实

湖也有分布（Handley & Davy, 2002; Pasqualini et al., 2017），在透明度良好的水体中可分布于3 m深处。在野外多成丛分布，茎叶接近水面密集分布。在地中海沿岸，大茨藻生长于盐度波动范围较大的浅水潟湖，平均水体盐度7.3～14.5 g/L（Pasqualini et al., 2017）或5.2～60 mS/cm（平均26.5 mS/cm）（Martinez-Taberner & Maya, 1993）。大茨藻被 *Halophytes of Southwest Asia* 收录（Ghazanfar et al., 2014）。

特点与用途：适应性强，对盐分的耐受力很强，分布范围广，繁殖快，栽培简单，对水质、底质类型和酸碱度要求不高，能适应多种不同的环境，可在短时间内形成较为庞大的种群，污染物去除能力强，是水环境生态修复中常用的沉水植物（张萌等，2014；刘文竹等，2019），在半咸淡水污水处理中具有独特的优势。适宜水深范围0.3～2 m。形态奇特，易栽培，可在水族箱中形成水下森林景观，是水族箱常用植物之一。大茨藻是草鱼的饵料植物之一，也可作为猪的补充饲料。

繁殖：断枝繁殖及播种繁殖。

大茨藻	耐盐	B	耐盐雾	—	抗旱	—	抗风	—

◎ 淡水水体中的大茨藻

◎ 大茨藻枝条及叶片

泰来草

Thalassia hemprichii (Ehrenb.) Asch.
别名：泰莱藻、泰莱草、海龟草、海黾草
英文名：Turtle Seagrass

水鳖科多年生沉水草本，高 10～20 cm（有时可达 40 cm），具粗壮而坚韧的地下匍匐茎，节上具鳞片；直立茎极短，节密集成环纹状；叶宽线形，长 6～20 cm，呈镰刀形弯曲，叶尖常有细锯齿，有纵脉 7～11 条，横脉相对不明显，基部具膜质鞘；雌雄异株，雄佛焰苞线形，稍宽，由 2 个苞片组成，内生 1 朵雄花；雌佛焰苞内具花 1 朵，无梗；蒴果球形，绿色，皮有棘，含种子 3～5 粒，成熟时爆裂；种子多数，锥状，底部较宽大、上部小而尖。花期 1—3 月，果期 2—5 月。

◎ 泰来草雄花

分布：广东、海南和台湾。海南岛东部和台湾常见，广东偶见。

生境与耐盐能力：生境多样，在潟湖、港湾及河口都有分布，可以在淤泥质、沙泥质、珊瑚屑、贝壳屑等多种类型的底质生长（Hantanirina & Benbow, 2013）。多生长于水动力较强海岸，从低潮带上部至潮下带上部 4 m 水深范围都有分布，退潮时部分植株可以暴露于空气（Sidik et al., 2010）。在柬埔寨，泰来草生长于红树林林缘滩涂至低潮时水深 0.4～1.9 m 的沙质沉积物中（Leng et al., 2014）。根系发达，依靠强大的根系牢牢"抓住"地面，避免被水冲走。

◎ 泰来草叶尖

特点与用途：能适应多种底质，是海龟和儒艮的主要食物之一，也是高能海岸海草床恢复的常用种类之一。

繁殖：播种与切根茎繁殖。果实大（直径 2 cm）且可在水中漂浮数天。

泰来草	耐盐	A	耐盐雾	—	抗旱	—	抗风	—

◎ 泰来草根状茎

◎ 泰来草幼芽

◎ 珊瑚丛中的泰来草（海南西沙群岛）

日本鳗草

Zostera japonica Asch. & Graebn.

别名：日本大叶藻、矮大叶藻

英文名：Dwarf Eelgrass, Japanese Eelgrass

鳗草科（大叶藻科）多年生或一年生匍匐沉水草本，具细长而发达的根茎，每节生1枚先出叶和2条细根；叶鞘长2～10 cm，边缘膜质，相互叠压而抱茎；营养枝具叶2～4枚，叶长5～35 cm，宽1～2 mm，先端钝或微凹，具平行初级脉3条；生殖枝长10～30 cm，具佛焰苞数枚；肉穗花序穗轴扁平，先端常具钝的突尖，边缘有苞片状附属物；果实椭圆至长圆柱形，红褐色至淡紫褐色，光滑，顶端具短喙；种子棕色。花果期3—7月。

◎ 日本鳗草植株

分布：中国分布范围最广的海草种类之一，北至辽宁，南至海南岛均有分布；也是广西和香港沿岸最常见海草之一（黄小平等，2006；范航清等，2007）。

生境与耐盐能力：多生长于有淡水输入的海湾河口水深较浅的低潮带至潮下带，偶见于潟湖。它是海草中分布高程最高的种类之一，生长区域上限为低潮线以上0.1～1.5 m（Ruesink et al.，2010），甚至更高（2.3 m）的潮间带（Kaldy，2006），部分个体可以在中潮带生长，下限分布记录是低潮线下7 m（Hayashida，2000）。在广西珍珠湾，日本鳗草主要分布于潮间带，在红树林林缘形成大面积海草床，部分日本鳗草可以深入中潮带先锋树种白骨壤和桐花树组成的红树林中（李森等，2012；邱广龙，2015）。与其他海草植物相比，日本鳗草的耐盐能力稍低，分布区水体盐度一般不超过32 g/L。

特点与用途：适应能力强，生长速度快，繁殖容易，采种容易，受干扰后恢复能力强，常用于退化海草场的生态修复（王伟伟等，2013；邱广龙等，2014）。日本鳗草是中国唯一一种能够在温带和亚热带广泛分布的海草，可在潮间带及潮下带浅水区域形成致密的海草床，起到降低水流速度、净化水体、增加生物多样性、为水禽和迁徙鸟类提供摄食场所等重要生态功能（王伟伟等，2013；张晓梅，2016）。

◎ 日本鳗草群落

繁殖：分根状茎与播种繁殖，以前者为主。种子有休眠，可以通过土壤种子库繁殖。

日本鳗草	耐盐	A	耐盐雾	—	抗旱	—	抗风	—

◎ 日本鳗草与珠带拟蟹守螺

◎ 生长于红树林林缘的日本鳗草（广西防城港珍珠湾）

◎ 大面积日本鳗草海草床（广西防城港珍珠湾）

篦齿眼子菜

Stuckenia pectinata (Linn.) Börner

别名：龙须眼子菜、柔花眼子菜、矮眼子菜、铺散眼子菜

英文名：Sago Pondweed, Fennel Weed, Ribbon Weed

眼子菜科多年生沉水纤细草本，茎淡黄色；叶茎生，全部为沉水叶，细线形，橄榄绿色至深绿色，狭线形直伸，长 2～12 cm，宽 0.2～4 mm；托叶鞘抱茎，长 2～3 cm；穗状花序圆柱状顶生，花序梗细长，具花 3～7 轮，对生间断排列，花被片、雌蕊和雄蕊数均为 4；果实倒卵形，背部钝圆，顶端具短喙。花果期 5—10 月。

◎ 篦齿眼子菜花序（供图：林秦文）

分布：我国南北各省区均有天然分布。常见。

生境与耐盐能力：对水体盐度有较强的适应能力，在淡水与咸水中均可繁茂生长，常见于海边沟渠、盐田及废弃鱼塘。在盐度 8～10 g/L 的水体中正常生长（王卫红和季民，2007；刘文竹等，2019）。在美国旧金山河口，篦齿眼子菜野外生境最高盐度是 12 g/L；实验室培养条件下，盐度不高于 10 g/L 时生长迅速，而在 15 g/L 条件下停止生长（Borgnis & Boyer, 2016）。此外，篦齿眼子菜对水深和流速也有较大的适应能力，在水深为 0.5～2.8 m 的范围内能很好生长（付春平等，2005b）；既可以在静止水体中生长，也可以在流动水体中生长。

特点与用途：适应性强，生长速度快，繁殖容易，对高浓度氮、磷水体有较强的耐受力，是滨海地区含盐富营养化水体生态修复的常用植物（任文君等，2011；刘文竹等，2019）。茎叶是水鸟的重要食物。全草入药，有清热解毒功效，用于治疗肺炎、疮疖等。

繁殖：播种、埋地下块茎与切茎段繁殖。

篦齿眼子菜	耐盐	B+	耐盐雾	—	抗旱	—	抗风	—

◎ 池塘中的篦
齿眼子菜

◎ 池塘中的篦齿眼子菜
（供图：朱鑫鑫）

◎ 池塘中的篦齿眼子
菜（供图：徐永福）

角果藻

Zannichellia palustris Linn.
别名：柄果角果藻
英文名：Horned Pondweed

眼子菜科多年生沉水草本，茎纤细，多分枝；叶无柄，对生至3～4片轮生，长条形，长2～10 cm，宽约0.5 mm，全缘，先端渐尖，基部具鞘状托叶；花序腋生，花小，雌雄花同生长于膜质佛焰苞内；花器官退化，雄花仅1枚雄蕊，雌花外包1杯状花被；小坚果半月形，常簇生于叶腋，小果柄与果等长。花果期6—9月。

分布：我国海滨或内陆盐碱湖泊有分布。浙江、福建、广西、台湾有天然分布。常见。

生境与耐盐能力：在静止和流速较缓的淡水和咸水水体湖泊、池塘、沟渠等均有分布。在青海湖，角果藻可以在含盐量高达35 g/L的湖水中生长（陈耀东，1987）。在山东沿海，角果藻多见于废弃的咸水鱼塘（赵文等，2001）。在浙江瓯江，角果藻仅出现于河口半咸水池塘或沟渠中。角果藻生长速度随NaCl含量的增加而增加，培养液NaCl含量3 g/L时生长最快，而后随NaCl含量的增加而下降（赵文等，2001）。郗金标等（2006）、边金艳等（2007）、赵可夫等（2013）认为角果藻是盐生植物，盐生植物数据库HALOPHYTE Database Vers. 2.0 和 *Halophytes of Southwest Asia* 也有收录（Menzel & Lieth, 2003; Ghazanfar et al., 2014）。

特点与用途：水生态修复。在山东黄河口，角果藻对盐度适应范围广，生长快，成片生长，放养沉水植物角果藻等对生态养殖大闸蟹起到决定性的作用（刘金明等，2011）。

繁殖：播种繁殖。

◎ 角果藻果（供图：朱鑫鑫）

角果藻	耐盐	A	耐盐雾	—	抗旱	—	抗风	—

◎ 角果藻枝叶（供图：叶喜阳）

◎ 淡水池塘中的角果藻（供图：薛自超）

圆叶丝粉草

Cymodocea rotundata Asch. & Schweinf.
别名：海神草、光滑带状海草、圆叶丝粉藻、丝粉藻
英文名：Smooth Ribbon Seagrass

丝粉草科多年生沉水匍匐草本，茎纤细，每节具1～3条略粗而不规则分枝的根和1条短缩的直立茎；叶2～5枚簇生于茎端，线形，长7～15 cm，宽4 mm以下，全缘，先端钝圆形或截形齿，具9～15条纵向脉，叶鞘发达；雄花花药长约11 mm，雌花子房甚小，与稍细的花柱共长约5 mm；果实呈略斜的半圆形或半卵圆形，侧扁，长约10 mm，骨质，具3条平行的背脊，中脊具6～8个明显的尖突齿，有时腹脊亦有3～4齿，顶喙略偏斜，宿存。花果罕见。

分布：海南和台湾。海南东海岸偶见，其他省区少见。

生境与耐盐能力：多生长于低潮带到潮下带水深10 m以内的泥沙质、珊瑚屑、珊瑚沙浅滩（Du et al., 2023），是边缘礁、堡礁和环礁潮下带礁滩常见海草之一。圆叶丝粉草在许多珊瑚礁生境都有发现，但在较宽范围的边缘珊瑚礁浅水潟湖中最常见。

特点与用途：对底质的适应性较强，在各种类型的底质都可以生长。种子被硬壳包裹，可以形成种子库，这使得该物种在受到干扰后能够较快地恢复（Du et al., 2023）。

繁殖：播种与分茎段繁殖。

◎ 圆叶丝粉草叶尖

◎ 圆叶丝粉草植株

圆叶丝粉草	耐盐	A	耐盐雾	—	抗旱	—	抗风	—

◎ 圆叶丝粉草水下景
观（海南陵水黎安港）

◎ 与海菖蒲生长在一
起的圆叶丝粉草（海
南陵水黎安港）

◎ 圆叶丝粉草水下景
观（海南陵水黎安港）

齿叶丝粉草

Cymodocea serrulata (R. Brown) Ascherson & Magnus
别名：锯齿叶水丝草、齿叶丝粉藻、齿叶海神草
英文名：Serrated Ribbon Seagrass

　　丝粉草科多年生沉水草本，根状茎匍匐，每节具 1～3 条不规则分枝的根和 1 条短直立茎；叶线形，扁平，长 15 cm，宽 4～9 mm，全缘，先端钝圆形或截形，具平行脉 13～17 条；叶鞘长 1.5～4 cm，略紫色，顶端具一对略呈等腰三角形的叶耳，叶鞘脱落后常在茎上形成一闭合环痕；雌雄异株，花甚小；果呈略斜的半圆形或半卵圆形，侧扁，具 3 条平行的背脊。花果期不详。

　　分布：海南和台湾（东沙群岛）。少见。

　　生境与耐盐能力：对底质的适应性强，生长于水深 0～25 m 的细沙、珊瑚碎石或沙泥质潮下带浅滩，经常可以在珊瑚礁平台、珊瑚礁（前礁）外的沙滩和平原上发现（Du et al., 2023）。它能够适应各种类型的沉积物，从淤泥质到粗珊瑚碎石都可以生长。在相对隐蔽的环境中，它会形成大面积致密的海草床。在莫桑比克伊尼亚卡岛大潮低潮线上部，齿叶丝粉草和全楔草及泰来草生长在一起（Bandeira, 1997）。在马达加斯加西南部，与其他的海草植物相比，齿叶丝粉草和全楔草是分布区最深的海草（Hantanirina & Benbow, 2013）。

　　特点与用途：种子被硬壳包裹，可以形成种子库，这使得该物种在受到干扰后能够较快地恢复（Du et al., 2023）。

　　繁殖：播种与分茎段繁殖。

◎ 齿叶丝粉草叶尖

◎ 齿叶丝粉草叶鞘脱落后的环状叶痕

齿叶丝粉草	耐盐	A	耐盐雾	—	抗旱	—	抗风	—

◎ 生长于珊瑚丛中的齿叶丝粉草（印度尼西亚民丹岛）

◎ 齿叶丝粉草植株

羽叶二药草

Halodule pinifolia (Miki) Den Hartog
别名：羽叶二药藻
英文名：Needle Seagrass

丝粉草科多年生沉水草本，根状茎匍匐生长，每节有不分枝须根 2～3 条，直立茎短缩；叶 1～4 枚互生，线细长，线形，长 2～8 cm，宽不超过 1 mm，先端平截或钝圆；叶脉 3 条，中脉明显，顶端常稍扩展或分叉，侧脉常不明显；花小，无花被；果实卵形，喙侧生。

分布：广东南部、广西、海南和台湾。羽叶二药草曾经是广西北海铁山港海草床的优势种之一，但因人为干扰目前已经所剩无几。少见。

◎ 羽叶二药草植株

生境与耐盐能力：多生长于相对平静的大陆近岸高潮线与低潮线间的沙质或泥质海滩，尤喜欢潟湖和有淡水注入的海湾环境（Sidik et al., 1999）。在文莱湾和马来半岛东海岸，羽叶二药草是分布范围最广的海草，对盐度和底质有广泛的适应性，生境盐度范围为 9.4～34.5 g/L（Sidik et al., 2010; Lamit & Tanaka, 2019）。在南太平洋的斐济和萨摩亚群岛，羽叶二药草常在潮间带形成大面积单种海草场，有时也与单脉二药草混生（Skelton & South, 2006）。在柬埔寨，羽叶二药草生长于红树林林缘滩涂至低潮时水深 0.4～1.5 m 的粗沙和细沙质沉积物上（Leng et al., 2014）。

特点与用途：羽叶二药草虽然细小，但它是儒艮的主要食物之一（Budiarsa et al., 2021）。

繁殖：切茎段繁殖。

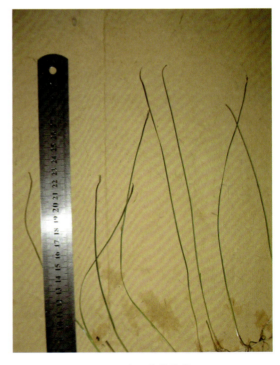

◎ 羽叶二药草植株

羽叶二药草	耐盐	A	耐盐雾	—	抗旱	—	抗风	—

◎ 羽叶二药草海草床（广西北海铁山港）

◎ 羽叶二药草根茎

单脉二药草

Halodule uninervis (Forsskal) Ascherson
别名：二药藻、单脉二药藻
英文名：Needle Seagrass

　　丝粉草科多年生沉水草本，根状茎匍匐，每节有不分枝须根 1～6 条；直立茎短，基部常为残存叶鞘所包围；叶线形，长 4～15 cm，宽 0.8～1.4 mm，上部有时微弯呈镰状，基部渐狭；叶端常具 3 齿，具平行脉 3 条，中脉明显；花小，单性，雌雄异株，无花被；坚果卵球形，略扁，喙顶生，不开裂；种子 1 枚，直生。花果期不详。

　　分布：广东南部、广西、海南和台湾。偶见。

　　生境与耐盐能力：广生态幅海草，多见于近海岛屿或浅滩及环礁周围，但大陆岸线少见分布。单脉二药草是潮间带海草的先锋植物，对基质及海水盐度的变化无严格选择，在沙泥质、珊瑚屑、贝壳屑海底常形成大面积致密的海草场（Skelton & South, 2006）。与其他的海草种类相比，单脉二药草分布区的潮位较高，常见于河口湾和红树林外中高潮带滩涂，部分个体可以分布于低潮带滩涂及潮下带。在北部湾，单脉二药草在中低潮带滩涂与卵叶喜盐草混生。在马达加斯加西南部，单脉二药草在中高潮带形成致密的单种海草场，

◎ 单脉二药草 W 型的叶尖

◎ 单脉二药草植株

而在中低潮带则较为稀疏（Hantanirina & Benbow, 2013）。在阿曼，单脉二药草主要分布于潮间带（Jupp et al., 1996）。

　　特点与用途：与其他海草相比，单脉二药草对底质及盐度的适应性强，且主要分布于潮间带，使其在海草人工种植方面具有很多先天优势，成为人工海草恢复的常用物种。单脉二药草也是儒艮最喜爱的食物之一。

　　繁殖：播种与切茎段繁殖。

单脉二药草	耐盐	A	耐盐雾	—	抗旱	—	抗风	—

◎ 与卵叶喜盐草混生的单脉二药草（广西北海竹林）

◎ 与卵叶喜盐草混生的单脉二药草（广东湛江流沙湾）

针叶草

Syringodium isoetifolium (Asch.) Dandy
别名：针叶藻、水韭菜
英文名：Noodle Seagrass

丝粉草科多年生沉水草本，植株高约 25 cm，地下匍匐茎每节有分枝或不分枝须根 1～3 条；直立茎短，节间显著短缩；叶 2～3 枚互生于短缩直立茎上部，长 1.5～4 cm；叶圆柱形，内部中空，叶尖渐变为针状，长 7～30 cm，宽 1～2 mm，质硬；聚伞花序下部分枝呈二歧式，上部单歧分枝；果实斜倒卵形。在我国东沙群岛的针叶草花期为 6—8 月。

分布：广西和海南。多分布于西沙群岛和东沙群岛。偶见。

生境与耐盐能力：喜生于低潮带及潮下带的珊瑚礁屑、贝壳屑及细沙质浅滩海底（Du et al., 2023）。在南太平洋的斐济和萨摩亚群岛，针叶草主要分布于潮下带水深 1～15 m 的浅滩，部分个体在天文大潮低潮时才偶尔暴露（Skelton & South, 2006）。在马达加斯加西南部，针叶草是潮下带较深水域的优势种，但分布区的水深小于齿叶丝粉草和全楔草（Hantanirina & Benbow, 2013）。在莫桑比克岛，针叶草生长于大潮低潮线附近，生境海水盐度超过 30 g/L（Bandeira, 1997）。

特点与用途：植株矮小，分布范围狭窄。

繁殖：切根茎繁殖。

◎ 针叶草植株及圆柱形叶

◎ 针叶草植株

针叶草	耐盐	A	耐盐雾	—	抗旱	—	抗风	—

◎ 混生的针叶草、泰来草及圆叶丝粉草（海南西沙群岛）

◎ 针叶草海草床（埃及萨法加）

全楔草

Thalassodendron ciliatum (Forsk.) Den Hartog

◎ 全楔草木质化的直立茎

　　丝粉草科多年生沉水草本，具高度木质化的根状茎，生多数有分支的根；根状茎每隔 4 节有一不分枝或少分枝的直立茎，高 30～80 cm；叶片聚生直立茎顶端，互生排列，线形，镰刀状，边缘具锯齿，先端圆，微凹，叶长 10～15 cm，宽 6～13 mm，叶脉 17～27 条；雌雄异株，果长 3.5～5 cm。胎生植物，幼苗附在母体上发育。花果期不详。

　　分布：多数文献认为全楔草在我国广东、海南和台湾有分布，但我们最近几次调查均没有发现，*Flora of China* 也没有收录全楔草，有人认为全楔草已经在国内灭绝。全楔草生长在难以到达的深水区（水深超过 10 m）或光线较弱的环境，不容易被调查到。

　　生境与耐盐能力：从低潮带延伸至水深最深 40 m 处，常在深水区形成大面积的致密单种海草场，从不露出水面（Walker & Prince, 1987）。在马达加斯加岛西南部、莫桑比克伊尼亚卡岛等地，全楔草是分布最深的海草（Bandeira, 1997；Hantanirina & Benbow, 2013）。在肯尼亚，全楔草生长区域最深可达 32 m（Duarte et al., 1996）。在西印度洋，全楔草最深可以在水深 40 m 的浅滩生长（Aleem, 1984）。在印度尼西亚民丹岛，全楔草生长在水深 1～10 m 处，在较浅的区域与海菖蒲等海草混生。但也有报道称全楔草可在大潮低潮线附近生长，天文大潮低潮时可短时间暴露于空气（Cox, 1991；Bandeira, 1997）。全楔草凭借其发达的根系，可以在各种类型的沉积物上生长，多生长于粗砂质海底，但也可以附着在裸露的岩石或珊瑚礁上。它以发达的根系固着于岩石或死亡的珊瑚礁表面，生长一段时间后部分地段会沉积一些泥沙，但沙层厚度一般不超过 4 cm（Johnstone, 1984）。在莫桑比克，全楔草生长于两种截然不同的环境中：在风浪大、海流强的开放海域，以发达的根系固着于岩石或珊瑚礁表面；而在风浪较小的隐蔽区域，生长于有沙子覆盖的礁石缝隙或粗砂质浅滩（Bandeira & Nilsson, 2001）。

　　特点与用途：全楔草是垂直生长最快而水平生长速率最低的海草（Duarte et al., 1996），生成 5 m 长的水平根状茎海草网络需要 6 年时间（Marbà & Duarte, 1998）；常形成大面积致密的海草场，生物量高，固碳能力强，生态功能突出；但因生长环境特殊，一旦破坏，极难恢复。

　　繁殖：播种繁殖。

| 全楔草 | 耐盐 | A | 耐盐雾 | — | 抗旱 | — | 抗风 | — |

◎ 全楔草海草床
（印度尼西亚民丹
岛）

◎ 全楔草植株

飓风椰子

Dictyosperma album (Bory) H. L. Wendl. & Drude ex Scheff.

别名： 飓风椰、王后棕、公主棕、环羽椰、白网籽棕、金棕

英文名： Hurricane Palm, Princess Palm

棕榈科常绿乔木，单干直立，茎基部有时膨大，高可达 10 m；叶簇生茎顶，羽状全裂，裂片披针形，长 75～90 cm，排列整齐，顶端下垂；叶鞘膨大抱茎，脱落后形成一圈节痕；肉穗花序生于叶鞘束下，多分枝，乳黄色至鲜黄色；花单性，雌雄同株，淡红色；果卵状球形，成熟时紫色或紫黑色；种子椭圆形，棕色或黑色。

分布： 原产非洲毛里求斯、马斯卡林那群岛。我国福建、广东、广西、海南有少量引种。只见开花，少见结果。

生境与耐盐能力： 海岛特有植物，自然生长于强盐雾海岸，有很强的耐盐、抗风与耐盐雾能力（www.pacsoa.org.au，www.prota.org）。有关飓风椰子耐盐能力的研究很少，但多数文献都认为飓风椰子具有较强的耐盐和耐盐雾能力。迄今为止，只有廖启烊（2010）研究了温室土培条件下，飓风椰子幼苗的生长与土壤含盐量之间的关系，结果发现飓风椰子耐盐能力较强，幼苗生长的临界土壤含盐量为 5.76 g/kg。美国佛罗里达的莫奈花园（Giverny Garden）将飓风椰子归为强耐盐和耐盐雾能力的树种（www.givernygardens.com）。Bezona et al.（2009）将飓风椰子归为具有高耐盐和耐盐雾能力的植物，可以在无遮挡的强盐雾海岸种植。

特点与用途： 喜光稍耐阴、耐旱不耐水湿，稍耐寒，可以忍受轻度霜冻；适应性强，苗期生长缓慢，肥水良好的条件下成年植株生长较快，栽培管理较粗放。树形优美，老叶浓绿向下弯曲，新叶暗红，是滨海地区极佳的绿化树种。髓心及嫩芽可食。

繁殖： 播种繁殖。

◎ 飓风椰子花序

飓风椰子	耐盐	B+	耐盐雾	A	抗旱	A−	抗风	A

◎ 飓风椰子植株（福建厦门万石植物园）

◎ 连接所有羽片先端的叶环至叶片完全展开之后才脱落，环羽椰由此得名

菜棕

Sabal palmetto (Walt.) Lodd. ex Schult. & Schult. f.
别名：箬棕、白菜棕、龙鳞桐、大叶箬棕
英文名：Cabbage Palm, Palmetto Palm, Sabal Palm

棕榈科常绿乔木，单干直立，高 9~18 m；茎被覆交叉状叶基；大型具肋掌状圆形或半圆形叶聚生于茎端，裂片多达 80 片，先端 2 裂，裂片间丝状物宿存；叶柄粗壮，上面平扁；肉穗花序自叶腋抽出；花小，白色；果球形，成熟后黑色，内有种子 1 粒。花期 6 月，果期秋季。

分布：原产美国东南部北卡罗来纳至佛罗里达，为美国北卡罗来纳州与佛罗里达州的州树，也是美国栽培最广的棕榈科植物之一。我国浙江、福建、广东、广西、海南、香港和台湾有引种。浙江温州地区可正常开花结果。

生境与耐盐能力：常见于沿海半咸水低洼地森林、沼泽、河岸，也可以在干旱的海岸沙丘生长（Perry & Williams, 1996）。在佛罗里达，菜棕是红树林、海岸林或潮沟边缘林下植物的优势种。在盐度 10 g/L 的培养液中，种子发芽率可达 84%，种子发芽率临界盐度是 14 g/L（Brown, 1976）。能够很好地忍耐 8 g/L 的海水，但在盐度 15 g/L 的培养液中生长不良（Perry & Williams, 1996）。菜棕被认为是美国东南部最耐盐的乡土植物之一（Brown, 1973），被盐生植物数据库 HALOPHYTE Database Vers. 2.0 收录（Menzel & Lieth, 2003）。

特点与用途：喜光亦耐阴、耐旱亦耐水湿、耐寒，可耐 −5 ℃低温；抗风能力极强，即使是遭受飓风和龙卷风袭击也屹立不倒。对土壤有广泛的适应性；树形雄伟壮观，弯曲的掌状叶形态优美，是海滨地区优良的园林绿化树种，常作为行道树或庭荫树。花是良好的蜜源，果实可食；嫩叶及嫩花序可作为蔬菜，味如卷心菜（菜棕由此得名）；叶片可用于编制草帽及工艺品。

繁殖：播种繁殖。

◎ 交叉状菜棕叶基

◎ 菜棕果

◎ 菜棕叶裂片间丝状物

菜棕	耐盐	A−	耐盐雾	A−	抗旱	A−	抗风	A

◎ 广州华南植物园引种的
菜棕

◎ 浙江温州引种的菜棕

◎ 澳大利亚昆士兰州凯恩
斯海边绿地种植的菜棕

女王椰子

Syagrus romanzoffiana (Cham.) Glassm.
别名：桃椰、皇后葵、金山葵、克利巴椰子
英文名：Queen Palm, Giriba Palm, Jeriva Coconut, Pindo Palm

棕榈科常绿乔木，干单生，高 10~15 m，表面有不对称的环状叶痕，中上部稍膨大；叶丛生于茎端，羽状全裂，长 3~5 m，弧形自然下垂，叶柄及叶轴被绒毛；大型肉穗花序腋生，长 1 m 以上，下垂，花黄色；干果核果状，球形或卵圆形，熟后橙黄色；种子卵球形，外层包覆一层发状纤维。花期 6—7 月，果期 9—10 月。

分布：原产南美洲。我国浙江南部、福建、广东、广西、海南、香港和台湾作为观赏植物常见栽培。

生境与耐盐能力：很少有关于女王椰子耐盐或耐盐雾能力的报道。美国佛罗里达大学 Broscha 教授认为女王椰子具有中等程度的耐盐雾能力（Broscha et al., 2017）。女王椰子常用于热带亚热带地区海岸带与海岛绿化。在福建厦门环岛路，女王椰子用于中等盐雾海岸最前沿绿化，生长正常。而在澳大利亚昆士兰，女王椰子作为观赏植物种植于天文大潮可淹及的海岸沙地。

特点与用途：喜光稍耐阴、耐旱不耐水湿、耐瘠，可耐短期 −5 ℃低温；根系发达，生命力顽强，树干挺拔，姿态优美，除修剪老叶外，一旦种植成活几乎不需要养护，是滨海地区极佳的绿化树种。果可食；种子坚硬，可用于雕刻，文玩市场上的"紫金鼠"就是女王椰子的种子。

繁殖：播种繁殖。

◎ 女王椰子成熟果

◎ 女王椰子花序

◎ 女王椰子未成熟果

女王椰子	耐盐	B	耐盐雾	A−	抗旱	A−	抗风	A−

◎ 海岸绿化沙地中的女王椰子（澳大利亚昆士兰）

◎ 海岸绿化沙地中的女王椰子（福建厦门环岛路）

多枝扁莎

Cyperus polystachyos Rottb.
别名：多穗扁莎、扁莎、细样席草
英文名：Bunchy Sedge, Many-Spiked Sedge, Texas Sedge

莎草科一年生或多年生草本，根状茎短，秆丛生，高15~60 cm；叶短于秆，宽2~4 mm；苞片4~6枚，叶状，长于花序；长侧枝聚伞花序紧缩成头状，辐射枝极短或近于无；小穗多数，密集成头状，具花10~30；鳞片黄褐色，雄蕊2；小坚果近于长圆形或卵状长圆形，扁双凸状，两面无下凹的槽。花果期几乎全年。

分布：浙江、福建、广东、广西、海南、香港和台湾。常见。

◎ 多枝扁莎花序

生境与耐盐能力：生境广泛，对水分和土壤含盐量有广泛的适应能力，淡水稻田、高含盐量的海岸湿地、干旱的海岸沙地、鱼塘堤岸以及基岩海岸迎风面山坡石缝均可见其分布，是我国南方海岸带与海岛常见植物。多枝扁莎被认为是具有较高耐盐能力的植物，在泰国东北部，多枝扁莎可以在ECe值高达13~21 dS/m的土壤中生长（Leksungnoen, 2017）。而在福建和浙江的一些海岛，多枝扁莎可以生长于强盐雾海岸石缝。多枝扁莎也是福建平潭坛南湾强盐雾海岸沙地常见植物之一（杨显基等，2016）。在浙江平阳远离大陆的小面积岛屿稻挑山岛，多枝扁莎生长于以刺裸实、芙蓉菊和肉叶耳草为优势种的海岸稀疏灌草丛，其他伴生植物有厚叶石斑木、光叶蔷薇、木防己、锈鳞飘拂草和普陀狗娃花等（陈秋夏等，2020）。被盐生植物数据库HALOPHYTE Database Vers. 2.0 收录（Menzel & Lieth, 2003）。

◎ 海岸沙荒地贴地生长的多枝扁莎（海南三亚铁炉港）

特点与用途：喜光稍耐阴、耐旱亦耐水湿、耐瘠；对环境有广泛的适应能力，是我国南方海岸带常见杂草。秆密集丛生，根系发达，是良好的固沙植物（李丽香等，2018）。植株矮小，对农作物危害性不大，目前没有关于其应用的报道。

繁殖：播种繁殖。

多枝扁莎	耐盐	A	耐盐雾	A	抗旱	A-	抗风	—

◎ 与羽状穗砖子苗一起生长于红树林海岸鱼塘堤岸的多枝扁莎（海南儋州新盈湾）

◎ 生长于强盐雾基岩海岸迎风面山坡石缝的多枝扁莎（浙江平阳南麂岛）

辐射穗砖子苗

Cyperus radians Nees & C. A. Mey. ex Kunth

别名：辐射砖子苗

英文名：Radiant Galingale

莎草科一年生草本，秆丛生，高 1.5～8 cm，常为丛生的狭叶所隐藏，埋于沙地中；叶厚而稍硬，常向内折合，叶状苞片 3～7 枚，长侧枝聚伞花序简单；头状花序具小穗多数，球形，小穗卵形或披针形，具 4～12 花；小穗轴具狭边，鳞片密覆瓦状排列，具紫红色条纹，雄蕊 3；小坚果宽椭圆形，黑褐色。花果期全年。

分布：浙江、福建、广东、广西、海南、香港和台湾。偶见。

生境与耐盐能力：除 *Flora of China* 认为辐射穗砖子苗生长于海边沙地外，目前没有辐射穗砖子苗耐盐能力的报道。从野外自然分布状况看，辐射穗砖子苗不仅可以在植被极为稀疏

◎ 辐射穗砖子苗花序

的海岸前沿沙地生长，也可以在海岸沙地灌丛、木麻黄林隙生长。在福建石狮祥芝，辐射穗砖子苗与海边月见草等生长于强盐雾海岸沙地，组成稀疏的海岸沙地植被。而在海南东方昌化江口，辐射穗砖子苗与蛇婆子、单叶蔓荆等组成覆盖度不超过 1% 的海岸沙地植被。

特点与用途：喜光稍耐阴、耐旱不耐水湿、耐瘠、耐沙埋，对海岸沙地环境有很强的适应性。由于植株个体小，野外数量不多，目前没有其应用方面的报道。

繁殖：播种繁殖。

◎ 生长于海岸沙地木麻黄疏林下的辐射穗砖子苗（海南三亚青梅港）

辐射穗砖子苗	耐盐	A-	耐盐雾	A	抗旱	A	抗风	—

◎ 生长于海岸沙地的辐射穗砖子苗（海南东方板桥）

◎ 生长于海岸沙地的辐射穗砖子苗（海南三亚铁炉港）

香附子

Cyperus rotundus Linn.
别名：香头草、莎草
英文名：Nut Grass, Coco-Grass, Purple Nut Sedge, Red Nut Sedge

莎草科多年生草本，具椭圆形地下块茎，秆散生，高 20~90 cm；全株有特殊香味（香附子由此得名）；叶短于秆，宽 2~5 mm，叶鞘基部棕色；花序复穗状，3~6 个在茎顶排成伞状，有叶状总苞片 2~4 枚，与花序等长或长于花序；小穗宽线形，具较宽的翅；鳞片膜质，两侧紫红色；小坚果倒卵形。花期 6—8 月，果期 7—11 月。

分布：秦岭以南地区广泛分布。

生境与耐盐能力：从高潮带滩涂一直到海堤都可以见其分布，也常见于海岸沙地最前沿。喜生于海边围田、荒地、海边沙地、河口堤坝、木麻黄林下等，海水偶有浸淹的地方可生长。香附子被列入巴基斯坦盐生植物名录（Khan & Qaiser, 2006），在印度则被认为是兼性盐生植物，耐盐极

◎ 香附子花序

限是 28 dS/m（Dagar & Singh, 2007）。被盐生植物数据库 HALOPHYTE Database Vers. 2.0 和 *Halophytes of Southwest Asia* 收录（Menzel & Lieth, 2003; Ghazanfar et al., 2014）。

特点与用途：喜光不耐阴、耐旱亦耐水湿、耐瘠；生性强健，生长快，繁殖力强，是滨海地区优良的水土保持植物，也是良好的海岸沙地绿化植物。块茎药名香附子，气香，味微苦，可入药，有疏肝、止痛、调经解郁、松弛平滑肌的功效，还可用于提取芳香油，也可酿酒或作为饲料。香附子也是多年生恶性杂草，目前已位居世界十大恶性杂草之首，选用时应注意。

繁殖：越冬的块茎是主要的繁殖体，根状茎和种子也能繁殖。

◎ 强盐雾海岸沙地的香附子与厚藤（台湾高雄旗津公园）

香附子	耐盐	A-	耐盐雾	A	抗旱	A-	抗风	A

◎ 香附子是填海沙地植被
演替先锋植物（海南三沙）

◎ 海岸沙地前沿的香附子
（海南海口西海岸）

◎ 强盐雾海岸香附子与厚
藤被沙埋情况（福建平潭
十八楼）

细柄水竹叶

Murdannia vaginata (Linn.) Bruckn
别名：鞘苞网籽草
英文名：Naked-Stem Dewflower

鸭跖草科多年生草本，根须状，不加粗；茎细弱，匍匐，或稍粗壮而近直立；叶禾叶状，长 4～20 cm；花葶直立，有鞘状总苞片 1～3 个，疏离，长 0.8～1 cm；花小，蓝色，1～5 朵簇生于鞘状总苞片内；能育雄蕊 2 枚，退化雄蕊 3～4 枚；蒴果球状，每室仅有 1 粒种子；种子灰黑色，具格状网纹。果期 8 月至翌年 1 月。

分布：福建、广东、广西、海南和香港。偶见。

生境与耐盐能力：*Flora of China* 认为其生长于海岸沙地，但没有更多的描述。我们在海南文昌海南角发现细柄水竹叶生长于强盐雾海岸迎风面海拔 5～10 m 的固定沙地，与辐射穗砖子苗、毛马齿苋、沟叶结缕草等组成稀疏的海岸沙地植被。而在海南昌江棋子湾，细柄水竹叶生长于海岸沙荒地。赵可夫等（2013）将其归为盐生植物。

特点与用途：喜光不耐阴、耐旱不耐水湿、耐瘠。因植株矮小，野外资源稀少，目前没有关于其应用的报道。

繁殖：播种与分株繁殖。

◎ 细柄水竹叶花

◎ 细柄水竹叶植株

◎ 细柄水竹叶果

细柄水竹叶	耐盐	B+	耐盐雾	A	抗旱	A	抗风	A

◎ 生长于强盐雾海岸沙地的细柄水竹叶（海南文昌海南角）

◎ 生长于海岸沙荒地的细柄水竹叶（海南昌江棋子湾）

小蚌兰

Tradescantia spathacea Swartz cv. 'Compacta'
别名：小蚌蓝、蚌花、紫锦兰、蚌花、紫万年青
英文名：Boat Lily, Oyster Plant

鸭跖草科植物紫背万年青（*T. spathacea*）的栽培种，多年生半肉质草本，高20～30 cm，茎粗短；叶密集覆瓦状，无柄，剑形，叶面深绿色，背面紫色；伞形花序腋生于叶基部，花白色，生于两片紫红色蚌形佛焰苞内，形似蚌壳吐珠（蚌花由此得名）；花瓣3，卵圆形；雄蕊6，花丝被毛。花期5—8月。

分布：原产墨西哥和西印度群岛。我国福建以南常见栽培或逸为野生。

生境与耐盐能力：有关小蚌兰耐盐能力的报道不多，但一些野外栽培案例说明其对海岸带干旱、盐雾、贫瘠等环境有较强的适应能力。在广东深圳西涌，逸为野生的小蚌兰与草海桐、厚藤、海边月见草等典型海岸沙地植物生长于海岸迎风面沙垄。屋顶绿化条件下，种植于厚度仅5 cm土壤中的小蚌兰35天不浇水还可以存活（汤聪等，2014）。温室土培试验结果表明，小蚌兰具有较高的耐盐能力，在含盐量6 g/kg的土壤中能正常生长（何卓彦等，2011）。此外，美国佛罗里达的莫奈花园（Giverny Garden）认为小蚌兰具有高的耐盐和耐盐雾能力（www.givernygardens.com）。

特点与用途：喜光亦耐阴，光补偿点低，光饱和点高，对光照有很强的适应性（罗丹，2014）。耐旱、耐瘠、不耐寒；适应性强，栽培容易，病虫害少，株形自然，叶色美丽，苞片状似蚌壳，极为奇特，为滨海地区极佳的地被观叶植物、屋顶绿化植物和盆栽植物。小蚌兰叶片提取物有抗癌、抗菌、抗氧化和治疗糖尿病功效（Tan & Kwan, 2020）。

繁殖：分株与扦插繁殖。

◎ 与厚藤生长在一起的小蚌兰（海南文昌石头公园）

小蚌兰	耐盐	B+	耐盐雾	A−	抗旱	A−	抗风	—

◎ 生长于强盐雾海岸沙地迎风坡的小蚌兰（广东深圳西涌）

◎ 与典型海岸沙地植物草海桐生长在一起的小蚌兰（广东深圳西涌）

◎ 用于园林绿化的小蚌兰

黄纹缝线麻

Furcraea foetida (Linn.) Haw.

别名：黄纹万年麻、黄纹巨麻、金边毛里求斯麻、臭万年、金心伪龙舌兰

英文名：Mauritius Hemp, Giant Cabuya, Green Aloe

天门冬科多年生大型肉质草本，全株呈半球形；叶丛状集生，多达 50 枚，稍肉质，捣碎后有恶臭，披针形，长 2.5 m，宽可达 20 cm，叶片中部有乳黄色纵纹，边缘绿色，下部有少量不规则小刺；大型圆锥花序高达 8 m，具多数平分枝，一生仅开花一次；花绿白色，下垂，有香气；花后花序轴上能萌生大量珠芽。

分布：原产中南美洲。我国福建、广东、广西、海南、香港和台湾作为观赏植物常见栽培。

生境与耐盐能力：原产中南美洲热带干燥沙漠及岩砾地。目前没有黄纹缝线麻耐盐能力的直接报道，但一些侧面报道说明其对海岸环境有较强的适应能力。黄纹缝线麻作为纤维植物和观赏植物引入巴西后，在巴西东部的海岸沙丘、岩石海岸和一些小岛屿成为入侵种（Barbosa et al., 2017）。在巴西南部坎佩切州西北部受强风和强盐雾影响的基岩海岸，黄纹缝线麻成功入侵以库拉索破布木（*Varronia curassavica*）和叶柱藤（*Stigmaphyllon ciliatum*）为优势种的草本和亚灌木植被群落（Barbosa et al., 2018）。在强盐雾海岸福建平潭龙凤头，黄纹缝线麻种植于离海岸 100 m 且无遮挡的绿地，仅迎风面叶片有轻微的盐雾危害症状，但基本不影响观赏，而三角梅、象腿丝兰、金森女贞等受盐雾危害严重。

◎ 黄纹缝线麻珠芽

特点与用途：喜光稍耐阴、耐旱不耐水湿、耐瘠，耐寒能力稍差；对土壤有广泛的适应性，栽培容易，病虫害少，种植成活后几乎无需维护，叶色优雅、美观，是滨海地区理想的观赏植物。纤维质量优良，部分地区作为纤维植物有大面积商业性栽培。在澳大利亚、智利、新西兰、南非及法属留尼汪岛成为入侵种，它通过珠芽进行克隆繁殖，形成密集的集群，排除本地物种（Barbosa et al., 2018）。

繁殖：珠芽繁殖。

◎ 黄纹缝线麻花序

黄纹缝线麻	耐盐	B+	耐盐雾	B+	抗旱	A	抗风	A−

◎ 黄纹缝线麻植株

◎ 海岸沙地种植的黄纹缝线麻（金门岛）

金边缝线麻

Furcraea selloa K. Koch cv. 'Marginata'

别名： 黄边万年麻、黄边万年兰、塞洛万年麻

英文名： Wild Sisal

天门冬科多年生大型肉质草本，有明显的短茎；叶剑形，长 1.2 m，宽 10~15 cm，呈放射状生长，先端尖；叶缘金黄色，有整齐规则的刺，先端有 1 枚硬刺；圆锥花序高达 5 m，有分枝，一生仅开花一次；花白色，花丝短于花被；花后花序分枝上会萌发大量珠芽。花期初夏。

分布： 原产非洲毛里求斯。我国浙江温州以南常见栽培，海南岛常逸为野生。

生境与耐盐能力： 有关金边缝线麻生境及耐盐能力的报道很少，但一些野外栽培案例说明其对海岸环境有较强的适应能力。在海南万宁，逸为野生的金边缝线麻与露兜树等生长于海拔 10~20 m 的强盐雾基岩海岸迎风面山坡石缝，两者均未见明显的盐雾危害症状。而在世界六大风口之一的福建平潭，直接暴露于东北季风的金边缝线麻秋冬季表现出明显的盐雾危害症状，叶尖枯萎现象较为严重，但稍有遮挡处生长正常；与其生长在一起的南洋杉也表现出严重的盐雾危害症状，植株偏冠严重，甚至部分植株死亡。而在强盐雾海岸福建莆田湄洲岛，种植于海岸沙地后缘草地的金边缝线麻生长基本正常，仅个别叶子有盐雾危害症状。我们在福建厦门大嶝岛填海沙地试验性种植的金边缝线麻，在没有浇水施肥的情况下生长旺盛，这说明其对海岸沙地环境有较强的适应性。

◎ 金边缝线麻花序、花及珠芽

特点与用途： 喜光稍耐阴、耐旱不耐水湿、耐瘠；对土壤适应性强，只要排水良好的土壤都可适应。病虫害少，栽培容易，易移植，生长快，除必要的修剪外，一旦种植成活几乎无需养护；株形端庄，莲座状叶片坚挺有力，黄绿相嵌，开花时花葶高大，十分壮观，是滨海地区构建低维护绿地的极佳植物。

繁殖： 珠芽与播种繁殖。

金边缝线麻	耐盐	B+	耐盐雾	A−	抗旱	A	抗风	A

◎ 金边缝线麻植株　　　　　◎ 用于海岸沙地绿化的金边缝线麻（福建厦门环岛路）

◎ 强盐雾海岸绿地中的金边缝线
　　麻（福建平潭龙凤头）

◎ 强盐雾基岩海
岸逸为野生的金边
缝线麻（海南万宁
石梅湾）

芦荟

Aloe vera (Linn.) Burm. f.
别名：白夜城、中华芦荟、库拉索芦荟
英文名：Barbados Aloe, Medicinal Aloe

百合科多年生肉质草本，茎短；叶条状披针形，近簇生或稍二列，粉绿色，边缘疏生刺状小齿；总状花序具多花，高 60～90 cm，不分枝或有时稍分枝；苞片白色，宽披针形；花下垂，淡黄色而有红斑；花被基部合生成筒状，花柱外露；蒴果具多数种子。花期 12 月至翌年 2 月，果期 1—3 月。

分布： 原产地中海和非洲。我国浙江以南省区常见栽培或逸为野生。芦荟作为观赏植物和药用或食用植物广泛栽培，云南元江有我国最大的芦荟种植基地。

生境与耐盐能力： 芦荟被归为甜土植物中的强耐盐植物类型（马艳萍等，2010），野外生长及栽培试验均说明芦荟具有较强的耐盐和耐盐雾能力。Bezona et al.（2009）将整个芦荟属植物归为高耐盐和耐盐雾能力植物，可以在强盐雾环境中种植。在海南儋州峨蔓镇，芦荟是海岸刺灌丛

◎ 芦荟花及果

常见植物，多生长于由仙人掌、刺茉莉、刺果苏木等组成的基岩海岸或砂质海岸刺灌丛前缘。两个独立的沙培试验均发现芦荟生长存在低盐促进、高盐抑制现象，最佳生长盐度为 50 ～100 mmol/L NaCl；100 mmol/L NaCl 处理时生长及开花结果正常；即使在 NaCl 含量高达 400 mmol/L 的高盐培养液中，虽然根系腐烂，但地上部分仍保持活力（徐呈祥等，2006；马艳萍，2012）。在海南乐东，用不同浓度的海水长时间灌溉种植于砾石质沙滩的芦荟，结果表明：低盐（10% 体积比）可以促进芦荟生长，50% 的海水浇灌不但有较好的经济产量，且提高了芦荟叶的品质；即使用 75% 的海水灌溉，芦荟鲜叶产量仍可高达 93 t/ha；100% 海水灌溉的芦荟仍可以正常生长发育，产量下降至对照组的 50%（刘联等，2003；刘玲等，2010；刘春辉等，2009）。

特点与用途： 喜光稍耐阴、耐旱不耐水湿、耐瘠；适应性强，栽培容易，病虫害少，肉质叶具有一定的观赏价值。芦荟被广泛应用于食品、美容、保健、医药等领域。在福建平潭、湄洲岛、东山等海岛，芦荟是海岛居民常用的观赏兼药用植物。肉质叶药用，具有杀虫、通便、催经、凉血止痛和清热凉肝的功效。芦荟也有一定毒性，孕妇、婴幼儿不宜使用。

繁殖： 分株与扦插繁殖。

◎ 芦荟花序

芦荟	耐盐	A-	耐盐雾	A	抗旱	A	抗风	—

◎ 芦荟植株

◎ 海岸刺灌丛中的芦荟
（海南儋州峨蔓）

◎ 生长于强盐雾海岸坡地
的芦荟（福建厦门土屿）

绵枣儿

Barnardia japonica (Thunb.) Schult. & Schult. f.
别名：乌兔蛋、天蒜、地兰、地枣儿、独叶芹、药狗蒜
英文名：Japanese Jacinth

百合科多年生宿根草本，卵球形鳞茎似枣，压碎后黏液如丝绵（绵枣儿由此得名）；春季抽叶，基生叶 2～5 枚，条状披针形，长 15～20 cm，紫绿色；花茎直立，长于叶，先叶抽出；总状花序，花小，紫红色、粉红色至白色；蒴果倒卵形，3 棱，成熟时成 3 瓣开裂；种子有棱，黑色，有光泽。花期 8—9 月，果期 9—10 月。

分布：浙江、福建、广东、广西、香港和台湾。常见。作为地被植物偶见栽培。

生境与耐盐能力：既可以在远离海岸的山地裸露岩石缝隙、稀疏矮灌丛空隙、山坡草地生长，也是海岸带与海岛常见植物，多生长于低海拔的基岩海岸迎风山坡石缝。在浙江舟山朱家尖情人岛西北侧强盐雾海岸，绵枣儿

◎ 绵枣儿花序

是浪花飞溅区上缘稀疏草丛的常见植物，常与滨海薹草、假还阳参、普陀狗娃花等海岸带与海岛特有植物生长在一起。在浙江苍南霞关，绵枣儿是基岩海岸迎风面山坡石缝常见植物，部分植株可以在浪花飞溅区生长。李根有等（1989）也发现绵枣儿是浙江舟山群岛以滨柃、赤楠等为优势种的低海拔（20～50 m）稀疏矮灌丛常见植物。

特点与用途：喜光亦耐阴、耐瘠、耐寒；耐旱亦耐水湿，连续淹水 3 个月，有 40% 以上的植株成活（孟志卿和樊家勤，2007），对各种环境有广泛的适应能力。花序细长，着花繁密，花色艳丽，花期长，病虫害少，栽培容易，一旦种植成活就无需养护，在滨海地区作为地被植物具有较好的应用前景。其鳞茎或带根全草入药，具有活血止痛、解毒消肿、强心利尿功效，用于治疗跌打损伤、筋骨疼痛、疮痈肿痛、乳痈、心脏水肿，是天然的止痛药。鳞茎营养丰富，经清水浸泡去涩后可煮食、炒食、炖汤、蒸食等，风味独特。

◎ 绵枣儿果

繁殖：分鳞茎与播种繁殖。

绵枣儿	耐盐	A−	耐盐雾	A	抗旱	B+	抗风	A

◎ 生长于基岩海岸浪花飞溅区石缝的绵枣儿（浙江舟山情人岛）

◎ 生长于基岩海岸特有植物假还阳参草丛中的绵枣儿（浙江舟山情人岛）

小花吊兰

Chlorophytum laxum R. Br.
别名：疏花吊兰、三角草、土麦冬、山韭菜
英文名：Zebra Plant

天门冬科多年生矮小草本，根细长，须根状；叶近列着生，禾叶状，常弧曲；总状花序从叶腋抽出，常2～3个，纤细，有纵棱；花小，单生或成对着生，绿白色，小，花被片长约2 mm；蒴果三棱状扁球形，每室具种子1粒。花果期10月至翌年5月。小花吊兰与常见栽培植物吊兰（*C. comosum*）都为吊兰属植物，但后者叶片簇生，花大，花茎上有小植株，少见结果。

分布：广东、广西、海南和香港。偶见。作为药用植物有少量栽培。

生境与耐盐能力：海岸带与海岛特有植物，多生于低海拔海岸山坡林下、荫蔽处或岩石边。段瑞军等（2015）报道在海南万宁，小花吊兰与厚藤、单叶蔓荆、卤地菊等生长于海边沙地。在海南万宁大花角、海口东寨港塔市等地，小花吊兰是海岸沙地木麻黄林下常见种，也可以在强盐雾海岸风口正常生长。而在海南儋州光村，小花吊兰可以在以刺裸实、刺篱木、仙人掌等为优势种的海岸刺灌丛林隙生长，暴露于强光下的小花吊兰叶片为淡绿色，而树冠下的小花吊兰叶色深绿。

特点与用途：喜遮阴环境，但也可以在强光环境下生长，耐旱不耐水湿，耐瘠，不耐低温，对海岸沙荒地环境有很强的适应性。由于植株矮小，野外分布范围有限，除药用外，目前没有关于其应用的报道。全株药用，具有清热解毒、消肿止痛的作用，外用于治疗毒蛇咬伤、跌打肿痛等（《广东中药志》编辑委员会，1996）。全株有毒，不可内服。

繁殖：播种与分株繁殖。

◎ 小花吊兰花

◎ 小花吊兰果

◎ 小花吊兰植株

小花吊兰	耐盐	B+	耐盐雾	A-	抗旱	A-	抗风	—

◎ 生长于强盐雾海岸石缝中的小花吊兰（海南文昌海南角）

◎ 木麻黄林下的小花吊兰（海南儋州光村）

◎ 强盐雾海岸沙地灌丛小花吊兰生境（海南万宁大花角）

台湾百合

Lilium formosanum Wallace

别名：高砂百合、香水百合

英文名：Taiwan Lily

百合科多年生球根草本，高 30～120 cm，茎常暗红色，鳞茎近球形；叶散生，条形至窄披针形，长 8～15 cm，宽 4～7 mm；花 1～2 朵顶生，喇叭形，稍芳香；花被片白色，先端反卷，外侧有 6 条紫红色条纹，蜜腺无乳头状突起，花丝基部具小突起；蒴果直立，圆柱形；种子扁平，具薄翅。花期春夏季，果期 5—10 月。

分布：台湾特有种，现作为观赏植物和鲜切花广泛栽培，也是很好的育种材料。

◎ 台湾百合花

生境与耐盐能力：一般认为，百合属植物不耐盐（义鸣放，2000），但台湾百合是个例外。在台湾，台湾百合从海平面到海拔 3 000 多米的山地均有分布，低海拔地区分布的台湾百合显示出对海岸环境强大的适应能力。在台湾小兰屿，台湾百合生长于强盐雾海岸山坡草地（叶庆龙等，2010）。而在台湾岛最北部海岸富贵角灯塔一带，台湾百合的生长与东北季风结下不解之缘；每年 1—2 月东北季风"唤醒"了台湾百合，破土抽苔，3 月中旬东北季风结束时始花，主花期 4 月，5 月底花谢结果。台湾百合与李花蟛蜞菊、滨当归等生长于强盐雾海岸迎风面山坡草地，个别植株可以与海滨珍珠菜等生长于浪花飞溅区，是强盐雾环境的指示植物。

特点与用途：喜光稍耐阴，耐旱、耐瘠、耐高温；适应性强，栽培容易。株形端庄，花色洁白，花朵硕大，带有芳香，是滨海地区园林绿化的极佳植物，也是很好的鲜切花。鳞茎营养丰富，不仅可食，还具有清肺热和止咳的功效，用冰糖炖服，可以起到润燥、清火以及清心的作用，对心烦和口干症状有明显的调理功效。

◎ 台湾百合植株俯面观

繁殖：分子球繁殖为主，也可采用鳞片扦插、播种及分株芽繁殖。

台湾百合	耐盐	B+	耐盐雾	A-	抗旱	B+	抗风	B+

◎ 台湾百合植株

◎ 生长于强盐雾海岸草地的台湾百合（台湾台北富贵角）

山麦冬

Liriope spicata (Thunb.) Lour.
别名：麦门冬、土麦冬、麦冬
英文名：Creeping Liriope, Creeping Lilyturf, Lilyturf, Monkey Grass

百合科多年生丛生草本，根状茎木质，具地下走茎；叶片狭条形，长25～60 cm，宽4～8 mm，具5脉，边缘具细锯齿；总状花序长，具多数花，花通常2～5朵簇生于苞片腋内；花被淡紫色或淡蓝色，花丝长约2 mm，花药狭矩圆形，几与花丝等长；浆果近球形，成熟时蓝黑色。花期5—9月，果期8—12月。

分布：浙江、福建、广东、广西、海南、香港和台湾。常见。作为药用植物和地被植物常见栽培。

生境与耐盐能力：亚热带海岸带与海岛常见植物，常见于中低海拔山坡、林下、石缝、路旁或阴湿处。

◎ 山麦冬花

在广东珠海、惠州等地，山麦冬与盐地鼠尾粟、海边月见草等组成海岸沙地木麻黄林下稀疏的草本层（负建全等，2018）。而在福建平潭君山，山麦冬生长于海拔仅数米的以茵陈蒿、结缕草为优势种的强盐雾海岸山坡草丛，表现出很强的耐盐雾能力。在深圳东涌，山麦冬是海岸迎风面山坡灌草丛常见植物，从浪花飞溅区上缘到海拔200多米的低山均有分布，部分植株可以在大潮高潮线上缘石缝生长。

特点与用途：喜半阴环境，也可以在全日照环境下生长；耐旱不耐水湿、耐瘠、耐寒；根系发达，适应性强，栽培管理容易，叶线形流畅而飘逸，花色淡紫高雅，远观如兰，广泛应用于园林绿化，是海岸带园林绿化的优良林下地被植物。干燥块根可以入药，为著名中药"浙八味"之一，具有养阴生津、润肺清心的功效，用于治疗肺燥干咳、阴虚痨嗽、喉痹咽痛、津伤口渴、心烦失眠、肠燥便秘等。

◎ 山麦冬果实

◎ 生长于强盐雾基岩海岸浪花飞溅区的山麦冬
（广东深圳东涌）

繁殖：分株繁殖为主。出苗慢，后代分化严重，栽培上少用播种繁殖。

山麦冬	耐盐	B+	耐盐雾	A−	抗旱	A−	抗风	A

◎ 用于城市绿化的山麦冬（浙江杭州）

◎ 生长于强盐雾海岸坡地的山麦冬（广东深圳东涌）

◎ 生长于强盐雾基岩海岸浪花飞溅区的山麦冬（广东深圳东涌）

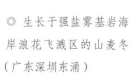

虎尾兰

Sansevieria trifasciata Prain

别名：虎皮兰

英文名：Mother-In-Law's Tongue, Snake Plant

百合科多年生肉质草本，具根状茎；叶基生，1～2枚（偶见3～6枚）簇生，长条状披针形，硬革质，直立；叶边缘绿色，中间有浅绿色和深绿色相间的横带斑纹；花白色至淡绿色，每3～8朵簇生，排成总状花序，花葶高30～80 cm；浆果球形，直径7～8 mm。花期11—12月。栽培品种较多，常见有金边虎尾兰（*S. trifasciata* var. *laurentii*）和短叶虎尾兰（*S. trifasciata* var. *hahnii*）。

分布：原产非洲以及印度、斯里兰卡的干旱地区。我国浙江以南常见露地栽培。

生境与耐盐能力：目前没有虎尾兰耐盐能力的报道，但一些海岸人工种植或逸为野生的虎尾兰提供了很多其耐盐能力的线索。Bezona et al.（2009）认为虎尾兰具有中等程度的耐盐能力和耐盐雾能力，可以在强盐雾海岸遮挡物之后种植。在海南儋州峨蔓盐丁，虎尾兰生长于大潮可淹及的海岸刺灌丛。美国佛罗里达的莫奈花园（Giverny Garden）认为虎尾兰可以忍耐一线海岸海风的直接吹袭（www.givernygardens.com）。在福建漳浦六鳌，虎尾兰作为观赏植物种植于超强盐雾海岸沙荒地，叶尖枯死现象比较严重。

◎ 虎尾兰花序

特点与用途：喜光亦耐阴、耐旱不耐水湿（但可以水培），耐瘠；适应性强，对土壤要求不严，管理可较为粗放，喜疏松的沙土和腐殖土。植株形态、叶片颜色奇特，具有极高的观赏价值，是滨海地区构建低维护绿地的极佳植物。叶纤维极坚韧，可用于制作弓弦等。

繁殖：分株与切叶段扦插繁殖。

虎尾兰	耐盐	B+	耐盐雾	A-	抗旱	A-	抗风	—

◎ 虎尾兰叶

◎ 虎尾兰花

◎ 海岸刺灌丛中的虎尾兰（海南儋州峨蔓盐丁）

小果菝葜

Smilax davidiana A. DC.
别名：小菝葜、小叶菝葜
英文名：Greenbriar Vine

百合科攀缘状落叶灌木，根状茎粗而硬，茎长 1~2 m，具疏刺；单叶互生，椭圆形，坚纸质，叶背淡绿色；叶鞘明显比叶柄宽，卷须纤细而短，叶脱落点位于近卷须上方；伞形花序着生于幼叶腋部，有黄绿色花 10~25 朵，总花梗长 5~14 mm；浆果球形，直径 5~7 mm，熟时暗红色。花期 3—4 月，果期 10—11 月。

分布：浙江、福建、广东、广西、香港和台湾。常见。

生境与耐盐能力：小果菝葜是我国浙江和福建海岸带与岛屿的常见植物，多生长于丘陵环境，但也可以在基岩海岸迎风面山坡生长，能适应海岛或滨海严酷的生境。在浙江平阳南麂岛，小果菝葜与茅莓、雀梅藤、裂叶假还阳参、女娄菜等生长于海岸迎风面山坡石缝。而在福建平潭君山，小果菝葜生长于强盐雾海岸浪花飞溅区上缘，突出的枝条有中等的盐雾危害症状。在福建平潭大福湾，小果菝葜生长于强盐雾海岸浪花飞溅区石缝的风化砂砾土中，攀缘于滨柃植株，背风处枝叶正常，突出于石缝的枝条全部落叶，但结果正常。

◎ 小果菝葜花

◎ 小果菝葜幼枝

特点与用途：喜稍阴环境，也可在完全无遮挡的地方生长，耐旱不耐水湿、耐瘠、耐寒；适应性强，对气候、土壤有广泛的适应性，病虫害少。叶形奇特，叶色翠绿，球形浆果熟时红色，鲜艳夺目，为滨海地区优秀的庭院栽培植物，亦可以作为棚架植物。根状茎可以提取淀粉和栲胶；亦可入药，具有祛风湿、利尿、消肿毒的功效，用于治疗关节疼痛、肌肉麻木、泄泻、痢疾、水肿、淋病、疔疮、肿毒、瘰疬、痔疮等。嫩茎叶可作为蔬菜，果可用于酿酒。

繁殖：埋根状茎繁殖与播种繁殖。

小果菝葜	耐盐	B+	耐盐雾	A-	抗旱	A-	抗风	A

◎ 小果菝葜枝叶　　　　　　　　　　◎ 小果菝葜果实

◎ 生长于强盐雾海岸浪花飞溅区的小果菝葜（福建平潭君山）

◎ 生长于基岩海岸石缝的小果菝葜（浙江平阳南麂岛）

礼美龙舌兰

Agave desmetiana Jacobi
别名：鹦鹉嘴龙舌兰
英文名：Tropical Agave, Smooth Agave, Dwarf Century Plant, Smooth Century Plant

石蒜科多年生常绿肉质草本，没有明显主茎，高60～90 cm；宽披针形叶莲座状簇生，叶反折，先端狭长，有小尖齿，叶缘有小齿；营养生长多年后抽生高3～5 m的顶生圆锥花序，花黄绿色；蒴果，有珠芽。花期春季。常见栽培种金边礼美龙舌兰（*A. desmettiana* 'variegata'）叶边缘有金色条纹。栽培10～15年后方可开花结果。

分布： 原产墨西哥。我国福建、广东、广西、海南、香港和台湾有引种，福建以南可露天栽培。

生境与耐盐能力： 目前没有关于礼美龙舌兰耐盐能力的报道，但作为观赏植物偶尔用于海岸绿化，这提示其对海岸环境的适应能力。尤其是在福建漳浦六鳌半岛，礼美龙舌兰作为绿化树种在强盐雾海岸浪花飞溅区的沙荒地种植，在没有任何遮挡的情况下秋冬季表现出较明显的盐雾危害症状，叶尖枯焦明显，但没有死亡，到夏季即恢复正常，而与其种植在一起的黄槿、木麻黄等植物树冠在冬季几乎全部枯萎。

特点与用途： 喜光稍耐阴、耐旱、耐瘠；栽培简单，一旦植株长成，就很少需要维护。植株匀称、叶形优雅、饱满，花序挺拔，是滨海地区极佳的观赏植物。茎里储存有大量蜜汁，可用于酿酒，墨西哥的国酒"Tequila"（特基拉酒）香味独特，就是一种闻名世界的龙舌兰酒。

繁殖： 珠芽与分株繁殖。

◎ 礼美龙舌兰花和花序

礼美龙舌兰	耐盐	B+	耐盐雾	A-	抗旱	A	抗风	A

◎ 礼美龙舌兰正常植株

◎ 受盐雾危害的礼美龙舌兰植株

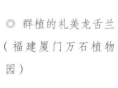

◎ 群植的礼美龙舌兰
（福建厦门万石植物
园）

◎ 栽培于强盐雾海岸
的礼美龙舌兰、狭叶
龙舌兰和朝雾阁（福
建漳浦六鳌）

石蒜

Lycoris radiata (L'Her.) Herb.

别名：曼珠沙华、彼岸花、老鸦蒜、龙爪花、两生花、死人花、幽灵花

英文名：Magic Lily, Surprise Lily, Spider Lily

◎ 石蒜花

石蒜科多年生宿根草本，鳞茎近球形；秋冬季出叶，叶狭带状，长约 15 cm，宽约 0.5 cm，顶端钝，深绿色，中间有粉绿色色带；花茎夏末抽出，高约 30 cm，伞形花序具 4~7 朵花；花被鲜红色，裂片狭倒披针形，强烈皱缩和反卷；雄蕊明显伸出，比花被长 1 倍左右；蒴果背裂，种子多数。花期 7—9 月，果期 10—11 月。

分布：浙江、福建、广东、广西、香港和台湾。常见。作为观赏植物常见栽培。

生境与耐盐能力：与换锦花类似，石蒜既可以在远离海岸的内陆山地生长，也是中亚热带地区海岸带与海岛常见植物。在福建平潭中横岛、东庠岛等地，石蒜生长于强盐雾海岸土层较深厚的迎风面草坡，从浪花飞溅区上缘到海拔 20 余米的山坡均有分布。换锦花是通过生长节律避开了秋冬季盐雾的危害；石蒜则是"迎盐雾而上"，在东北季风盛行的秋冬季开始长叶，东北季风结束时叶片枯萎，表现出对盐雾环境的强适应能力。温室盆栽土培试验发现，石蒜具有较强的耐盐能力，当用 1 000 mmol/L NaCl 培养液每周一次连续处理 9 周，石蒜幼苗大部分叶片萎蔫、发黄，500 mmol/L NaCl 培养液处理的石蒜幼苗仅叶尖发黄，而 100 mmol/L NaCl 培养液处理者与对照组无显著差异，植株鲜重临界 NaCl 浓度为 900 mmol/L（江淑琼等，2010）。

特点与用途：喜阴湿环境，但也可以在强光照环境下生长，耐旱、耐瘠、耐寒；适应性强，对土壤要求不严，生命力顽强，耐粗放管理。

◎ 石蒜果

花形优美，花色艳丽，被称为"中国的郁金香"，是滨海地区极佳的地被植物。其鳞茎药用，有解毒、祛痰、利尿、催吐、杀虫等功效，但有小毒，主治咽喉肿痛、痈肿疮毒、瘰疬、肾炎水肿、毒蛇咬伤等。鳞茎中含有石蒜碱、加兰他敏等多种生物碱：石蒜碱具一定抗癌活性，并能抗炎、解热、镇静及催吐；加兰他敏对阿尔茨海默病、小儿麻痹症等具有很好的治疗效果。

繁殖：分子球繁殖。

石蒜	耐盐	B+	耐盐雾	A	抗旱	A−	抗风	—

◎ 生长于强盐雾海岸山坡的石蒜（福建平潭中横岛）

◎ 生长于强盐雾海岸浪花飞溅区的石蒜（福建平潭东庠岛）

换锦花

Lycoris sprengeri Comes ex Baker
别名：换锦石蒜、红蓝石蒜
英文名：Sprenger Stonegarlic

石蒜科多年生宿根草本，鳞茎卵形，直径 2~4 cm；早春出叶，带状，长约 30 cm，宽约 1 cm，顶端钝；花茎高约 60 cm，伞形花序具花 4~6 朵，喇叭状，辐射对称，淡紫红色，顶端略带蓝色，倒披针形，边缘不皱缩，雄蕊略短于花瓣；蒴果具 3 棱，室背开裂；种子近球形，黑褐色。花期 7—9 月，果期 10 月。

分布：中国特有种，浙江和福建有天然分布，其中浙江海岛常见，福建稀少。近年来作为观赏植物在浙江栽培较多。

生境与耐盐能力：生境多样，既可以在强光和湿润的环境生长，也可以在半阴和干旱的环境生长；既可以在远离海岸的内陆山地生长，也是中亚热带地区海岸带与海岛迎风面山坡常见植物。在浙江沿海岛屿，换锦花早春出叶，生长一段时间后即枯萎，7—9 月抽葶开花，种子成熟于 9—10 月，地下鳞茎继续休眠至早春，从生长节律上避开了秋冬季的盐雾危害。在浙江舟山至温州的海岛，换锦花常见于低海拔海岛阔叶林下、海岸山坡草地，有时形

◎ 换锦花花

◎ 换锦花果

成大面积以换锦花为优势种的草坡。换锦花甚至可以分布于浙江平阳远离大陆的小面积岛屿稻挑山岛（陈秋夏等，2020）。张旭乐等（2015）将其归为耐阴湿润型海岛花卉。土培条件下，用 NaCl 含量 20 g/L 的培养液浇灌，换锦花仍可存活，且表现出一系列适应盐胁迫的生理特征（钟云鹏等，2011）。

特点与用途：喜阴湿环境，也可以在强光环境下生长，耐旱、耐瘠、耐寒，适应性强，栽培容易。株形美观，花色非常漂亮，紫色、玫瑰红、粉红、淡红条纹相间的花瓣顶端有蓝色斑点，且具有叶无花、有花无叶的特性，是构建亚热带海岛特色景观的优良地被植物，也是理想的切花材料。种球可供入药，有祛痰、利尿、解毒、催吐之功效，治喉风、水肿、痛疽肿毒、疔疮等病症，但有毒，应慎用。

繁殖：分鳞茎繁殖为主，播种繁殖为辅。

换锦花	耐盐	B+	耐盐雾	A−	抗旱	A−	抗风	—

◎ 用于草地绿化的换锦花（浙江杭州植物园）

◎ 海岸山坡野生的换锦花（浙江象山渔山岛）

唐菖蒲

***Gladiolus gandavensis* Van Houtte**
别名：荸荠莲、菖兰、剑兰、十样锦
英文名：Gladiolus

鸢尾科多年生落叶球根花卉，球茎扁球形；叶基生或在花茎基部互生，剑形，顶端渐尖，排成 2 列，灰绿色，有 1 条明显而突出的中脉；花茎单一，蝎尾状单歧聚伞花序顶生，具 12～24 朵花；花无梗，两侧对称，有红、黄、白或粉红等色；蒴果椭圆形或倒卵形，室背开裂，种子扁而有翅。花期 7—9 月，果期 8—10 月。

分布：原产非洲好望角、地中海沿岸及西亚一带。我国各地作为观赏植物广泛栽培，栽培品种众多，部分地方逸为野生。

生境与耐盐能力：唐菖蒲耐盐与否存在一些争议。Kotuby-Amacher et al.（2000）认为唐菖蒲对盐敏感，耐盐能力在 2 dS/m 以下。王海洋等（2007）对黄河三角洲绿化植物耐盐能力的普查结果表明，唐菖蒲为盐敏感植物，不能在含盐量超过 1 g/kg 的土壤中正常生长。但也有一些野外调查和温室培养试验证明唐菖蒲有较高的耐盐能力。胡月楠等（2012）发现在

◎ 唐菖蒲花

河北曹妃甸填海区，用于道路绿化的唐菖蒲可以在含盐量 5 g/kg 的土壤中正常生长。温室盆栽土培的唐菖蒲生长随 NaCl 含量提高而减缓，当 NaCl 含量不超过 6 g/kg 时，没有肉眼可见的盐害症状，而 9 g/kg NaCl 处理的唐菖蒲叶尖枯萎现象明显（Qian et al., 2021）。在福建莆田湄洲岛，唐菖蒲生长于以单叶蔓荆为优势种的强盐雾海岸迎风面山坡灌丛，未见明显的盐雾危害症状。此外，在澳大利亚昆士兰的黄金海岸，我们也发现逸为野生的唐菖蒲可在强盐雾海岸迎风面山坡正常开花。

特点与用途：喜光不耐阴、耐旱不耐涝、耐寒。叶形优美，花量大，花形多变，花色艳丽多样，花期长，不仅是极佳的庭院栽培植物，更是理想的切花植物，与月季、康乃馨和菊花被合誉为"世界四大切花"，是滨海地区极佳的园林绿化植物。球茎药用，有清热解毒的功效，用于治疗腮腺炎、淋巴腺炎及跌打劳伤等。

繁殖：分球、切球、组织培养与播种繁殖。

唐菖蒲	耐盐	B+	耐盐雾	A-	抗旱	A-	抗风	A-

◎ 生长于强盐雾海岸坡地的
唐菖蒲（澳大利亚黄金海岸）

◎ 生长于强盐雾海岸坡地的
唐菖蒲（福建莆田湄洲岛）

◎ 生长于强盐雾海岸山坡灌
丛的唐菖蒲（福建莆田湄洲岛）

马蔺

Iris lactea Pall.

别名：马莲、马莲花、马兰花、旱蒲、蠡实、紫蓝草

英文名：Milky Iris

鸢尾科多年生密丛宿根草本，根状茎粗短，木质，外被残留叶鞘及纤维；叶基生，条形或狭剑形，长约 50 cm，宽 4~6 mm；花茎短，不分枝或仅有短侧枝，具花 2~4；花浅蓝色、蓝色或蓝紫色，花被管长约 3 mm，花被上有深色条纹；蒴果长椭圆柱形，有 6 条明显的肋；种子棕褐色。花期 5—6 月，果期 6—9 月。

分布：华北和西北地区作为观赏植物或护坡植物常见栽培。《温州植物志》记载浙江泰顺有天然分布。浙江有少量栽培。

生境与耐盐能力：多分布于荒漠、草原和低湿的河滩阶地、湖盆边缘和村庄附近，是盐碱地的指示植物。在内蒙古阿拉善地区，马蔺可以在含盐量 12~14 g/kg 的重盐碱土中正常发芽、开花、结果（王祺和姚泽，2008）。在内蒙古呼和浩特，成年植株在表层土壤含盐量达 21.6 g/kg 重盐碱化土壤中正常生长（徐恒刚等，2002）。在山东潍坊，马蔺可以在含盐量 1.8~30 g/kg 滨海盐碱地正常生长（季洪亮等，2018）。熊韶峻等（1992）发现马蔺可以在辽宁大连海岸含盐量超过 10 g/kg 的土壤中正常生长。实验室水培条件下，NaCl 浓度 6 g/L 时，马蔺正常生长；而当 NaCl 浓度达 9 g/L 时，叶片枯黄，趋于死亡（张英，2010）。土培条件下，在含盐量高达 20 g/kg 的土壤中，虽然生长速率显著低于对照组，但植株无明显的盐害症状（白文波和李品芳，2005）。被盐生植物数据库 HALOPHYTE Database Vers. 2.0 收录（Menzel & Lieth, 2003）。

◎ 马蔺花

◎ 马蔺果

特点与用途：喜光稍耐阴、耐旱亦耐水湿、耐寒、耐沙埋、耐瘠；适应性极强，根系深且发达，长势旺盛，分蘖能力强，花色淡雅，花期长达 50 天以上，病虫害少，耐粗放管理，是中度甚至重度盐渍化土壤绿化的优良地被植物，也是盐碱地改良和水土保持的理想植物。切花可保持 10~15 天不谢，广泛用作花束、花篮和瓶养切花。花、种子和根均可入药。花晒干服用可利尿通便；种子有退烧、解毒、驱虫的功效，用于治疗月经过多、小便不通、急性黄疸型肝炎、咽喉肿痛等。

繁殖：播种与分株繁殖。

马蔺	耐盐	A-	耐盐雾	A	抗旱	A	抗风	A

◎ 新疆乌鲁木齐盐碱地上的马蔺

◎ 种植于福建厦门填海沙地的马蔺

黄菖蒲

Iris pseudacorus Linn.

别名：水烛、黄鸢尾、水生鸢尾、黄花鸢尾
英文名：Yellow Flag

鸢尾科多年生湿生或挺水宿根草本，植株高大，根茎粗壮；基生叶左右2列互相层叠，灰绿色，宽剑形，中脉较明显，茎生叶比基生叶短而窄；花茎粗壮，高60～70 cm，有明显的纵棱；苞片3～4枚，含花1～2；花黄色，直径10～11 cm，花被管长1.5 cm；蒴果长形，内有褐色种子多粒。花期5月，果期6—8月。

◎ 黄菖蒲花

分布：原产于欧洲。中国各地常见栽培。

生境与耐盐能力：野生的黄菖蒲多见于灌木林缘、坡地及水边湿地。多项独立的试验发现，黄菖蒲具有较高的耐盐能力。温室水培条件下，黄菖蒲的耐盐能力高于美人蕉和菖蒲：在盐度低于6 g/L的培养液中生长正常；盐度8 g/L时，长势略缓；盐度10 g/L时，生长基本停滞，植株基部叶片枯萎，但不至于死亡；在盐度12 g/L的培养液中，叶片变黄，老叶迅速枯萎，根部变黑，并在4天后死亡（郭焕晓等，2006）。佟海英等（2012）的水培试验也得出了类似的结果。郭焕晓等（2006）认为，黄菖蒲不仅具有较好的耐盐性和脱氮除磷效果，还是很好的观赏植物，适合在中国北方土壤盐碱化地区推广。

◎ 黄菖蒲果

特点与用途：喜光稍耐阴、耐水湿、不耐旱、耐热又耐寒，喜温凉气候；适应范围广泛，可在水边或露地栽培，也可在水深不超过30 cm的浅水湿地中栽培。也正是强大的环境适应能力、种子扩散能力，黄菖蒲在美国展现出强入侵性。干燥的根茎可药用，可缓解牙痛，还可调经，治腹泻；也可以用作染料。

繁殖：播种与分根状茎繁殖。种子不耐贮藏，宜采后立即播种。

黄菖蒲	耐盐	B+	耐盐雾	A–	抗旱	A–	抗风	—

◎ 黄菖蒲植株（春季）

◎ 水边的黄菖蒲（秋季）

美人蕉

Canna indica Linn.
别名：蕉芋、红艳蕉、小花美人蕉、小芭蕉
英文名：Queensland Arrowroot

　　美人蕉科多年生球根草本，地下根茎肥大，多分枝；茎粗壮，高可达 1.5 m；叶互生，卵状长圆形至长圆形，长 30～60 cm，宽 10～20 cm，叶鞘边缘紫色；总状花序自茎顶抽出，花单生或 2 朵聚生，具 4 枚瓣化雄蕊；花色有乳白、鲜黄、橙黄、橘红、粉红、大红、紫红、复色斑点等；叶似芭蕉而花色艳丽（美人蕉由此得名）；蒴果圆球形，绿色，密被小疣状突起。热带地区花期几乎全年。

　　分布：原产美洲、马来半岛及印度等热带地区。我国南北各地作为观赏植物广泛栽培，栽培品种众多。

　　生境与耐盐能力：实验室栽培及盐碱地绿化都表明美人蕉具有较高的耐盐能力。在盐度 6 g/L 的培养液中，美人蕉长势良好；当盐度升高至 9 g/L 时，生长略受影响；在盐度 12 g/L 的培养液中，生长停滞，盐害症状明显但并没有死亡；在盐度 15 g/L 的培养液中，逐渐变黄枯死（陶磊等，2015）。人工污水培养下，盐度 4 g/L 时，美人蕉长势良好；

盐度为 6 g/L 时，可继续生长，但生长缓慢且个别植株死亡；盐度 8 g/L 时，出现植株死亡、枯叶等现象（郭焕晓等，2006）。在天津，美人蕉在含盐量 5～7 g/L 的河道两侧生长旺盛且具有较好的净化效果（付春平等，2005a）。

　　特点与用途：喜光稍耐阴、耐水湿，不耐旱，不耐寒；对土壤要求不严，栽培容易。在旱地、岸边、水深不超过 0.2 m 的浅水湿地都可以种植，也可以用于生态浮床，具有较高的耐污能力和净化能力。花大色艳，色彩丰富，花期长，是滨海地区绿化、美化和水体净化的理想花卉，尤其适用于半咸淡水体岸边绿化和构建人工湿地处理含盐废水。根状茎及花可入药，具有清热利湿、安神降压的功效，用于治疗急性黄疸型肝炎、神经官能症、高血压、子宫出血、白带过多等。块茎可直接烘烤或油炸供食用，也可作为食品加工的原材料。

　　繁殖：分割块茎与播种繁殖。

◎ 各色美人蕉花

美人蕉	耐盐	B+	耐盐雾	B	抗旱	B-	抗风	C

◎ 美人蕉果实

◎ 美人蕉植株

美冠兰

Eulophia graminea Lindl.
别名：一根葱、中国美冠兰、无叶美冠兰、禾草芋兰
英文名：Pale Purple Eulophia, Chinese Crown Orchid

兰科多年生宿根草本，假鳞茎卵球形，常带绿色，部分露出地面；花后萌叶 3～7 枚，线形至线状披针形；总状花序直立，长 30～60 cm，常有 1～2 个分枝，疏生多花；花萼和花被橄榄绿色，唇瓣白色，具淡紫红色流苏状褶片，中萼片与侧萼片倒披针状线形；蒴果下垂，椭圆形。花期 4—5 月，果期 5—6 月。

分布：浙江、福建、广东、广西、海南、香港和台湾。偶见。

生境与耐盐能力：美冠兰与绶草、线柱兰合称南方"草坪三宝"，是南方草坪常见植物。美冠兰的耐盐能力还没引起关注。我们发现美冠兰是少数可以在海岸沙地生长的兰科植物之一。在海南，美冠兰是海岸沙地木麻黄防护林、鱼塘堤岸和草地常见植物。在海南文昌海南角，美冠兰与厚藤、匍枝栓果菊等组成强盐雾海岸沙地草丛，叶尖盐雾危害症状明显。而在广西防城港珍珠湾，美冠兰与厚藤等生长于大潮可淹及的红树林林缘。

◎ 美冠兰花序

◎ 美冠兰花

特点与用途：喜光稍耐阴、耐旱不耐水湿、耐瘠；生命力顽强，种子随风传播，自我扩繁能力强，是兰科植物中比较好种植的种类，但在美国甚至成为令人讨厌的杂草。形态奇特，花叶不相见，假鳞茎也颇具观赏价值，对海岸草地和沙地绿化有一定的价值。其假鳞茎入药，具有止血定痛的功效，用于治疗跌打损伤、血瘀疼痛、外伤出血、痈疽疮疡、虫蛇咬伤等。

繁殖：分株与播种繁殖。

美冠兰	耐盐	B	耐盐雾	A-	抗旱	A	抗风	A

◎ 生长于人工填海沙地的美冠兰（海南三沙）

◎ 生长于木麻黄林下的美冠兰（海南昌江棋子湾）

◎ 生长于强盐雾海岸沙地的美冠兰（海南文昌）

参考文献

ABIDEEN Z, ANSARI R, KHAN M A. 2011. Halophytes: potential source of ligno-cellulosic biomass for ethanol production [J]. Biomass and Bioenergy, 35(5): 1818-1822.

ACEVEDO E, BADILLA I, NOBEL P S. 1983. Water relations, diurnal acidity changes, and productivity of a cultivated cactus, *Opuntia ficus-indica* [J]. Plant Physiology, 72(3): 775-780.

ADAMS P, NELSON D E, YAMADA S, et al. 1998. Grwoth and development of *Mesembryanthemum crystallinum* (Aizoaceae) [J]. New Phytologist, 138(2): 171-190.

ADEBOWALE K O, ADEWUYI A, AJULO K D. 2012. Examination of fuel properties of the methyl esters of *Thevetia peruviana* seed oil [J]. International Journal of Green Energy, 9(3): 297-307.

ADNAN M Y, HUSSAIN T, ASRAR H, et al. 2016. *Desmostachya bipinnata* manages photosynthesis and oxidative stress at moderate salinity [J]. Flora: Morphology, Distribution, Functional Ecology of Plants, 225: 1-9.

ALEEM A A. 1984. Distribution and ecology of seagrass communities in the Western Indian[J]. Deep Sea Research Part A. Oceanographic Research Papers, 31(6/7/8): 919-933.

AL-HOMAID N, SADIQ M, KHAN M H. 1990. Some desert plants of Saudi Arabia and their relation to soil characteristics [J]. Journal of Arid Environments, 18(1): 43-49.

ANNALETCHUMY L, JAPAR SIDIK B, MUTA HARAH Z, et al. 2005. Morphology of *Halophila ovalis* (R. Br.) Hook. f. from Peninsular and East Malaysia [J]. Pertanika Journal of Tropical Agricultural Science, 28(1): 1-11.

ARONSON J A. 1989. HALOPH: a data base of salt tolerant plants of the world [M]. Arizona: Office of Arid Lands Studies, University of Arizona.

ASHRAF M. 1994. Salt tolerance of pigeon pea (*Cajanus cajan* (L.) Millsp.) at three growth stages [J]. Annals of Applied Biology, 124(1): 153-164.

ASIEDU-GYEKYE I J, ANTWI D A, AWORTWE C, et al. 2014. Short-term administration of an aqueous extract of *Kalanchoe integra* var. *crenata* (Andr.) Cuf leaves produces no major organ damage in Sprague-Dawley rats [J]. Journal of Ethnopharmacology, 151(2): 891-896.

ASRAR H, HUSSAIN T, HADI S M S, et al. 2017. Salinity induced changes in light harvesting and carbon assimilating complexes of *Desmostachya bipinnata* (L.) Staph [J]. Environmental and Experimental Botany, 135: 86-95.

ASRAR H, HUSSAIN T, QASIM M, et al. 2020. Salt induced modulations in antioxidative defense system of *Desmostachya bipinnata* [J]. Plant Physiology and Biochemistry, 147: 113-

124.

ASSAHA D V M, MEKAWY A M M, LIU L, et al. 2017. Na$^+$ retention in the root is a key adaptive mechanism to low and high salinity in the Glycophyte, *Talinum paniculatum* (Jacq.) Gaertn. (Portulacaceae) [J]. Journal of Agronomy and Crop Science, 203(1): 56-67.

AZAM A K M F, HASAN M F, KHAN M N S, et al. 2022. Salt tolerance of Papaya (*Carica papaya*), Indian Spinach (*Basella alba* L.) and Okra (*Abelmoschus esculentus*) in the South Central Coastal Region of Bangladesh [J]. Journal of Agroforestry and Environment, 15(1): 19-23.

BANDEIRA S O, NILSSON P. 2001. Genetic population structure of the seagrass *Thalassodendron ciliatum* in sandy and rocky habitats in southern Mozambique [J]. Marine Biology, 139(5): 1007-1012.

BANDEIRA S O. 1997. Dynamics, biomass and total rhizome length of the seagrass *Thalassodendron ciliatum* at Inhaca Island, Mozambique [J]. Plant Ecology, 130(2): 133-141.

BARBOSA C, DE SÁ DECHOUM M, CASTELLANI T T. 2017. Population structure and growth of a non-native invasive clonal plant, and its potential impacts on coastal dune vegetation in Southern Brazil [J]. Neotropical Biology and Conservation, 12(3): 214-223.

BARBOSA C, PUGNAIRE F I, PERONI N, et al. 2018. Warming effects on the colonization of a coastal ecosystem by *Furcraea foetida* (Asparagaceae), a clonal invasive species [J]. Plant Ecology, 219(7): 813-821.

BAVIYA S C, RADHA R, NARAYANAN J. 2015. A review on *Hybanthus enneaspermus* [J]. Research Journal of Pharmacognosy and Phytochemistry, 7(4): 245.

BECKER C H. 2013. The influence of soil properties on the growth and distribution of *Portulacaria afra* in subtropical thicket, South Africa [D]. Nelson Mandela Metropolitan University.

BECKER M, LADHA J K. 1996. Adaptation of green manure legumes to adverse conditions in rice lowlands [J]. Biology and Fertility of Soils, 23: 243-248.

BEHERA P, MOHAPATRA M, ADHYA T K, et al. 2018. Structural and metabolic diversity of rhizosphere microbial communities of *Phragmites karka* in a tropical coastal lagoon [J]. Applied Soil Ecology, 125: 202-212.

BERNDES G, HOOGWIJK M, VAN DEN BROEK R. 2003. The contribution of biomass in the future global energy supply: A review of 17 studies [J]. Biomass and Bioenergy, 25(1): 1-28.

BEZONA N, HENSLEY D, YOGI J, et al. 2009. Salt and wind tolerance of landscape plants for Hawaii [D]. University of Hawaii.

BISWAS S K, CHOWDHURY A, DAS J, et al. 2011. Literature review on pharmacological potentials of *Kalanchoe pinnata* (Crassulaceae) [J]. African Journal of Pharmacy & Pharmacology, 5(10): 1258-1262.

BLACK R J. 1997. Salt-tolerant plants for Florida [Z]. Florida Cooperative Extension Service, Institute of Food and Agriculture Sciences, University of Florida.

BOATWRIGHT J S, TILNEY P M, VAN WYK B E. 2008. A taxonomic revision of the genus *Rothia* (Crotalarieae, Fabaceae) [J]. Australian Systematic Botany, 21(6): 422-430.

BORGNIS E, BOYER K E. 2016. Salinity tolerance and competition drive distributions of native and invasive submerged aquatic vegetation in the Upper San Francisco Estuary [J]. Estuaries and Coasts, 39(3): 707-717.

BORSAI O, AL HASSAN M, NEGRUSIER C, et al. 2020. Responses to salt stress in *Portulaca*: Insight into its tolerance mechanisms [J]. Plants, 9(12): 1-24.

BROSCHA T K, KLEIN R W, HILBERT D R. 2017. *Syagrus romanzoffiana*: Queen Palm. Environmental Horticulture Department, UF/IFAS Extension, ENH-767.

BROWN K E. 1973. Ecological life history and geographical distribution of the cabbage palm, *Sabal palmetto* [D]. University of Florida.

BROWN K E. 1976. Ecological studies of the cabbage palm, *Sabal palmetto*. Ⅲ. Seed germination and seedling establishment [J]. Principles, 20: 98-115.

BUDIARSA A A, IONGH H H D, KUSTIAWAN W, et al. 2021. Dugong foraging behavior on tropical intertidal seagrass meadows: the influence of climatic drivers and anthropogenic disturbance [J]. Hydrobiologia, 848: 4153-4166.

CHAUDHARY P, SINGH D, SWAPNIL P, et al. 2023. *Euphorbia neriifolia* (Indian Spurge Tree): a plant of multiple biological and pharmacological activities [J]. Sustainability, 15(2):1-68.

CHAUHAN B S, CAMPBELL S, GALEA V J. 2021. Seed germination biology of sweet acacia (*Vachellia farnesiana*) and response of its seedlings to herbicides [J]. Weed Science, 69(6): 681-686.

CHAUHAN B S, JOHNSON D E. 2008. Germination ecology of Goosegrass (*Eleusine indica*): an important grass weed of rainfed rice [J]. Weed Science, 56(5): 699-706.

CHAUHAN B S, JOHNSON D E. 2009. Germination ecology of spiny (*Amaranthus spinosus*) and slender amaranth (*A. viridis*): troublesome weeds of direct-seeded rice [J]. Weed Science, 57(4): 379-385.

CHAUHAN B S, DE LEON M J. 2014. Seed germination, seedling emergence, and response to herbicides of wild Bushbean (*Macroptilium lathyroides*) [J]. Weed Science, 62(4): 563-570.

CHA-UM S, SOMSUEB S, SAMPHUMPHUANG T, et al. 2013. Salt tolerant screening in eucalypt genotypes (*Eucalyptus* spp.) using photosynthetic abilities, proline accumulation, and growth characteristics as effective indices [J]. In Vitro Cellular & Developmental Biology Plant, 49(5): 611-619.

CHEN P H, CHUNG A C, YANG S Z. 2020. First report of the root parasite *Cansjera rheedei* (Santalales: Opiliaceae) in Taiwan [J]. Biodiversity Data Journal, 8: e51544.

CHEN S H, SU J Y, WU M J. 2010. *Hedyotis pinifolia* Wall. Ex G. Don (Rubiaceae), a new record to the flora of Taiwan [J]. Taiwania, 55(1): 86-89.

CHEN S H, WU M J. 2007. A taxonomical study of the genus *Boerhavia* (Nyctaginaceae) in Taiwan [J]. Taiwania, 52(4): 332-342.

COPE T A. 1982. Flora of Pakistan, No. 143: Poaceae (E. Nasir and S.I. Ali, eds.) [M] // Pakistan Agricultural Research Council and University of Karachi, Islamabad and Karachi, Pakistan. pp.109.

COX P A. 1991. Hydrophilous pollination of a dioecious seagrass, *Thalassodendron ciliatum* (Cymodoceaceae) in Kenya [J]. Biotropica, 23(2): 159-165.

DAGAR J C, SINGH G. 2007. Biodiversity of saline and waterlogged environments: documentation, utilization and management [Z]. NBA Scientific Bulletin Number - 9, National Biodiversity Authority.

DATTA S C, BISWAS K K. 1979. Autecological studies on weeds of West Bengal. Ⅷ *Alternanthera sessilis* (L.) DC [J]. Bulletin of the Botanical Society of Bengal, 33(1/2): 5-26.

DHANDE S R, PATIL V R. 2020. An overview of *Protulaca quadrifida* [J]. International Journal of Vegetable Science, 26(5): 450-456.

DOMÈNECH R, VILÀ M. 2007. *Cortaderia selloana* invasion across a Mediterranean coastal strip [J]. Acta Oecologica, 32(3): 255-261.

DU J G, OOI J L S, HU W J, et al. 2023. Flora and fauna of seagrass beds in and around the South China Sea [M]. Beijing: Science Press.

DUARTE C M, HEMMINGA M A, MARBÀ N. 1996. Growth and population dynamics of *Thalassodendron ciliatum* in a Kenyan back-reef lagoon [J]. Aquatic Botany, 55(1): 1-11.

EDRISI S A, TRIPATHI V, CHATURVEDI R K, et al. 2021. Saline soil reclamation index as an efficient tool for assessing restoration progress of saline land [J]. Land Degradation & Development, 32(1): 123-138.

FAKHIREH A, AJORLO M, SHAHRYARI A, et al. 2012. The autecological characteristics of *Desmostachya bipinnata* in hyper-arid regions [J]. Turkish Journal of Botany, 36(6): 690-696.

FAKHRULDDIN I M, SIDIK B J, HARAH Z M. 2013. *Halophila beccarii* Aschers (Hydrocharitaceae) responses to different salinity gradient [J]. Journal of Fisheries and Aquatic Science, 8(3): 462-471.

FAN L F, CHEN C P, YANG M C, et al. 2017. Ontogenetic changes in dietary carbon sources and trophic position of two co-occurring horseshoe crab species in southwestern China [J]. Aquatic Biology, 26: 15-26.

FAVIAN-VEGA E, MEEROW A W, OCTAVIO-AGUILAR P, et al. 2022. Genetic diversity and differentiation in *Zamia furfuracea* (Zamiaceae): an endangered, endemic and restricted

Mexican Cycad [J]. Taiwania, 67(3): 302-310.

FRANCO-SALAZAR V A, VÉLIZ J A. 2008. Effects of salinity on growth, titrable acidity and chlorophyll concentration in *Opuntia ficus-indica* (L.) Mill [J]. Saber, Universidad de Oriente, Venezuela, 20(1): 12-17.

FREIRE J L, SANTOS M V F D, DUBEUX JÚNIOR J C B, et al. 2018. Growth of cactus pear cv. Miúda under different salinity levels and irrigation frequencies [J]. Anais da Academia Brasileira de Ciências, 90(4): 3893-3900.

FREIRE J L, SANTOS M V F D, DUBEUX JÚNIOR J C B, et al. 2021. Evaluation of cactus pear clones subjected to salt stress [J]. Tropical Grasslands: Forrajes Tropicales, 9(2): 235-242.

GAJENDER G S, DAGAR J C, LAL K, et al. 2014. Performance of edible cactus (*Opuntia ficus-indica*) in saline environments [J]. Indian Journal of Agricultural Sciences, 84(4): 509-513.

GHAZANFAR S A, ALTUNDAG E, YAPRAK A E, et al. 2014. Halophytes of Southwest Asia [M]. KHAN M A, BÖER B, ÖZTÜRK M, et al. Sabkha ecosystems: tasks for vegetation science: Vol 47. Dordrecht: Springer.

GILMAN E F, 1999. *Russelia equisetifotmis* [M]. Fact Sheet FPS-516, University of Florida, Cooperative Extension Service.

GIVERNY GARDENS. Florida's finest garden centre-coastal gardens plant palette [EB/OL]. https://www.givernygardens.com/.

GOKHALE M V, SHAIKH S S, CHAVAN N S. 2011. Floral survey of wet coastal and associated ecosystems of Maharashtra [J]. Indian Journal of Geo-Marine Sciences, 40(5): 725-730.

GOMEZ S M, KALAMANI A. 2003. Butterfly pea (*Clitoria ternatea*): a nutritive multipurpose forage legume for the tropics: an overview [J]. Pakistan Journal of Nutrition, 2(6): 374-379.

GRICE A C, MCINTYRE S. 1995. Speargrass (*Heteropogon contortus*) in Australia: dynamics of species and community [J]. The Rangeland Journal, 17(1): 3-25

GRIEVE C M, GUZY M R, POSS J A, et al. 1999. Screening eucalyptus clones for salt tolerance [J]. HortScience, 34(5): 867-870.

GULZAR S, KHAN M A, LIU X J. 2007. Seed germination strategies of *Desmostachya bipinnata*: a fodder crop for saline soils [J]. Rangeland Ecology & Management, 60(4): 401-407.

GURALNICK L J, TING I P. 1988. Seasonal patterns of water relations and enzyme activity of the facultative CAM plant *Portulacaria afra* (L.) Jacq [J]. Plant, Cell & Environment, 11(9): 811-818.

HANDLEY R J, DAVY A J. 2002. Seedling root establishment may limit *Najas marina* L. to sediments of low cohesive strength [J]. Aquatic Botany, 73(2): 129-136.

HANTANIRINA J M O, BENBOW S. 2013. Diversity and coverage of seagrass ecosystems in south-west Madagascar [J]. African Journal of Marine Science, 35(2): 291-297.

HAO J H, LV S S, BHATTACHARYA S, et al. 2017. Germination response of four alien conge-neric amaranthus species to environmental factors [J]. PLOS One, 12(1): e0170297.

HARAH Z M, SIDIK B J. 2013. Occurrence and distribution of seagrass in waters of Perhentian Island Archinpelago, Malaysia [J]. Journal of Fisheries and Aquatic Science, 8(3): 441-451.

HARMS W R. 1990. *Quercus virginiana* Mill. Live oak [M]// BURNS R M, HONKALA B H. Silvics of North America: Volume. 2. Hardwoods. Agriculture Handbook 654. U.S. Depart-ment of Agriculture, Forest Service, Washington D. C.

HAYASHIDA F. 2000. Vertical distribution and seasonal variation of eelgrass beds in Iwachi Bay, Izu Peninsula, Japan [J]. Hydrobiologia, 428: 179-185.

HE J, NG O W J, QIN L. 2022. Salinity and salt-priming impact on growth, photosynthetic per-formance, and nutritional quality of edible *Mesembryanthemum crystallinum* L. [J]. Plants, 11(3): 332.

HEUZÉ V, TRAN G, HASSOUN P, et al. 2021. Hairy indigo (*Indigofera hirsuta*). Feedipedia, a programme by INRAE, CIRAD, AFZ and FAO [EB/OL]. https://www.feedipedia.org/node/289 Last updated on September 6, 2021, 10:56.

HILLMAN K, MCCOMB A J, WALKER D I. 1995. The distribution, biomass and primary pro-duction of the seagrass *Halophila ovalis* in the Swan/Canning Estuary, Western Australia [J]. Aquatic Biology, 51(1/2): 1-54.

HUSSAIN G, ALSHAMMARY S F. 2008. Effect of water salinity on survival and growth of landscape trees in Saudi Arabia [J]. Arid Land Research and Management, 22(4): 320-333.

HUSSAIN G, SADIQ M, NABULSI Y A, et al. 1994. Effect of saline water on establishment of windbreak trees [J]. Agricultural Water Management, 25(1): 35-43.

INGLESE P, LIGUORI G, DE LA BARRERA E. 2017. Ecophysiology and reproductive biology of cultivated cacti[M]// INGLESE P, MONDRAGÓN C, NEFZAOUI A, et al. Crop ecology, cultivation and uses of cactus pear crop ecology, cultivation. Roma: FAO, ICARDA: 29-41.

IVONNE M F S, YULI H E, MOHAMMAD M, et al. 2020. Distribution of seagrass in the coast of Bahoi, Manembo-Nembo and Tandurusa, North Sulawesi, Indonesia [J]. Russian Journal of Agricultural and Socio-Economic Sciences, 98(2): 3-11.

JAGTAP T G, UNTAWALE A G. 1981. Ecology of seagrass bed of *Halophila beccarii* Aschers. in Mandovi Estuary [J]. Indian Journal of Marine Sciences, 16: 256-260

JOHNSTONE I M. 1984. The ecology and leaf dynamics of the seagrass *Thalassodendron cilia-tum* (Forsk.) Den Hartog [J]. Australian Journal of Botany, 32(3): 233-238.

JUPP B P, DURAKO M J, KENWORTHY W J, et al. 1996. Distribution, abundance, and species composition of seagrasses at several sites in Oman [J]. Aquatic Botany, 53(3/4): 199-213.

KALDY J E. 2006. Production ecology of the no-indigenous seagrass, dwarf eelgrass (*Zostera ja-ponica* Ascher. & Graebn.), in a Pacific-Northwest Estuary, USA [J]. Hydrobiologia, 560(1):

433.

KAWAMOTO Y, OKANA K, MASUDA Y. 1991. Wet endurance of Macroptilium lathyroides URB. and introduction to upland field converted from paddy [J]. Journal of Japanese Society of Grassland Science , 37(2): 219-235.

KEATING B, STRICKLAND R, FISHER M. 1986. Salt tolerance of some tropical pasture legumes with potential adaptation to cracking clay soils [J]. Australian Journal of Experimental Agriculture, 26(2): 181-186.

KHAN M A, QAISER M. 2006. Halophytes of Pakistan: characteristics, distribution and potential economic usages [M]// KHAN M A, BÖER B, KUST G S, et al. Sabkha ecosystems: Volume Ⅱ: West and Central Asia [J]. Dordrecht: Springer: 129-153.

KLOMJEK P, NITISORAVUT S. 2005. Constructed treatment wetland: a study of eight plant species under saline conditions [J]. Chemosphere, 58(5): 585-593

KNOX G W, BLACK R J. 1987. Salt tolerance of landscape plants for South Florida[M]. ENH145, University of Florida, Extension Institute of Food and Agricultural Sciences.

KÖHL K I. 1997. The effect of NaCl on growth, dry matter allocation and ion uptake in salt marsh and inland populations of *Armeria maritima* [J]. New Phytologist, 135(2): 213-225.

KOKAB S, AHMAD S. 2010. Characterizing salt-tolerant plants using ecosystem and economic utilization potentials for Pakistan [J]. Managing Natural Resources for Sustaining Future Agriculture, 2(12): 1-20.

KOOP A L. 2003. Population dynamics and invasion rate of an invasive, tropical understory shrub, *Ardisia elliptica* [D]. University of Miami.

KOTUBY-AMACHER J, KOENIG R, KITCHEN B. 2000. Salinity and plant tolerance [R]. Electronic Publication AG-SO-03, Utah State University Extension, Logan.

KUZNETSOV V V, NETO D S, BORISOVA N N, et al. 2000. Stress-induced CAM development and the limit of adaptation potential in *Mesembryanthemum crystallinum* plants under extreme conditions [J]. Russian Journal of Plant Physiology, 47(2): 168-175.

LALLOUCHE B, BOUTEKRABT A, HADJKOUIDER A, et al. 2017. Use of physio-biochemical traits to evaluate the salt tolerance of five *Opuntia* species in the Algerian steppes [J]. Pakistan Journal of Botany, 49(3): 837-845.

LAMIT N, TANAKA Y. 2019. Species-specific distribution of intertidal seagrasses along environmental gradients in a tropical estuary (Brunei Bay, Borneo) [J]. Regional Studies in Marine Science, 29: 100671.

LEKSUNGNOEN N. 2017. Reclaiming saline areas in Khorat Basin (Northeast Thailand): soil properties, species distribution, and germination of potential tolerant species [J]. Arid Land Research and Management, 31(3): 235-252.

LEKSUNGNOEN N, KJELGREN R K, BEESON JR R C, et al. 2014. Salt tolerance of three tree species differing in native habitats and leaf traits [J]. Hortscience, 49(9): 1194-1200.

LENG P, BENBOW S, MULLIGAN B. 2014. Seagrass diversity and distribution in the Koh Rong Archipelago, Preah Sihanouk Province, Cambodia [J]. Cambodian Journal of Natural History, 1: 37-46.

LEVITT J. 1980. Responses of plants to environmental stress [M]. 2nd ed. New York: Academic Press.

LIM T K. 2012. Edible medicinal and non-medicinal plants (Vol. 1: fruits) [M]. Dordrecht: Springer.

MA X H, ZHENG J, ZHANG X L, et al. 2017. Salicylic acid alleviates the adverse effects of salt stress on *Dianthus superbus* (Caryophyllaceae) by activating photosynthesis, protecting morphological structure, and enhancing the antioxidant system [J]. Frontiers in Plant Science, 8: 600.

MARBÀ N, DUARTE C M. 1998. Rhizome elongation and seagrass clonal growth [J]. Marine Ecology Progress Series, 174: 269-280.

MARCAR N E, DART P, SWEENEY C. 1991. Effect of root-zone salinity on growth and chemical composition of *Acacia ampliceps* B. R. Maslin, *A. auriculiformis* A. Cumm. ex Benth. and *A. mangium* Willd. at two nitrogen levels [J]. New Phytologist, 119(4): 567-573.

MARTINEZ-TABERNER A, MOYÀ G. 1993. Submerged vascular plants and water chemistry in the coastal marsh Albufera de Mallorca (Balearic Islands) [J]. Hydrobiologia, 271(3): 129-139.

MENZEL U, LIETH H. 2003. HALOPHYTE database V.2.0 update. Cashcrop halophytes, 7-72.

MIZRAHI Y. 2014. *Cereus peruvianus* (Koubo) new cactus fruit for the world [J]. Revista Brasileira de Fruticultura, 36(1): 68-78.

MORRIS J B, WALKER J T. 2002. Non-traditional legumes as potential soil amendments for nematode control [J]. Journal of Nematology, 34(4): 358-361.

MURILLO-AMADOR B, CORTÉS-AVILA A, TROYO-DIÉGUEZ E, et al. 2001. Effects of NaCl salinity on growth and production of young cladodes of *Opuntia fcus-indica* [J]. Journal of Agronomy and Crop Science, 187(4): 269-279.

NAGASHIRO C W, SHIBATA F, KOMAKI H. 1992. Effects of flooding and drought conditions on growth phasey bean *Macroptilium lathyroides* L. URB [J]. Japanese Journal of Grassland Science, 38(2): 207-218.

NASIM N A M, PÁEE F. 2021. Evaluating physiological responses of Butterfly pea, *Clitoria ternatea* L. var. *Pleniflora* to salt stress [J]. IOP Conference Series: Earth and Environmental Science, 736(1): 012039.

NERD A, KARADI A, MIZRAHI Y. 1991. Salt tolerance of prickly pear cactus (*Opuntia ficus-indica*) [J]. Plant and Soil, 137(2): 201-207.

NICOLALDE-MOREJÓN F, VOVIDES A P, STEVENSON D W. 2009. Taxonomic revision of *Zamia* in Mega-Mexico [J]. Brittonia, 61(4): 301-335.

NING J F, AI S Y, YANG S H, et al. 2015. Physiological and antioxidant responses of *Basella alba* to NaCl or Na_2SO_4 stress [J]. Acta Physiologiae Plantarum, 37: 126.

PAMUNUWA G, KARUNARATNE D N, WAISUNDARA V Y. 2016. Antidiabetic properties, bioactive constituents, and other therapeutic effects of *Scoparia dulcis*. [J]. Evidence-Based Complementary and Alternative Medicine: 8243215.

PASQUALINI V, DEROLEZ V, GARRIDO M, et al. 2017. Spatiotemporal dynamics of submerged macrophyte status and watershed exploitation in a Mediterranean coastal lagoon: understanding critical factors in ecosystem degradation and restoration [J]. Ecological Engineering, 102: 1-14.

PATEL A D, JADEJA H, PANDEY A N. 2010. Effect of salinization of soil on growth, water status and nutrient accumulation in seedlings of *Acacia auriculiformis* (Fabaceae) [J]. Journal of Plant Nutrition, 33(6): 914-932.

PERRY L, WILLIAMS K. 1996. Effects of salinity and flooding on seedlings of cabbage palm (*Sabal palmetto*) [J]. Oecologia, 105(4): 428-434.

PURMALE L, JĒKABSONE A, ANDERSONE-OZOLA U, et al. 2022. Salinity tolerance, ion accumulation potential and osmotic adjustment in vitro and in planta of different *Armeria maritima* accessions from a dry coastal meadow [J]. Plants, 11(19): 2570.

QIAN R J, MA X H, ZHANG X L, et al. 2021. Effect of exogenous spermidine on osmotic adjustment, antioxidant enzymes activity, and gene expression of *Gladiolus gandavensis* seedlings under salt stress [J]. Journal of Plant Growth Regulation, 40(4): 1353-1367.

RAHMAN M M, RAHMAN M A, MIAH M G, et al. 2017. Mechanistic insight into salt tolerance of *Acacia auriculiformis*: the importance of ion selectivity, osmoprotection, tissue tolerance, and Na^+ exclusion [J]. Frontiers in Plant Science, 8: 155.

RAJSEKHAR P B, BHARANI R S A, ANGEL K J, et al. 2016. *Hybanthus enneaspermus* (L.) F. Muell: a phytopharmacological review on herbal medicine [J]. Journal of Chemical and Pharmaceutical Research, 8(1): 351-355.

RAZALLI N M, PENG T C, YUSOF M S M, et al. 2011. Distribution and biomass of *Halophila ovalis* (R. Brown) Hook. *f.* at Pulau Gazumbo, Penang, Straits of Malacca [J]. Publications of the Seto Marine Biological Laboratory, 41: 71-76.

REDDY P M, JAMES E K, LADHA J K. 2002. Nitrogen fixation in rice [M]// LEIGH G J. Nitrogen fixation at the millennium. Amsterdam: Elsevier Science: 421-445.

RODRIGUES M J, PEREIRA C G, OLIVEIRA M, et al. 2023. Salt-tolerant plants as sources of antiparasitic agents for human use: a comprehensive review [J]. Marine Drugs, 21(2): 66.

RODRÍGUEZ F, LOMBARDERO-VEGA M, SAN JUAN L, et al. 2021. Allergenicity to worldwide invasive grass *Cortaderia selloana* as environmental risk to public health [J]. Scientific Reports, 11(1): 24426.

RUESINK J L, HONG J-S, WISEHART L, et al. 2010. Congener comparison of native (*Zostera marina*) and introduced (*Z. japonica*) eelgrass at multiple scales within a Pacific Northwest estuary [J]. Biological Invasions, 12: 1773-1789.

SABIITI E N. 1980. Dry matter production and nutritive value of *Indigofera hirsuta* L. in Uganda [J]. East African Agricultural and Forestry Journal, 45(4): 296-303.

SALONIKIOTI A, PETROPOULOS S, ANTONIADIS V, et al. 2015. Wild edible species with phytoremediation properties [J]. Procedia Environmental Sciences, 29: 98-99.

SAUER J D. 1972. Revision of *Stenotaphrum* (Gramineae: Paniceae) with attention to its historical geography [J]. Brittonia, 24: 202-222.

SCHUCH U, KELLY J. 2007. Salinity tolerance of cacti and succulents [J]. Turfgrass, Landscape and Urban IPM Research Summary: 61-66.

SHARMA D K, CHAUDHARI S K, SINGH A. 2014. In salt affected soils: agroforestry is a promising option [J]. Indian Farming, 63: 19-22.

SHORT F T, POLIDORO B, LIVINGSTONE S R, et al. 2011. Extinction risk assessment of the world's seagrass species [J]. Biological Conservation, 144(7): 1961-1971.

SHOUKAT E, ABIDEEN Z, AHMED M Z, et al. 2019. Changes in growth and photosynthesis linked with intensity and duration of salinity in *Phragmites karka* [J]. Environmental and Experimental Botany, 162: 504-514.

SIDDIQUI A S M H, RAHMAN M M. 2019. Flora of the Sundarbans [C]. Proceedings of 16th Asian Business Research Conference, BIAM Foundation, Dhaka, Bangladesh.

SIDIK B J, HARAH Z M, ARSHAD A. 2010. Morphological characteristics, shoot density and biomass variability of *Halophila* sp. in a coastal lagoon of the east coast of Malaysia [J]. Coastal Marine Science, 34(1): 108-112.

SIDIK B J, HARAH Z M, PAUZI A M, et al. 1999. *Halodule* species from Malaysia: distribution and morphological variation [J]. Aquatic Botany, 65(1/2/3/4): 33-45.

SILVA M D S A D, YAMASHIT O M, ROSSI A A B, et al. 2020. Germination of Macroptilium lathyroides seeds as a function of the presence of salts on the substrate [J]. Revista Ibero-Americana de Ciências Ambientais, 11(2): 62-68.

SINGH N T. 2005. Irrigation and soil salinity in the Indian Subcontinent: past and present [M]. Bethlehem, USA: Lehigh University Press.

SKELTON P A, SOUTH G R. 2006. Seagrass biodiversity of the Fiji and Samoa islands, South Pacific [J]. New Zealand Journal of Marine and Freshwater Research, 40(2): 345-356.

SUBRAMANIAN M P S, GANTHI A S, SUBRAMONIAN K. 2020. Diersity of the family Leguminosae in point calimere wildlife and bird sanctuary, Tamil Nadu [J]. International Journal of Recent Scientific Research, 11(5): 38716-38720.

SULEIMAN M K, BHAT N R, ABDAL M S, et al. 2007. Evaluation of shrub performance under arid conditions [J]. Journal of Food Agriculture and Environment, 5(1): 273-280.

SUN D, DICKINSON G R. 1995. Survival and growth responses of a number of Australian tree species planted on a saline site in tropical north Australia [J]. Journal of Applied Ecology, 32(4): 817-826.

TALUKDAR D. 2011. Isolation and characterization of NaCl-tolerant mutations in two important legumes, *Clitoria ternatea* L. and *Lathyrus sativus* L.: induced mutagenesis and selection by salt stress [J]. Journal of Medicinal Plants Research, 5(16): 3619-3628.

TAN J B L, KWAN Y M. 2020. The biological activities of the spiderworts (*Tradescantia*) [J]. Food Chemistry, 317: 126411.

TARAFDER M M A, KHAN M R, TASMIN S, et al. 2023. Effects on yield and nutrient concentration of spinach (*Basella alba* L.) at different salinity levels [J]. Bangladesh Journal of Botany, 52(1): 71-77.

TING I P, HANSCOM Z. 1977. Induction of acid metabolism in *Portulacaria afra*. [J]. Plant Physiology, 59(3): 511-514.

VAN DER MAESEN L J G, OYEN L P A. 1997. *Prosopis juliflora* (Swartz) DC. Record from Proseabase. Faridah Hanum, I. and van der Maesen LJG (Editors) [M]. PROSEA (Plant Resources of South-East Asia) Foundation, Bogor, Indonesia.

VOZNESENSKAYA E V, KOTEYEVA N K, EDWARDS G E, et al. 2010. Revealing diversity in structural and biochemical forms of C_4 photosynthesis and a C_3-C_4 intermediate in genus *Portulaca* L. (Portulacaceae) [J]. Journal of Experimental Botany, 61(13): 3647-3662.

WALKER D I, PRINCE R I T. 1987. Distribution and biogeography of seagrass species on the northwest coast of Australia [J]. Aquatic Botany, 29(1): 19-32.

WALTHER M. 2004. A guide to Hawaii's coastal plants[M]. Honolulu: Mutual Publishing.

WEBSTER R D. 1980. Distribution records for *Digitaria bicornis* in eastern United States [J]. SIDA, Contributions to Botany, 8(4): 352-353.

WOODELL S R J, DALE A. 1993. *Armeria maritima* (Mill.) Willd. (*Statice armeria* L.; *S. maritima* Mill.) [J]. Journal of Ecology, 81(3): 573-588.

YAO P C, GAO H Y, WEI Y N, et al. 2017. Evaluating sampling strategy for DNA barcoding study of coastal and inland halo-tolerant Poaceae and Chenopodiaceae: a case study for increased sample size [J]. PLOS One, 12(9): e0185311.

ZAKARIA M H, BUJANG J S, ARSHAD A. 2002. Flowering, fruiting and seedling of annual *Halophila beccarii* Aschers in peninsular Malaysia [J]. Bulletin of Marine Science, 71(3): 1199-1205.

白昌军, 刘国道. 2001. 臂形草属牧草产草量及饲用价值研究 [J]. 草地学报, 2: 110-116.

白文波，李品芳．2005. 盐胁迫对马蔺生长及 K$^+$、Na$^+$ 吸收与运输的影响 [J]. 土壤，37(4): 415-420.

边金艳，李文明，张学杰．2007. 山东盐生植物区系研究 [J]. 山东科学，20(4): 40-43.

薄杉，夏斌，刘铭宇，等．2023. 野菊抗盐株系筛选与抗盐机理初探 [J]. 西北农业学报，32(1): 90-100.

蔡毅，侯静，黎理，等．2020. 广西大戟科新记录：台西地锦 [J]. 浙江林业科技，40(4): 60-62.

陈贵华，石岭，王萍，等．2011. 盐胁迫对野生苦菜抗氧化系统的影响 [J]. 内蒙古农业大学学报 (自然科学版)，32(1): 45-47.

陈恒彬．2018. 福建滨海观赏植物的多样性及园林应用 [J]. 亚热带植物科学，47(4): 345-351.

陈进，李冬生，史作民．2009. 牧豆树属研究综述 [J]. 林业资源管理，2: 88-93, 105.

陈美雪．2015. 海岛困难立地植被恢复与重建：以福建省莆田市南日岛为例 [J]. 林业勘察设计，1: 84-88.

陈秋夏，王金旺，杨升，等．2020. 稻挑山海岛植被和植物多样性分析 [J]. 浙江林业科技，40(3): 51-55.

陈山．1986. 海南岛饲用植物种质资源的发掘与利用 [J]. 作物品种资源，3: 6-10.

陈甜，蒋锦鹏，张志飞．2012. 不同来源野生狼尾草种子生活力和抗盐性鉴定 [J]. 作物研究，26(7): 25-29.

陈小芳，徐化凌，于德花，等．2019. 两种紫花苜蓿苗期耐盐特性的初步研究 [J]. 农业科技通讯，6: 138-142.

陈兴龙，安树青，李国旗，等．1999. 中国海岸带耐盐经济植物资源 [J]. 南京林业大学学报，23(4): 81-84.

陈耀东．1987. 青海湖眼子菜科植物的研究 [J]. 水生生物学报，11(3): 228-235.

陈勇，阮少江．2009. 福建省种子植物分布新记录 [J]. 亚热带植物科学，38(2): 57-59.

陈玉峰．1984. 植物与植被生态丛书 (I): 鹅銮鼻公园植物与植被 [Z]. 屏东县恒春镇：垦丁公园管理处．

陈玉珍，汤坤贤，孙元敏，等．2020. 平潭周边典型海岛临海坡地植被分布特征与修复应用 [J]. 海洋开发与管理，11: 58-63.

陈征海，唐正良，胡明辉，等．1996. 浙江海岛盐生植被研究 (II): 天然植被类型及开发利用 [J]. 生态学杂志，15(5): 6-11.

程贝，樊文娜，刘家齐，等．2019. 盐分胁迫对紫花苜蓿发芽特性的影响 [J]. 江西农业学报，31(9): 61-67.

程宪伟，梁银秀，祝惠，等．2017. 六种植物对盐胁迫的响应及脱盐潜力水培实验研究 [J]. 湿地科学，15(4): 635-640.

崔竣岭．2013. NaCl 处理对刺槐和丁香种子发芽苗生长的影响 [J]. 宁夏农林科技，54(12): 13-14, 24.

戴思兰，王文奎，黄家平．2002. 菊属系统学及菊花起源的研究进展 [J]. 北京林业大学学报，

24(5/6): 234-238.

刀志学，白史且，陈智华，等 . 2013. 斑茅种质资源研究进展 [J]. 草业科学，30(1): 125-130.

邓必玉，王建荣，王祝年，等 . 2010. 海南省儋州市峨蔓镇沿海药用植物资源调查研究 [J]. 中国农学通报，26(3): 269-273.

邓义，陈树培，梁志贤 . 1994. 广东省海岸带沙生植被的改造利用 [J]. 生态科学，1: 147-150.

丁莹，洪文秀，左胜鹏 . 2017. 外来植物土荆芥入侵的化学基础探讨 [J]. 中国农学通报，33(31): 127-131.

段代祥，刘俊华，张孝霖，等 . 2007. 山东药用盐生植物资源研究 [J]. 安徽农业科学，35(14): 4186-4188.

段瑞军，郭建春，马子龙，等 . 2015. 海南滨海滩涂植物 : 第 1 册 [M]. 昆明 : 云南人民出版社 .

段瑞军，黄圣卓，王军，等 . 2020. 永乐群岛维管植物资源调查与分析 [J]. 热带作物学报，41(8): 1714-1722.

范航清，彭胜，石雅君，等 . 2007. 广西北部湾沿海海草资源与研究状况 [J]. 广西科学，14(3): 289-295.

范航清，邱广龙，石雅君，等 . 2011. 中国亚热带海草生理生态学研究 [M]. 北京 : 科学出版社 .

冯义龙，先旭东 . 2012. 五种禾草植物长期淹水后生长恢复情况初步观察 [J]. 南方农业，6(4): 18-21.

冯毓琴，曹致中，贾蕴琪，等 . 2007. 天蓝苜蓿野生种质的耐盐性研究 [J]. 草业科学，24(5): 27-33.

福建省科学技术委员会，《福建植物志》编写组 . 1993. 福建植物志 : 第 5 卷 [M]. 福州 : 福建科学出版社 .

付春平，唐运平，张志扬，等 . 2005a. 美人蕉对泰达高含盐再生水景观河道水体净化效果研究 [J]. 灌溉排水学报，24(5): 70-73.

付春平，唐运平，张志扬，等 . 2005b. 沉水植物对景观河道水体氮磷去除的研究 [J]. 农业环境科学学报，24(增刊): 114-117.

高乐旋 . 2015. 不同水陆生境下入侵种喜旱莲子草与土著种莲子草表型变异和细胞渗透势调节能力的比较研究 [J]. 植物科学学报，33(2): 195-202.

高伟，聂森，叶功富，等 . 2017. 平潭岛岩质海岸造林树种生长及适应性评价 [J]. 防护林科技，35(2): 1-4.

顾寅钰，陈传杰，杨剑超，等 . 2019. 8 种耐盐植物离子选择性吸收 [J]. 江苏农业科学，47(11): 306-308.

管志勇，陈发棣，滕年军，等 . 2010a. 5 种菊花近缘种属植物的耐盐性比较 [J]. 中国农业科学，43(4): 787-794.

管志勇，陈素梅，陈发棣，等 . 2010b. 32 个菊花近缘种属植物耐盐性筛选 [J]. 中国农业科学，43(19): 4063-4071.

《广东中药志》编辑委员会 . 1996. 广东中药志 : 第 2 卷 [M]. 广州 : 广东科技出版社 .

郭焕晓，马牧源，孙红文．2006.中国北部沿海高盐度地区人工湿地植物研究 [J].铁道工程学报，9: 6-9.

郭莺，余爱丽，张木清．2005.甘蔗斑茅的杂交利用及其杂种后代鉴定系列研究 (三): 拔地拉与斑茅耐盐性差异分析 [J].热带作物学报，26(2): 88-93.

郭正红，刘佳，高慧媛．2013.五层龙属植物化学成分与药理活性研究进展 [J].沈阳药科大学学报，30(3): 239-248.

何华玄，白昌军，韦家少，等．2005.海南省西南半干旱地区臂形草引种试验 [J].热带农业科学，25(3): 4-6.

何雅琴，谢艳秋，赖敏英，等．2021.基于灰色关联度的海坛岛野生灌木资源综合评价 [J].生态科学，40(6): 146-154.

何志芳，陈红锋，周劲松．2011.广州南沙区耐盐碱绿化植物筛选及应用 [J].中国城市林业，9(5): 5-8.

何卓彦，戴耀良，庄雪影．2011.7 种园林地被植物耐盐性研究 [J].广东园林，33(6): 67-73.

贺强，崔保山，赵欣胜，等．2009.黄河河口盐沼植被分布、多样性与土壤化学因子的相关关系 [J].生态学报，29(2): 676-687.

洪顺山，徐文辉，郑玉阳，等．1996.福建滨海风沙地带几种桉树种源适应性选择试验初报 [J].福建林业科技，2: 24-27.

侯静，黎理，景晓彤，等．2022.斑地锦及近缘种的 HPLC 指纹图谱鉴别研究 [J].湖北农业科学，61(9): 127-131.

胡亮，李鸣光，韦萍萍．2014.入侵藤本薇甘菊的耐盐能力 [J].生态环境学报，23(1): 7-15.

胡杨勇，马嘉伟，叶正钱，等．2014.东南景天 Sedum alfredii 修复重金属污染土壤的研究进展 [J].浙江农林大学学报，31(1): 136-144.

胡月楠，张松涛，刘畅，等．2012.曹妃甸新区道路绿化植物调查 [J].中国水土保持，8: 15-17.

黄培祐．1983.海南岛滨海砂岸植被 [J].生态科学，2: 1-15.

黄胜利，房聪玲，朱杰旦，等．2012.杭州湾滨海绿化植物耐盐性调查 [J].防护林科技，1: 97-100.

黄小辉，廖丽，白昌军，等．2012.地毯草耐盐浓度梯度筛选与临界盐浓度研究 [J].草业科学，29(4): 599-604.

黄小平，黄良民，李颖虹，等．2006.华南沿海主要海草床及其生境威胁 [J].科学通报，51(增刊 Ⅱ): 114-119.

黄雅丽，刘幸红，黄雯佳，等．2021.盐分胁迫对景天三七幼苗生理生化特性的影响 [J].中国农学通报，37(10): 42-47.

黄雍容，林武星，聂森，等．2014.盐胁迫下台湾海桐和台湾栾树抗氧化代谢和有机溶质积累的变化 [J].生态学杂志，33(12): 3176-3183.

黄煜，李海生，伍凯瀚，等．2022.惠州平海湾沿海沙滩沙生植被资源现状研究 [J].生态科学，

41(3): 72-81.

季洪亮,刘红丽,路艳.2018.北方滨海地区乡土野生盐碱植物资源调查及分析[J].西北林学院学报,33(4): 261-267.

季玉涵,范继红,孙占敏,等.2018.四种豆科牧草萌发期和苗期抗旱耐盐性研究[J].北京农业职业学院学报,32(6): 17-24.

贾恢先,孙学刚.2005.中国西北内陆盐地植物图谱[M].北京:中国林业出版社.

贾鹏燕.2017.盐胁迫下苦苣菜的生理响应及转录组分析[D].咸阳:西北农林科技大学.

贾晓东,任全进,浦东,等.2010.耐盐碱药赏两用植物的筛选和利用[J].江苏农业科学,6: 287-289.

贾玉珍,朱禧月,唐予迪,等.1987.棉花出苗及苗期耐盐性指标的研究[J].河南农业大学学报,21(1): 30-41.

江惠敏.2017.5种野生蔬菜的繁殖技术和耐盐性研究[D].广州:仲恺农业工程学院.

江淑琼,周守标,刘坤,等.2010.盐胁迫对石蒜叶片形态结构和生理指标的影响[J].生物学杂志,27(5): 26-30.

金孝锋,张宏伟,谢建锯,等.2010.浙江狭义景天属(景天科)植物小志[J].杭州师范大学学报(自然科学版),9(3): 165-172.

琚雪薇,王浩,高佩佩,等.2019.NaCl胁迫对棒叶落地生根叶芽插效果的影响[J].种子科技,37(15): 20-21.

柯文彬.2019.汕头滨海围填地园林绿化措施研究[J].广东土木与建筑,26(5): 30-32.

柯智仁.2004.台湾海草分类与分布之研究[D].高雄:台湾中山大学.

孔维博,周军红,李迎阳,等.2022.高盐胁迫下芒硝盐岩弃渣场植被生态修复研究[J].环境监测管理与技术,34(6): 21-25.

蓝来娇,马涛,朱映,等.2019.外来入侵植物光荚含羞草的研究进展[J].河北林业科技,1: 47-52.

黎晓峰,秦丽凤,李耀燕,等.2005.不同木豆品种耐铝性的基因型差异及其机理研究[J].生态环境,14(5): 690-694.

李根有,周世良,张若蕙,等.1989.浙江舟山桃花岛的天然植被类型[J].浙江林学院学报,6(3): 243-254.

李冠华,王苏宁,丁文兵,等.2013.灰毛豆种子中化学成分的鉴定及其对黑翅土白蚁的杀虫活性[J].中国生物防治学报,29(2): 200-206.

李广鲁,胡增辉,冷平生.2015.冰叶日中花对NaCl胁迫的生理响应[J].北京农学院学报,30(1): 64-70.

李昆,孙永玉,张春华,等.2011.金沙江干热河谷区8个造林树种的生态适应性变化[J].林业科学研究,24(4): 488-494.

李明亮,王宝山,张宝泽,等.1995.几种经济木本植物耐盐性的比较[J].山东师大学报(自

然科学版), 10(1): 103-105.

李森 , 范航清 , 邱广龙 , 等 . 2012. 不同潮区矮大叶藻地上高度和覆盖度以及生物量的动态变化 [J]. 广西科学 , 19(3): 276-278, 288.

李拴林 , 罗小燕 , 陈志祥 , 等 . 2021. NaCl 胁迫对不同来源木豆种子发芽及幼苗生长的影响 [J]. 热带生物学报 , 12(3): 296-304.

李信贤 . 2005. 广西海岸沙生植被的类型及其分布和演潜 [J]. 广西科学院学报 , 21(1): 27-36.

李秀芬 , 朱金兆 , 刘德玺 , 等 . 2013. 黄河三角洲地区 14 个树种抗盐性对比分析 [J]. 上海农业学报 , 29(5): 28-31.

李雪莹 . 2013. 重盐碱地区绿化工程技术探讨 [J]. 现代园艺 , 8: 129.

李亚 , 耿蕾 , 刘建秀 . 2004. 中国结缕草属植物抗盐性评价 [J]. 草地学报 , 12(1): 8-12.

李叶 , 林培群 , 余雪标 , 等 . 2010. NaCl 胁迫对箣仔树种子发芽及幼苗生长的影响 [J]. 安徽农业科学 , 38(18): 9475-9477.

李晔 , 王珺 , 严力蛟 . 2017. 滨海盐碱地绿化技术的应用 [J]. 江西农业 , 21: 56-58.

李蔫森 . 1961. 福建省沿海防护林树种调查初报 [J]. 福建林学院学报 , 0: 43-62.

梁方 , 莫毅 , 黄艳娜 , 等 . 2006. 蟛蜞菊对肉兔的饲用价值 [J]. 家畜生态学报 , 27(6): 74-77.

梁佳勇 , 陈平 , 刘永霞 , 等 . 2003. 盐胁迫对木豆种子萌发与幼苗生长的影响 [J]. 农业与技术 , 23(6): 71-75.

廖丽 , 张静 , 吴东德 , 等 . 2014. 竹节草种质资源耐盐性初步评价 [J]. 热带作物学报 , 35(10): 1905-1911.

廖启炆 . 2010. 8 种棕榈植物幼苗耐盐性的比较分析 [J]. 中国农学通报 , 26(16): 362-369.

林承超 . 1988. 福建省平潭县植被资源及其开发利用 [J]. 福建师范大学学报 (自然科学版), 4(1): 96-102.

林广旋 . 2022. 雷州半岛滨海植物 [M]. 北京 : 中国林业出版社 .

林建勇 , 梁永延 , 蒋日红 , 等 . 2023. 广西维管植物分布新记录 [J]. 广西植物 , 43(2): 277-282.

林鹏 , 丘喜昭 , 张娆挺 . 1984. 福建沿海中部平潭、南日和湄州三岛的植被 [J]. 植物生态学与地植物学丛刊 , 8(1): 74-80.

林文洪 , 刘文 , 曾晓辉 , 等 . 2009. 珠三角滨海区抗风耐盐碱园林绿化树种的选择 [J]. 中国园艺文摘 , 25(4): 63-64.

林武星 , 黄雍容 , 聂森 , 等 . 2013. 台湾栾树幼苗生长及营养吸收对盐胁迫的响应 [J]. 中南林业科技大学学报 , 33(4): 17-22.

林武星 , 叶功富 , 聂森 , 等 . 2009. 福建沙质海岸引种台湾防护林树种探讨 [J]. 防护林科技 , 1: 87-90.

林兴生 , 林占熺 , 林冬梅 , 等 . 2013. 5 种菌草苗期抗盐性的评价 [J]. 福建农林大学学报 (自然科学版), 42(2): 195-201.

刘爱荣 , 张远兵 , 陈庆榆 , 等 . 2007. 盐胁迫对空心莲子草生长和光合作用的影响 [J]. 云南植物研究 , 29(1): 85-89.

刘春辉，王长海，刘兆普，等 . 2009. 海水灌溉下库拉索芦荟产量及其理化指标变化 [J]. 哈尔滨工业大学学报，41(7): 172-175.

刘峰，孙连新，谷奉天 . 2012. 黄河三角洲植被资源 [J]. 中国野生植物资源，31(2): 62-67.

刘加珍，李卫卫，陈永金，等 . 2015. 黄河三角洲湿地水盐影响下灌草群落的物种多样性研究 [J]. 生态科学，34(5): 135-141.

刘金明，张汉珍，薄学锋 . 2011. 黄河口大闸蟹大规格生态养殖技术研究 [J]. 中国水产，5: 61-64.

刘联，刘玲，刘兆普，等 . 2003. 南方海涂海水灌溉库拉索芦荟的试验研究 [J]. 自然资源学报，18(5): 589-594.

刘玲，郑青松，刘兆普，等 . 2010. 海水连续 4 年灌溉对库拉索芦荟生长、糖和芦荟甙含量的效应研究 [J]. 土壤学报，47(6): 1237-1242.

刘萌萌，刘巧，杨娜，等 . 2019. 沉水植物穗花狐尾藻耐盐性与生长 [J]. 生态学杂志，38(3): 778-784.

刘树明 . 2017. NaCl 胁迫对 19 种园林植物存活率及生长状态的影响：以福建福州市平潭为研究地 [J]. 中国园艺文摘，4: 19-21.

刘文竹，蓝于倩，骆梦，等 . 2019. 6 种沉水植物对盐胁迫的生理响应及耐盐性评价 [J]. 中国农学通报，35(12): 54-62.

刘小芬，吴建本，黄亚勇，等 . 2017. 福建平潭砂质海岸植物资源与研究进展 [J]. 林业调查规划，42(5): 30-36.

刘筱玮，夏斌，陈斌，等 . 2021. 盐胁迫对野菊和神农香菊及其杂交 F$_1$ 代光合生理的影响 [J]. 东北林业大学学报，49(5): 32-38.

刘艳红，张萍萍，王金胜，等 . 2010. 等渗胁迫下聚乙二醇和氯化钠对喜旱莲子草生长的影响 [J]. 热带农业科学，30(4): 25-29.

刘育梅，胡宏友，童庆宣，等 . 2011. NaCl 胁迫对两种铁线子属果树叶片生理特性的影响 [J]. 热带作物学报，32(9): 1679-1682.

刘蕴哲，李帅杰，蔡秀珍 . 2019. 外来植物梭鱼草和蒲苇的入侵风险研究 [J]. 湖北农业科学，58(23): 95-100.

刘志坚，陈坚 . 2016. 浙南海岸带盐碱地适生树种筛选试验 [J]. 现代农业科技，9: 157-158.

罗宾 . 1983. 棉花生理学 [M]. 陈恺元，张名恢，周行，等译 . 上海：上海科学技术出版社 .

罗丹 . 2014. 5 种园林植物生态效益研究 [J]. 广东林业科技，30(3): 47-51.

罗涛，杨小波，黄云峰，等 . 2008. 中国海岸沙生植被研究进展 (综述) [J]. 亚热带植物科学，37(1): 70-75.

罗小娟，吕波，李俊，等 . 2012. 鳢肠种子萌发及出苗条件的研究 [J]. 南京农业大学学报，35(2): 71-75.

马焕成，伍建榕，郑艳玲，等 . 2020. 干热河谷的形成特征与植被恢复相关问题探析 [J]. 西南林业大学学报 (自然科学)，40(3): 1-8.

马艳萍 . 2012. 不同盐度胁迫对芦荟生长和离子吸收分配的影响 [J]. 中国农学通报，28(25): 172-178.

马艳萍，徐呈祥，刘友良 . 2010. 芦荟叶的特异结构、叶内生物活性成分及其与逆境适应的关系 [J]. 热带作物学报，31(4): 676-682.

孟志卿，樊家勤 . 2007. 绵枣儿用于三峡库区植被重建及组织培养快繁研究 [J]. 江西农业学报，19(10): 92-93.

莫海波，殷云龙，芦治国，等 . 2011. NaCl 胁迫对 4 种豆科树种幼苗生长和 K⁺、Na⁺ 含量的影响 [J]. 应用生态学报，22(5): 1155-1161.

缪珊，苏晓敬，陈博，等 . 2019. 三种狼尾草耐盐性研究 [J]. 北京农业职业学院学报，33(2): 28-33.

秦卫华，王智，徐网谷，等 . 2008. 海南省 3 个国家级自然保护区外来入侵植物的调查和分析 [J]. 植物资源与环境学报，17(2): 44-49.

邱广龙 . 2015. 华南潮间带矮大叶藻海草的生长动态研究 [D]. 北京 : 中国科学院大学 .

邱广龙，范航清，周浩郎，等 . 2014. 广西潮间带海草的移植恢复 [J]. 海洋科学，38(6): 24-30.

邱广龙，苏治南，范航清，等 . 2020. 贝克喜盐草的生物学和生态学特征及其保护对策 [J]. 海洋环境科学，39(1): 121-126.

任文君，田在锋，宁国辉，等 . 2011. 4 种沉水植物对白洋淀富营养化水体净化效果的研究 [J]. 生态环境学报，20(2): 345-352.

单家林 . 2006. 海南红树林植物区系与耐盐生物学研究 [D]. 儋州 : 华南热带农业大学 .

单家林 . 2009. 海南岛西海岸植物群落的初探 [J]. 中国农学通报，25(21): 110-115.

单家林，余琳 . 2008. 海南滨海砂地种子植物区系的初步研究 [J]. 广东林业科技，24(6): 37-40.

邵世光，张雷，赵亚庆，等 . 2011. 海水胁迫对醴肠种子萌发的影响 [J]. 北方园艺，19: 158-160.

盛伟，吴欣池，梁浩，等 . 2022. 41 份木豆萌发期耐盐性综合评价 [J]. 草业科学，39(8): 1607-1617.

石东里，赵丽萍，姚志刚 . 2007. 大穗结缕草萌发期耐盐能力试验 [J]. 湖北农业科学，46(5): 782-783.

苏秦 . 2019. 天津滨海新区盐碱地花境植物探讨 [J]. 现代园艺，12: 125-126.

苏燕苹 . 2013. 福建平潭抗风耐盐园林植物的筛选与配置 [J]. 亚热带植物科学，42(3): 267-270.

苏彦宾，刘鲁江，亓德明，等 . 2017. 海水胁迫对 2 种景天种子萌发及幼苗生长的影响 [J]. 中国农学通报，33(3): 88-93.

孙天旭 . 2008. 外来种火炬树的入侵生物学特性研究 [D]. 泰安 : 山东农业大学 .

孙宇，王文成，郭艳超，等 . 2013. 盐胁迫对紫穗槐种苗形态指标的影响 [J]. 河北农业科学，17(6): 28-31.

汤聪，刘念，郭微，等．2014. 广州地区 8 种草坪式屋顶绿化植物的抗旱性 [J]. 草业科学，31(10): 1867-1876.

汤巧香．2007. 天津市乡土地被植物的调查与筛选研究 [J]. 山东林业科技，5: 30-32.

唐春艳，张奎汉，白晶晶，等．2016. 广东省滨海乡土耐盐植物资源及园林应用研究 [J]. 广东园林，38(2): 43-47.

唐雯，左金富，汪洋，等．2019. 海南地区园林绿地中的观赏草资源及配置 [J]. 现代园艺，5: 116-120.

陶磊，赵文喜，吴思璇，等．2015. 人工湿地耐盐挺水植物筛选研究 [J]. 四川环境，34(4): 105-109.

田立娟，刘方明，程海涛，等．2012. 三种草本花卉种子萌发期耐盐性测定 [J]. 科技信息，26: 126.

田晓艳，刘延吉，张蕾，等．2009. 盐胁迫对景天三七保护酶系统、MDA、Pro 及可溶性糖的影响 [J]. 草原与草坪，29(6): 11-14.

佟海英，马晶晶，原海燕，等．2012. NaCl 和 Na_2CO_3 胁迫对 5 种鸢尾属植物生长的影响 [J]. 江苏农业科学，40(11): 144-149.

万方浩，刘全儒，谢明，等．2012. 生物入侵：中国外来入侵植物图鉴 [M]. 北京：科学出版社.

万文婷，马运运，许利嘉，等．2015. 野甘草的现代研究概述和应用前景分析 [J]. 中草药，46(16): 2492-2498.

王福兴．1999. 湄洲岛园林绿化树种选择与规划探讨 [J]. 西南林学院学报，19(2): 96-108.

王海洋，黄涛，宋莎莎．2007. 黄河三角洲滨海盐碱地绿化植物资源普查及选择研究 [J]. 山东林业科技，1: 12-15.

王金旺，陈秋夏．2020. 温州海岛植物（中）[M]. 北京：中国林业出版社.

王璟．2012. 5 种种景天对盐胁迫的响应及外源 ABA 的缓解效应 [D]. 南京：南京农业大学.

王桔红，史生晶，陈文，等．2020. 枯草芽孢杆菌和 3 种放线菌对盐胁迫下鬼针草和鳢肠种子萌发及幼苗生长的影响 [J]. 草业学报，29(12): 112-120.

王凯，李伟，牟志刚，等．2011. 鲁东南滨海园林植物资源和耐盐性调查分析 [J]. 林业资源管理，2: 65-71.

王坤，杨继，陈家宽．2010. 不同土壤水分和养分条件下喜旱莲子草与同属种生长状况的比较研究 [J]. 生物多样性，18(6): 615-621.

王乐，李亚光．2015. 中新天津生态城河岸带盐碱地造林树种选择 [J]. 水土保持通报，35(4): 248-253.

王祺，姚泽．2008. 重盐碱土草坪地被植物引种栽培研究：以阿拉善右旗额肯呼都格镇为例 [J]. 草业科学，25(3): 102-107.

王瑞江．2020. 中国热带海岸带耐盐植物资源 [M]. 广州：广东科技出版社.

王瑞江，任海．2017. 华南海岸带乡土植物及其生态恢复利用 [M]. 广州：广东科技出版社.

王树凤，胡韵雪，李志兰，等．2010. 盐胁迫对弗吉尼亚栎生长及矿质离子吸收、运输和分

配的影响 [J]. 生态学报 , 30(17): 4609-4616.

王伟伟 , 宋少峰 , 曹增梅 , 等 . 2013. 日本大叶藻生态学研究进展 [J]. 海洋湖沼通报 , 4: 120-
124.

王卫红 , 季民 . 2007. 9 种沉水植物的耐盐性比较 [J]. 农业环境科学学报 , 26(4): 1259-1263.

王晓春 , 高婷 , 杨天辉 , 等 . 2019. NaCl 胁迫对 15 个紫花苜蓿品种种子萌发的影响 [J]. 中国
农学通报 , 35(32): 135-141.

王秀萍 , 张国新 , 鲁雪林 , 等 . 2010. 养心菜的耐盐性及其对滨海盐碱土的改良效果研究 [J].
安徽农业科学 , 38(4): 1796-1799.

王一鸣 , 唐剑 , 龙胜举 , 等 . 2017. NaCl 胁迫对接种 AMF 费菜生长和叶绿素含量及荧光参数
的影响 [J]. 干旱地区农业研究 , 35(6): 132-138.

王宇阳 , 许基全 . 2016. 椒江区沿海防护林体系建设中的树种选择与森林保护 [J]. 防护林科
技 , 11: 52-53, 67.

王玉珍 , 蔡丽平 , 周垂帆 , 等 . 2017. 先锋植物类芦抗逆性及其应用 [J]. 草业科学 , 34(8):
1601-1610.

王玉珍 , 刘永信 . 2009. 山东省东营市耐盐植物资源及开发利用 [J]. 安徽农业科学 , 37(20):
9543-9546.

王有方 , 王俊 , 何才宝 . 1996. 台州市海岛乡土树种资源及开发利用调查研究 [J]. 林业科技
通讯 , 12: 15-17.

王占军 , 王静 , 焦小雨 , 等 . 2016. 盐胁迫及外源钙处理对盐肤木种子萌发的影响 [J]. 基因组
学与应用生物学 , 35(3): 706-714.

蔚奴平 . 2020. 基于"适地适树"原则的滨海盐碱湿地景观造林研究 : 以天津光合谷湿地公
园为例 [J]. 林业科技 , 45(2): 36-40.

魏凤巢 , 戚五妹 . 2004. 海滨盐渍土绿化植物新秀 [M] // 孙振元 , 刘金 , 赵梁军 . 盐碱土绿化
技术 . 北京 : 中国林业出版社 .

邬丝 . 2019. NaCl 胁迫下五种禾本科观赏草的耐盐性研究 [D]. 成都 : 四川农业大学 .

吴德邻 . 1994. 海南及广东沿海岛屿植物名录 [M]. 北京 : 科学出版社 .

吴羿 , 高新雨 , 凌子娟 , 等 . 2022. 野菊幼苗对盐胁迫的响应及其生理特征的探究 [J]. 分子植
物育种 , 46(5): 1-10.

郗金标 , 张福锁 , 田长彦 . 2006. 新疆盐生植物 [M]. 北京 : 科学出版社 .

邢尚军 , 郗金标 , 张建锋 , 等 . 2003. 黄河三角洲常见树种耐盐能力及其配套造林技术 [J].
东北林业大学学报 , 31(6): 94-95.

熊先华 , 吴庆玲 , 陈贤兴 , 等 . 2013. 浙江省植物分布 2 新记录属和 5 新记录种 (英文) [J].
浙江大学学报 (农业与生命科学版), 39(6): 695-698.

熊韶峻 , 高侃 , 刘永福 , 等 . 1992. 大连滨海耐盐植物和盐土植物初探 [J]. 辽宁师范大学学报
(自然科学版), 15(4): 313-320.

徐呈祥 , 郑青松 , 刘友良 , 等 . 2006. 长期盐胁迫对库拉索芦荟 (Aloe vera) 生长和汁液理化

性质的影响 [J]. 土壤学报 , 43(3): 478-485.

徐恒刚 , 董志勤 , 单敏 . 2002. 马蔺在城市绿化中的作用及前景 [J]. 内蒙古科技与经济 , 9: 60-61.

徐加涛 , 张雷 , 史玉文 , 等 . 2011. 海水胁迫对青葙种子发芽的影响 [J]. 安徽农业科学 , 39(30): 18488-18489, 18500.

徐青 , 苗迎军 , 张边江 , 等 . 2015. 海水胁迫对 2 种生态型马齿苋种子萌发的影响 [J]. 农学学报 , 5(4): 64-67.

徐小玉 , 张凤银 , 曾庆微 . 2014. NaCl 和 Na$_2$SO$_4$ 盐胁迫对波斯菊种子萌发的影响 [J]. 东北农业大学学报 , 45(4): 55-59.

徐杏 , 刘莲 , 黄江荣 . 2016. 翻白草的化学成分药理作用研究进展及展望 [J]. 中药药理与临床 , 32(5): 116, 125-129.

闫小玲 , 刘全儒 , 寿海洋 , 等 . 2014. 中国外来入侵植物的等级划分与地理分布格局分析 [J]. 生物多样性 , 22(5): 667-676.

闫芸芸 , 刘健 , 甘礼惠 , 等 . 2014. 能源植物斑茅在不同生长时期的产量与组分变化 [J]. 热带作物学报 , 35(12): 2349-2354.

杨彩宏 , 冯莉 , 岳茂峰 , 等 . 2009. 牛筋草种子萌发特性的研究 [J]. 杂草科学 , 3: 21-24.

杨海燕 , 孙明 . 2016. 3 份典型菊属野生种耐盐性及其解剖结构比较 [J]. 东北林业大学学报 , 44(1): 62-66.

杨莉莉 . 2015. 滨海景观乔灌木资源及应用 [J]. 科技通报 , 31(3): 54-61.

杨冉 . 2015. 温度、光照、盐度对喜盐草生长及生理生化特性的影响 [D]. 湛江 : 广东海洋大学 .

杨显基 , 杜建会 , 张楚杰 , 等 . 2016. 平潭岛典型海岸草丛沙堆植物群落水势日变化特征及其影响因素 [J]. 生态学报 , 36(9): 2614-2619.

杨迎月 , 毛桂莲 , 麻冬梅 , 等 . 2022. 四种牧草种子在不同浓度 NaCl 或 NaHCO$_3$ 胁迫下的萌发特性 [J]. 草地学报 , 30(3): 637-645.

叶海波 , 杨肖娥 , 何冰 , 等 . 2003. 东南景天对锌、镉复合污染的反应及其对锌、镉的吸收和积累特性 [J]. 植物学报 (英文版), 45(9): 1030-1036.

叶庆龙 , 钱亦新 , 廖春芬 , 等 . 2010. 小兰屿植物相调查 [J]. 国家公园学报 , 12(2): 25-39.

叶武威 , 刘金定 . 1994. 氯化钠和食用盐对棉花种子萌发的影响 [J]. 中国棉花 , 21(3): 14-15.

义鸣放 . 2000. 球根花卉 [M]. 北京 : 中国农业大学出版社 .

裔传顺 , 倪学军 , 于金平 , 等 . 2014. 江苏省耐盐碱观赏地被植物的类别及其园林应用 [J]. 现代农业科技 , 16: 173-184.

尹灿 , 邓洪平 , 刘长坤 , 等 . 2010. NaCl 和 Na$_2$CO$_3$ 处理对土荆芥和藜的生长及抗氧化酶活性的比较研究 [J]. 北方园艺 , 8: 14-17.

于浩然 , 贾玉山 , 贾鹏飞 , 等 . 2019. 不同盐碱度对紫花苜蓿产量及品质的影响 [J]. 中国草地学报 , 41(4): 143-149.

于雷 . 2001. 滨海盐渍土防护林树种选择的研究 [J]. 辽宁林业科技 , 2: 7-9, 46.

余如刚,王雪茄,王国良,等.2022.紫花苜蓿品种苗期耐盐性分析及评价指标筛选[J].草地学报,30(7): 1781-1789.

贠建全,唐小清,王强,等.2018.广东珠海荷包岛海岸沙生植物综合评价与应用[J].中国园林,34(2): 122-127.

张彬,何伟杰,周羽新,等.2020.外来植物南美蟛蜞菊对模拟盐胁迫的响应[J].江苏农业科学,48(4): 105-111.

张大鹏.1990.充分利用福建滨海沙滩植被资源发展种植业[J].生态学杂志,9(1): 38-41.

张风娟,陈凤新,徐兴友,等.2006.河北省昌黎县黄金海岸几种单子叶植物叶耐盐碱结构的研究[J].草业科学,23(9): 19-23.

张国新,刘雅辉,李强,等.2015.梯度滨海盐土对费菜生长指标及 Na^+、K^+ 分布的影响[J].中国农学通报,31(10): 163-166.

张国新,邢春强,王秀萍,等.2007.唐山滨海盐碱地区常见野生蔬菜资源及利用价值[J].安徽农学通报,13(7): 121-122.

张国英,谈建中,刘美娟.2004.盐胁迫对桑种子发芽及幼苗生理生化特性的影响[J].蚕业科学,30(2): 191-194.

张会慧,张秀丽,李鑫,等.2012.NaCl 和 Na_2CO_3 胁迫对桑树幼苗生长和光合特性的影响[J].应用生态学报,23(3): 625-631.

张嘉灵,郑建忠,魏凯,等.2019.平潭野生乡土地被植物资源调查与园林应用评价[J].草业科学,36(2): 368-381.

张建锋,李吉跃,邢尚军,等.2003.盐分胁迫下盐肤木种子发芽试验[J].东北林业大学学报,31(3): 79-80.

张建锋,李秀芬,宋玉民,等.2004.盐分胁迫对林木种子发芽率的影响研究[J].中国生态农业学报,12(3): 27-28.

张静,廖丽,白昌军,等.2014.竹节草对 NaCl 胁迫临界浓度的初步研究[J].草地学报,22(3): 661-664.

张力,金卫红,高锋.2012.空心莲子草和三棱草对海岛高含盐河道水质净化效果的研究[J].浙江海洋学院学报(自然科学版),31(4): 325-328.

张玲菊,黄胜利,周纪明,等.2008.常见绿化造林树种盐胁迫下形态变化及耐盐树种筛选[J].江西农业大学学报,30(5): 833-838.

张萌,刘足根,李雄清,等.2014.长江中下游浅水湖泊水生植被生态修复种的筛选与应用研究[J].生态科学,33(2): 344-352.

张庆费,郑思俊.2010.植物修复环境:新发现的土壤修复植物:东南景天[J].园林,3: 72.

张若鹏,欣玮玮,张舒欢,等.2017.广西植物新资料[J].广西植物,38(8): 1102-1105.

张伟溪,王洪峰,赵昕,等.2010.松嫩盐碱草地植物丛枝菌根的初步调查[J].土壤通报,41(6): 1380-1385.

张晓梅.2016.矮大叶藻种群补充机制与种群遗传学研究[D].北京:中国科学院大学.

张旭乐，林霞，刘洪见，等．2015.温州地区野生花境植物资源及观赏应用初步研究 [J]. 浙江农业科学，56(6): 888-890.

张英．2010.马蔺耐盐性的研究 [J]. 青海畜牧兽医杂志，40(2): 20-21.

张振鹏．2020.滨海耐盐豆科植物合萌根瘤菌多样性及演化历史研究 [D]. 北京：中国科学院大学．

赵宝泉，王茂文，丁海荣，等．2015.江苏沿海滩涂盐生药用植物资源研究 [J]. 中国野生植物资源，34(6): 44-50.

赵大昌，刘昉勋，陈树培．1996.中国海岸带植被 [M]. 北京：海洋出版社．

赵大勇，郑秀社，董月兰．1997.植物抗盐剂提高桑树种子出苗率试验简报 [J]. 山东林业科技，4: 38-39.

赵慧．2017.耐盐绿化植物在崇明区瀛东村应用示范 [J]. 上海建设科技，4: 80-82.

赵可夫，李法曾，张福锁．2013.中国盐生植物 (第 2 版) [M]. 北京：科学出版社．

赵丽萍，许卉．2007.芦竹在滨海盐碱地的开发应用及栽培技术 [J]. 北方园艺，7: 164-165.

赵丽萍，姚志刚，谢文军，等．2017.盐生植物大穗结缕草种子萌发特性及其对盐旱胁迫的响应 [J]. 北方园艺，19: 98-103.

赵文，董双林，申屠青春，等．2001.盐碱池塘水生大型植物的研究 [J]. 植物研究，21(1): 140-146.

郑菲艳，鞠玉栋，黄惠明，等．2016.木豆及其开发利用价值 [J]. 福建农业科技，4: 65-68.

郑希龙，陈红锋，邢福武．2009.海南耳草属药用植物资源 [J]. 中药材，32(11): 1667-1670.

钟云鹏，梁丽建，何丽斯，等．2011.盐胁迫对 2 种石蒜属植物叶片生理特性的影响 [J]. 江苏农业科学，39(2): 252-255.

周三，韩军丽，赵可夫．2001.泌盐盐生植物研究进展 [J]. 应用与环境生物学报，7(5): 496-501.

周桃华．1995.NaCl 胁迫对棉子萌发及幼苗生长的影响 [J]. 中国棉花，22(4): 11-12.

周毅，江志坚，邱广龙，等．2023.中国海草资源分布现状、退化原因与保护对策 [J]. 海洋与湖沼，54(5): 1248-1257.

周自玮，钟声，奎嘉祥，等．2005.臂形草属牧草的分类及种质资源 [J]. 云南农业大学学报，20(2): 247-249.

朱艳霞，陈东亮，黄燕芬．2021.壮瑶药野甘草种子萌发特性研究 [J]. 中国农学通报，37(10): 72-77.

中国盐生植物种质资源库 [DB/OL]. http://www.grhc.sdnu.edu.cn/wzdt.htm.

索 引

黄茅	296	蔓荆	214	穗状狐尾藻	174
灰毛豆	120	蔓九节	236	台湾栾	142
火殃勒	130	美冠兰	398	唐菖蒲	390
鸡眼藤	232	美人蕉	396	天蓝苜蓿	106
蓟罂粟	54	绵枣儿	372	天仙果	6
假杜鹃	240	牡蒿	246	土荆芥	18
假马鞭	212	木槿	148	土人参	42
金刚纂	132	牛筋草	288	五层龙	140
九里香	126	牛蹄豆	112	小果菝葜	382
爵床	242	蟛蜞菊	262	喜旱莲子草	20
苦苣菜	260	蒲公英	264	香附子	360
兰香草	210	铺地蝙蝠草	90	香蒲	318
蓝花参	244	漆姑草	50	小花吊兰	374
类芦	302	千金藤	52	小窃衣	180
梨果仙人掌	164	青葙	30	盐肤木	138
鳢肠	254	秋英	252	野甘草	220
莲子草	24	瞿麦	48	野胡萝卜	178
芦荟	370	三点金	94	野菊	250
芦竹	268	桑	10	硬毛木蓝	100
陆地棉	146	山麦冬	378	圆叶景天	70
落地生根	60	山石榴	226	枣	144
落葵	46	石蒜	386	长萼堇菜	156
马飑儿	224	匙叶伽蓝菜	64	栀子	228
马蔺	392	四瓣马齿苋	40	竹节草	274
马松子	152	松叶耳草	238	紫苜蓿	108
蔓胡颓子	170	穗序木蓝	98		

中文名索引

学名索引